概率论与数理统计

主编 哈金才 马少娟 李海燕

科学出版社

北 京

内 容 简 介

　　本书是高等学校工科类非数学专业"概率论与数理统计"课程的教材.本书共9章,前5章是概率论部分,后4章是数理统计部分,各章都选配了典型应用案例及典型例题,还提炼出了各章各节的主要内容概要和典型问题答疑解惑,并附有配套教学习题及其答案等.其中,典型问题答疑解惑、习题及其答案都附有二维码,最后还给出了电子辅助内容附录部分,以二维码形式呈现.

　　本书并不是习题的简单堆积,每道例题、习题、典型问题、应用案例都经过精选,力求具有代表性,同时注重典型案例的实践应用,并对重要典型疑难问题进行答疑解惑.希望带给读者更深刻的理解过程,注重体现工科类基础数学课程的基本要求,做到教材内容通俗易懂、应用性和典型问题完美融合.

　　本书可作为高等学校理工科类、农医类、经济类、管理类等相关专业本科生的"概率论与与数理统计"课程的教材,也可作为科技工作者、研究生的自学参考书.

图书在版编目(CIP)数据

概率论与数理统计/哈金才,马少娟,李海燕主编. —北京:科学出版社,2022.7

ISBN 978-7-03-072568-4

Ⅰ.①概… Ⅱ.①哈… ②马… ③李… Ⅲ.①概率论－高等学校－教材 ②数理统计－高等学校－教材 Ⅳ.①O21

中国版本图书馆 CIP 数据核字(2022)第 103438 号

责任编辑:韩　东　蔡家伦 / 责任校对:马英菊
责任印制:吕春珉 / 封面设计:东方人华平面设计部

科 学 出 版 社 出版
北京东黄城根北街 16 号
邮政编码:100717
http://www.sciencep.com

三河市良远印务有限公司印刷
科学出版社发行　　各地新华书店经销

＊

2022 年 9 月第 一 版　　开本:787×1092　1/16
2023 年 1 月第二次印刷　　印张:16 1/4
字数:382 000
定价:48.00 元
(如有印装质量问题,我社负责调换〈良远〉)

销售部电话 010-62136230　编辑部电话 010-62135397-2041

前　言

随着社会的进步和科技的迅猛发展，数学已渗透到自然科学、工程、经济、金融、社会等领域，是各个学科进行科学研究的重要工具."概率论与数理统计"主要研究随机现象并揭示其统计规律，是广泛应用于社会、经济、科学等各个领域的定量和定性分析的一门数学学科，是学习其他大学数学课程的基础，也是理工类、经济类、管理类等专业的必修基础课.

信息技术在新课室教学中的广泛应用，对数学教育工作者的教学理念、教学模式及学生的学习方法产生了革命性的影响，为满足新时代高等教育教学的需求，编写适应的新型教材迫在眉睫.

在编写本书的过程中，编者结合多年的教学经验，吸收了当下国内外优秀教材的优点，并结合学生学习方式改变的新趋势，将教学案例生动化、难题解析数字化，以"纸质教材+电子资源"的新方式对教材的内容和形式进行了新的设计.

本书在新型设计方面主要具有以下几个特点：

（1）采用"纸质教材+二维码移动资源"的出版形式，数字移动资源做到内容丰富全面.纸质教材内容精练典型，数字移动资源内容对纸质内容起到巩固、补充、拓展加强的作用，形成以纸质教材为主、数字移动教学资源为辅助配合的综合知识体系.

（2）为创新课程思想政治教学理念，引导大学数学课堂混合式教学和个体化自主学习的结合，增加了典型应用性案例资源和统计学思想等设计，不仅可拓展学生的知识面，做到课内外电子资源的快速共享，还可增强学生理论知识的应用意识和实践能力.

（3）融合其他教材的优点，对教学内容进行优化整合，使整个内容安排合理紧凑.例题问题典型、精简，使学生在学习过程中易学、易懂.

（4）积极给出多年教学中许多疑难典型问题并进行答疑解惑，每章节给出重要内容概要和重要结论，通过宏观的描述，使学生能够认清内容的实质，从而突出数学思维和数学思想方法，提高学生的自学能力.

（5）目前有很多版本的综合性大学或师范大学的《概率论与数理统计》教材，它们大多偏重于基础、概念和理论，讲究逻辑性和抽象性；而作为工程或工科类的教材，应侧重于讲述统计方法在工程中的实践应用.于是，编者将教学团队多年积累的教学系列成果、应用性案例（结果）及多样化电子辅助教学资源吸收进来，通过二维码链接可以随时登录平台学习大量电子辅助教学资源，也可以通过扫描系列二维码来获得各章所有的电子资源.

（6）适应了不同教学课时的教学要求，对部分内容进行了补充和删减，部分加*内容，教师可根据不同专业教学课时数选择讲或不讲，有些章节内容可供学生自学.

本书是在北方民族大学和宁夏大学基础数学教学团队的大力支持下编写完成的，由哈金才、马少娟、李海燕担任主编，具体的编写分工如下：第1、6～9章及教学习题课件、应用案例、典型问题答疑解惑、习题和附录由哈金才编写，第2、3章由李海燕编写，第 4、5 章由马少娟编写.

值此成书之际，特别感谢宁夏大学魏立力教授对本书的编写提出的指导性意见和宝贵的建议. 本书的编写得到了"2021 年宁夏一流建设学科（数学）大学生思想政治教育教研课题"（项目编号：sxylxksz202103）和"2021 年北方民族大学本科教材建设项目"（项目编号：311-11311910905）的资助，在此表示衷心的感谢；同时也向相关参考文献的作者表示衷心的感谢.

由于编者水平和精力有限，书中不足及疏漏之处在所难免，敬请广大读者不吝赐教，以便进一步进行修订和完善.

编 者

2021 年 10 月

目 录

第1章 随机事件及概率的计算

概率论与数理统计是研究随机现象数量规律的一门数学学科，其理论应用非常广泛，具有自身一套严格的概念体系和严密的数学逻辑结构．本章将介绍随机现象、样本空间、随机事件、频率、概率等一些基本概念，以及概率的性质、统计概率、公理化概率、古典概率、几何概率、条件概率等，重点研究概率的计算，如加（减）法公式、乘法公式、全概率公式、贝叶斯公式，最后介绍事件的独立性及其应用．

1.1 随 机 事 件

内容概要

1. 事件间的关系

（1）**包含关系** 如果属于 A 的样本点必属于 B，即事件 A 发生必然导致事件 B 发生，则称事件 B 包含事件 A，记为 $A \subset B$．

（2）**相等关系** 如果 $A \subset B$ 且 $B \subset A$，则称 A 与 B 相等，记为 $A = B$．

（3）**互不相容** 如果 $A \cap B = \varnothing$，即 A 与 B 不可能同时发生，则称 A 与 B 互不相容．

2. 事件的运算

（1）**事件 A 与 B 的并** 事件 A 与 B 至少有一个发生，记为 $A \cup B$．

（2）**事件 A 与 B 的交** 事件 A 与 B 同时发生，记为 $A \cap B$ 或 AB．

（3）**事件 A 与 B 的差** 事件 A 发生而 B 不发生，记为 $A - B = A - AB = A\bar{B}$．

（4）**对立事件** 事件 A 的对立事件，即"A 不发生"，记为 $\bar{A}$．

3. 事件的运算性质

（1）**交换律**
$$A \cup B = B \cup A, \quad A \cap B = B \cap A.$$

（2）**分配律**
$$A \cap (B \cup C) = (A \cap B) \cup (A \cap C), \quad A \cup (B \cap C) = (A \cup B) \cap (A \cup C).$$

（3）**结合律**
$$A \cup (B \cup C) = (A \cup B) \cup C, \quad A \cap (B \cap C) = (A \cap B) \cap C.$$

（4）**吸收律**
$$\text{若 } A \subset B, \text{ 则有 } A \cup B = B, \quad A \cap B = A.$$

（5）对偶律（棣莫弗公式）

$$\overline{A \cup B} = \overline{A} \cap \overline{B}, \quad \overline{A \cap B} = \overline{A} \cup \overline{B},$$

$$\overline{\bigcup_{i=1}^{n} A_i} = \bigcap_{i=1}^{n} \overline{A_i}, \quad \overline{\bigcap_{i=1}^{n} A_i} = \bigcup_{i=1}^{n} \overline{A_i},$$

$$\overline{\bigcup_{i=1}^{\infty} A_i} = \bigcap_{i=1}^{\infty} \overline{A_i}, \quad \overline{\bigcap_{i=1}^{\infty} A_i} = \bigcup_{i=1}^{\infty} \overline{A_i}.$$

17 世纪中叶，法国贵族德·美黑在骰子赌博中，遇到需要将赌资进行合理分配的问题，但他不知用什么样的比例分配才算合理，于是写信向当时的法国数学家帕斯卡请教．帕斯卡和数学家费马一起研究了德·美黑提出的关于骰子赌博的问题．1657 年，荷兰著名的天文学家、物理学家兼数学家惠更斯试图自己解决这一问题，于是写成了《论机会游戏的计算》一书，这是最早的有关概率论的著作．在概率问题的研究中，逐步出现了许多社会问题和工程技术问题，如人口统计、保险理论、天文观测、误差理论、产品检验和质量控制等，这些问题的提出促进了概率论的发展．从 17 世纪到 19 世纪，伯努利、棣莫弗、拉普拉斯、高斯、泊松、切比雪夫、马尔可夫等著名数学家都对概率论的发展做出了杰出贡献．概率论的奠基人伯努利在概率论的第一本专著《推测术》（1713年）中证明了"大数定律"，后来柯尔莫哥洛夫在《概率论的基本概念》（1933 年）中定义了公理化结构．目前，概率论在工程技术、社会学科、近代物理、自动控制、地震预报、气象预报、产品质量控制、农业试验、经济金融和管理科学等领域都有广泛的应用．

1.1.1 随机现象

在对自然界和人类社会进行考察时，人们经常会遇到各种各样的现象，这些现象可分为不同性质的两类．一类是在一定条件下必然发生的现象，称为**确定性现象**．例如，在标准大气压下，水加热到 100℃就会沸腾；边长为 a 的正方形，其面积必为 a^2；太阳从东方升起．另一类是在一定条件下可能出现这样的结果，也可能出现那样的结果，且事先不能准确判断会出现哪一个结果的现象，称为**随机现象**．例如，掷一颗骰子，观察出现的点数；新生婴儿的性别；某天上午电话总机接到的呼叫次数．

在实际中，人们经常会遇到和处理随机现象，这种偶然发生的现象正是概率论的研究对象．如何研究这些随机现象呢？经过长期的实际观察，人们发现虽然个别随机现象没有规律，但性质相同的随机现象在大量试验中却呈现出明显的规律性．这种规律性称为随机现象的**统计规律性**．

1.1.2 随机试验和样本空间

为了对随机现象的统计规律性进行研究，往往需要对随机现象进行观察或试验，我们把对随机现象进行的观察或试验统称为**随机试验**（random experiment），简称为**试验**，记为 E．一般地，一个随机试验要求满足三个特点：①试验可以在相同的条件下重复进行；②试验的所有可能结果是明确的；③每次试验有且仅有其中一个结果出现，但在试验之前不能断定哪一个结果出现.

随机试验中的每一个可能的结果称为**样本点**，通常用 ω 表示. 样本点的特点是每次试验必出现一个且只能出现一个，任何两个样本点都不可能同时出现. 一个随机试验的所有可能的结果（样本点）是明确的，通常把一个随机试验的所有样本点组成的集合称为**样本空间**（space），通常用 S 表示. 对于一个具体的随机试验来说，样本空间可以根据试验的内容来决定. 例如：

（1）在掷一颗骰子观察其出现的点数的试验中，试验的所有可能结果有 6 种：1 点、2 点、$\cdots$、6 点，样本空间为 $S = \{1\ 点, 2\ 点, 6\ 点\}$，记 $\omega_i = \{出现\ i\ 点\}$，$i = 1, 2, \cdots, 6$，则样本空间也可表示为 $S = \{\omega_1, \omega_2, \cdots, \omega_6\}$，或将样本空间简记为 $S = \{1, 2, \cdots, 6\}$.

（2）试验 E：某射手向一目标射击，直到击中目标为止，记录射手所需射击的次数，则样本空间可表示为 $S = \{1, 2, \cdots\}$.

（3）试验 E：观察一个新灯泡的寿命. 若用 t 表示"灯泡的寿命为 $t\ \mathrm{h}$"，则样本空间可表示为 $S = \{t \mid t \geqslant 0\}$.

通过上面的例子我们可以看到，随机试验的样本空间中可能有有限个样本点，也可能有可列无穷多个样本点，还可能有不可列无穷多个样本点. 只有有限个样本点的样本空间称为**有限样本空间**，包含无穷多个样本点的样本空间称为**无限样本空间**.

1.1.3　随机事件的定义

在一个随机试验中，样本空间 S 的任意一个子集称为**随机事件**，简称**事件**（event），任意事件均为集合，通常用大写字母 $A, B, C, \cdots$ 表示. 例如，$A = \{出现6点\}$，$B = \{出现偶数点\}$，$C = \{出现的点数大于3\}$ 等都是事件.

对于一个随机试验来说，它的每一个结果（样本点）是一个最简单的随机事件，称之为**基本事件**，如上述事件 A. 因此，样本空间也称为**基本事件空间**. 除基本事件外，还有由若干个可能结果（样本点）组成的事件，相对于基本事件，我们称这类事件为**复合事件**，如上述事件 B, C 等.

每次试验中一定发生的事件称为**必然事件**，用 S 表示，如在掷骰子试验中，事件"点数小于 7"是必然事件；每次试验中一定不发生的事件称为**不可能事件**，用 $\varnothing$ 表示，如在掷骰子试验中，事件"点数大于 6"是不可能事件. 必然事件和不可能事件本质上不是随机事件，但为了今后研究问题的方便，通常把必然事件和不可能事件视为随机事件的两种极端情形.

根据样本空间的定义，样本空间是随机试验的所有可能结果（样本点）构成的集合，每一个样本点即为该集合中的一个元素. 样本空间中样本点（基本结果）为元素的单点集称为**基本事件**，样本空间中若干个样本点为元素的集合称为**复合事件**，当且仅当随机事件 A 中某一个样本点出现时，称**事件 A 发生**. 例如，掷骰子试验中，只要 2, 4, 6 点中一个结果出现就称事件 $B = \{出现偶数点\}$ 发生或出现.

由于样本空间 S 包含所有可能的结果（样本点），所以样本空间作为一个事件是必然发生的，即为**必然事件**，记作 S. 空集作为样本空间的子集不含任何样本点，称为**不可能事件**，记作 $\varnothing$.

1.1.4 事件的关系及其运算

在一个随机试验中, 由于事件是样本空间的某一个子集, 因此, 事件之间的关系及运算与集合论中集合之间的关系及运算是一致的.

1. 事件的包含

如果事件 A 发生必然导致事件 B 发生, 即属于 A 的每个样本点也都属于 B, 则称事件 B 包含事件 A, 或称事件 A 包含于事件 B, 记作 $B \supset A$ 或 $A \subset B$. 显然, 对于任意随机事件 A, 有 $\varnothing \subset A \subset S$.

例如, 在掷骰子事件中, 记 $A = \{$出现6点$\}$, $B = \{$出现偶数点$\}$, 则有 $A \subset B$.

2. 事件的相等

如果事件 A 包含事件 B, 且事件 B 也包含事件 A, 则称事件 A 与事件 B 相等, 即事件 A 与事件 B 的样本点完全相同, 记作 $A = B$.

例如, 在掷骰子事件中, 若记 $A = \{$出现$2,4,6$点$\}$, $B = \{$出现偶数点$\}$, 则有 $A = B$.

3. 并 (和) 事件

若 A 和 B 是两个事件, "事件 A 和 B 至少有一个发生" 是一个随机事件, 这一事件称为事件 A 与 B 的并 (或和) 事件, 记作 $A \cup B$. 当 A, B 互斥时, $A \cup B$ 常写为 $A + B$.

例如, 设某种产品合格与否由该产品的长度与直径是否合格决定, 记 $A = \{$产品不合格$\}$, $B = \{$产品的长度不合格$\}$, $C = \{$产品的直径不合格$\}$, 则

$$A = B \cup C.$$

可定义 n 个事件的并 $A_1 \cup A_2 \cup \cdots \cup A_n = \bigcup_{i=1}^{n} A_i$ 的运算.

4. 交 (积) 事件

若 A 和 B 是两个事件, "事件 A 和 B 同时发生" 是一个随机事件, 这一事件称为事件 A 与 B 的交 (或积) 事件, 记作 $A \cap B$ (或简写为 AB).

例如, 在上例中, 若记 $A = \{$产品合格$\}$, $B = \{$产品的长度合格$\}$, $C = \{$产品的直径合格$\}$, 则

$$A = B \cap C.$$

类似地, 可定义 n 个事件的交 $A_1 \cap A_2 \cap \cdots \cap A_n = \bigcap_{i=1}^{n} A_i$ 的运算.

5. 差事件

若 A 和 B 是两个事件, "事件 A 发生且事件 B 不发生" 是一个随机事件, 这一事件

称为事件 A 与 B 的差事件，它是由属于 A 但不属于 B 的那些样本点构成的集合，记作 $A-B$.

例如，在上例中，若记 $C=\{$产品的长度合格但产品的直径不合格$\}$ ， $A=\{$产品的长度合格$\}$ ， $B=\{$产品的直径合格$\}$ ，则

$$C=A-B .$$

6. 互不相容事件

如果事件 A 与 B 不能同时发生，也就是说， $A\cap B$ 是不可能事件，即若 $A\cap B=\varnothing$ ，则称事件 A 与 B 是**互不相容**的（或称事件 A 与 B 是**互斥**的）. 显然，任意两个基本事件是互不相容的.

7. 对立事件

"事件 A 不发生"是一个随机事件，这一事件称为事件 A 的**对立事件**（或 A 的**逆事件**），记作 $\bar{A}$. 由于 A 也是 $\bar{A}$ 的对立事件，所以， A 与 $\bar{A}$ 互为对立事件.

例如，掷一枚骰子，记 $A=\{$掷出 1 点$\}$ ，则 $\bar{A}=\{$没有掷出 1 点$\}$. 对立事件满足：

$$\bar{A}=S-A ,\quad \bar{\bar{A}}=A ,\quad A\cap\bar{A}=\varnothing ,\quad A\cup\bar{A}=S .$$

8. 完备事件组

若 n 个事件 $A_1,A_2,\cdots,A_n$ ，满足以下两个条件：

（1） $A_iA_j=\varnothing$ ， $i\neq j(i,j=1,2,\cdots,n)$ ；

（2） $\bigcup_{i=1}^{n}A_i=S$.

则称事件 $A_1,A_2,\cdots,A_n$ 构成样本空间 S 的一个**完备事件组**（又称**样本空间 S 的划分**）.

若可列个事件 $A_1,A_2,\cdots,A_n,\cdots$ ，满足以下两个条件：

（1） $A_iA_j=\varnothing$ ， $i\neq j(i,j=1,2,\cdots,n,\cdots)$ ；

（2） $\bigcup_{i=1}^{\infty}A_i=S$.

则称可列个事件 $A_1,A_2,\cdots,A_n,\cdots$ 构成样本空间 S 的一个**完备事件组**.

显然，样本空间所有的基本事件构成一个完备事件组. 例如，掷一枚骰子，记 $A=\{$掷出 i 点$\}$ ， $i=1,2,\cdots,6$ ，则 $A_1,A_2,\cdots,A_6$ 构成一个完备事件组；对于任一事件 A 和 $\bar{A}$ 也构成一个完备事件组.

事件的关系和运算常用图形（维恩图）来直观表示，如图 1-1 所示.

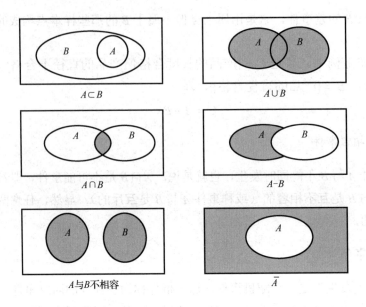

图 1-1

1.1.5 事件运算的性质

类似于集合运算的性质，可以证明，一般事件的运算满足如下运算律，利用这些运算律可以帮助我们化简一些复杂的事件.

（1）交换律：
$$A \cup B = B \cup A, \quad A \cap B = B \cap A.$$

（2）结合律：
$$A \cup (B \cup C) = (A \cup B) \cup C, \quad A \cap (B \cap C) = (A \cap B) \cap C.$$

（3）分配律：
$$A \cap (B \cup C) = (A \cap B) \cup (A \cap C), \quad A \cup (B \cap C) = (A \cup B) \cap (A \cup C).$$

（4）差化积：
$$A - B = A\overline{B} = A - AB.$$

（5）吸收律：若 $A \subset B$，则有
$$A \cup B = B, \quad A \cap B = A.$$

（6）对偶律：
$$\overline{A \cup B} = \overline{A} \cap \overline{B}, \quad \overline{A \cap B} = \overline{A} \cup \overline{B}.$$

以上各运算律均可推广到有限个和可列个事件的情形，读者可通过复习集合论中的相关知识自行给出证明.

例 1.1 ▶ 设 A, B, C 为三个事件，用 A, B, C 的运算关系表示下列各事件：

① A 发生，而 B 与 C 不发生；② A 与 C 都发生，而 B 不发生；

③三个事件都不发生；　　　④至少有一个事件发生；

⑤至多有两个事件发生；　　⑥至少有两个事件发生；

⑦恰有两个事件发生；　　　⑧恰有一个事件发生.

解　①　$\overline{A}\,\overline{B}C$；

②　$A\overline{B}\overline{C}$；

③　$\overline{A}\,\overline{B}\,\overline{C}$ 或 $\overline{A\cup B\cup C}$；

④　$A\cup B\cup C$ 或 $S-\overline{A}\,\overline{B}\,\overline{C}$ 或 $A\overline{B}\overline{C}\cup \overline{A}B\overline{C}\cup \overline{A}\,\overline{B}C\cup AB\overline{C}\cup A\overline{B}C\cup \overline{A}BC\cup ABC$；

⑤　$\overline{A}\cup \overline{B}\cup \overline{C}$ 或 $S-\overline{A}\,\overline{B}\,\overline{C}$ 或 $ABC\cup \overline{A}B\overline{C}\cup \overline{A}\,\overline{B}C\cup AB\overline{C}\cup A\overline{B}C\cup \overline{A}BC\cup \overline{A}\,\overline{B}\,\overline{C}$；

⑥　$AB\cup AC\cup BC$ 或 $ABC\cup AB\overline{C}\cup A\overline{B}C\cup \overline{A}BC$；

⑦　$AB\overline{C}\cup A\overline{B}C\cup \overline{A}BC$；

⑧　$A\overline{B}\overline{C}\cup \overline{A}B\overline{C}\cup \overline{A}\,\overline{B}C$.

1.2　频率与概率

▍内容概要 ▍

1. 概率的公理化定义

定义在事件域上的一个实值函数 $P(\cdot)$，若满足：

（1）**非负性**　$P(A)\geqslant 0$；

（2）**规范性**　$P(S)=1$；

（3）**可列可加性**　若 $A_1,A_2,\cdots,A_n,\cdots$ 两两互不相容，则有 $P\left(\bigcup_{i=1}^{\infty}A_i\right)=\sum_{i=1}^{\infty}P(A_i)$.

则称 $P(A)$ 为事件 A 的概率.

2. 频率和概率

（1）在 n 次重复试验中，记 n_A 为事件 A 出现的次数，称 $f_n(A)=\dfrac{n_A}{n}$ 为事件 A 出现的频率.

（2）频率的稳定值就是概率.

（3）当重复次数 n 较大时，可用频率作为概率的估计值.

3. 概率的性质

（1）$P(\varnothing)=0$.

（2）**有限可加性**　若有限个事件 $A_1,A_2,\cdots,A_n$ 互不相容，则有 $P\left(\bigcup_{i=1}^{n}A_i\right)=\sum_{i=1}^{n}P(A_i)$.

（3）**对立性**　对任一事件 A，有 $P(\overline{A})=1-P(A)$.

（4）**可减性**　若 $A \supset B$，则 $P(A-B) = P(A) - P(B)$.

（5）**单调性**　若 $A \supset B$，则 $P(A) \geqslant P(B)$.

（6）**可加性**　对任意两个事件 A,B，有

$$P(A \cup B) = P(A) + P(B) - P(AB).$$

对任意 n 个事件 $A_1, A_2, \cdots, A_n$，有

$$P\left(\bigcup_{i=1}^{n} A_i\right) = \sum_{i=1}^{n} P(A_i) - \sum_{1 \leqslant i < j \leqslant n} P(A_i A_j)$$
$$+ \sum_{1 \leqslant i < j < k \leqslant n} P(A_i A_j A_k) + \cdots + (-1)^{n-1} P(A_1 A_2 \cdots A_n).$$

1.2.1 频率的定义及性质

在研究随机现象发生的规律性时，仅仅知道随机试验中可能出现哪些事件是不够的，还应该知道随机事件发生的可能性有多大．虽然随机事件在一次试验中是否发生是不确定的，但在大量的重复试验中，它的发生却具有统计规律性，因此，我们可从大量重复试验出发来研究事件发生的可能性的大小．为此，先介绍频率的概念．

定义 1.1　设随机事件 A 在 n 次重复试验中发生了 n_A 次，则称 n_A 为**频数**（frequence），称比值 $\dfrac{n_A}{n}$ 为随机事件 A 在 n 次重复试验中发生的**频率**（frequency），记为 $f_n(A)$，即

$$f_n(A) = \frac{n_A}{n}.$$

人们经过长期的实践发现，当试验次数 n 较小时，随机事件 A 发生的频率波动性比较明显，但当重复试验次数 n 充分大时，频率的这种波动性明显减小，并且随着 n 的不断增大，事件 A 发生的频率总在某一确定的数值附近摆动，有稳定于这一常数值的趋势．这种性质称为**频率的稳定性**（频率的稳定性可利用第 5 章介绍的大数定律加以证明）．

历史上人们进行过投硬币的试验，用来观察"正面向上"这一事件发生的统计规律，其试验结果见表 1-1.

表 1-1

试验者	投掷次数 n	正面向上次数 n_A	正面出现的频率 f_n
德·摩根	2048	1061	0.5181
蒲丰	4040	2048	0.5069
皮尔逊	12000	6019	0.5016
皮尔逊	24000	12012	0.5005
维尼	30000	14994	0.4998

从表 1-1 中可以看出，当投掷次数 n 较小时，正面出现的频率 f_n 在 0 与 1 之间波动的幅度较大，随着投掷次数 n 的增大，正面出现的频率 f_n 波动的幅度越来越小，且逐渐稳定于确定的常数值 0.5.

设随机试验 E 的样本空间为 S，在 n 次重复试验中，由频率的定义不难得到频率具有下述基本性质：

> （1）**非负性**：对任何事件 A，有 $f_n(A) \geqslant 0$；
> （2）**规范性**：S 是必然事件，则 $f_n(S)=1$；
> （3）**有限可加性**：对任意 m 个两两互不相容的事件 $A_1, A_2, \cdots, A_m$，有
> $$f_n\left(\bigcup_{i=1}^{m} A_i\right) = \sum_{i=1}^{m} f_n(A_i).$$

1.2.2 概率的定义

1. 概率的统计定义

定义 1.2 在相同的条件下，重复进行 n 次试验，事件 A 发生的频率稳定地在某一确定的常数 p 附近摆动，则称常数 p 为事件 A 发生的概率，记为 $P(A)$．一般说来，n 越大，摆动的幅度越小．

一个事件发生的频率与试验次数 n 有关，而一个事件发生的概率却与试验次数 n 无关，它完全由事件本身决定，是先于试验而客观存在的．因此，频率与概率是两个完全不同的概念．但是根据频率的稳定性，当试验次数 n 较大时，有 $f_n(A) \approx P(A)$．因此在实际计算中，经常用试验次数较大时事件 A 发生的频率来近似计算事件 A 发生的概率．

2. 概率的公理化定义

概率的统计定义表明，我们可以利用事件发生的频率来表征事件发生的可能性的大小，但是在实际中，我们不可能对每一个事件都做大量的试验，并以此得到事件发生的频率．同时，为了理论研究的需要，我们必须给概率一个更明确的定义．受频率的稳定性和频率的性质的启发，下面给出事件概率的公理化定义．

定义 1.3 设 E 是随机试验，S 是它的样本空间．对于随机试验 E 的每一个随机事件 A 赋了一个实数 $P(A)$，如果集合函数 $P(\cdot)$ 满足下列**三条公理**：

> **公理 1 非负性** 对任意事件 A，有 $P(A) \geqslant 0$；
> **公理 2 规范性** $P(S)=1$；
> **公理 3 可列可加性** 对于任意可列个两两互不相容的事件 $A_1, A_2, \cdots, A_n, \cdots$，有
> $$P\left(\bigcup_{i=1}^{\infty} A_i\right) = \sum_{i=1}^{\infty} P(A_i). \tag{1.1}$$
> 则称此实数 $P(A)$ 为事件 A 的**概率**（probability）．

由定义 1.3 我们可以看到，概率的公理化定义并没有考虑每一个事件 A 对应的概率 $P(A)$ 是如何确定的及概率值为多大，而是要求集合函数 $P(\cdot)$ 应满足一些必要的条件，这些条件被总结为三条公理，它们是对概率的现实直观进行的抽象．从而利用概率的这三

条公理, 我们可以对概率进行进一步研究, 从而得到概率的许多有用的性质.

1.2.3 概率的性质

从概率的公理化定义出发, 可以推导出概率的许多性质, 这些性质有助于我们进一步理解概率的概念, 同时它们也是概率计算的重要基础.

 性质 1

$$P(\varnothing) = 0.$$

证 令 $A_i = \varnothing(i = 1, 2, \cdots)$, 则 $\bigcup\limits_{i=1}^{\infty} A_i = \varnothing$, 且 $A_i A_j = \varnothing(i \neq j, \ i, j = 1, 2, \cdots)$. 由公理 3, 知

$$P(\varnothing) = P\left(\bigcup\limits_{i=1}^{\infty} A_i\right) = \sum\limits_{i=1}^{\infty} P(A_i) = \sum\limits_{i=1}^{\infty} P(\varnothing).$$

由公理 1 知 $P(\varnothing) \geqslant 0$, 故必有 $P(\varnothing) = 0$.

性质 2

（**有限可加性公式**） 若 $A_1, A_2, \cdots, A_n$ 是有限个两两互不相容的事件, 则有

$$P\left(\bigcup\limits_{i=1}^{n} A_i\right) = \sum\limits_{i=1}^{n} P(A_i). \tag{1.2}$$

证 令 $A_i = \varnothing(i = n+1, n+2, \cdots)$, 由公理 3 及性质 1 即可导出.

特别常用的是, 对于两个互不相容的事件 A, B, 有

$$P(A \cup B) = P(A) + P(B). \tag{1.3}$$

下面各性质的证明留给读者作为练习.

性质 3

（**对立性公式**） 对于任意事件 A, 有 $P(\overline{A}) + P(A) = 1$ 成立, 即

$$P(\overline{A}) = 1 - P(A). \tag{1.4}$$

性质 4

（**减法公式**） 设 A, B 是两个随机事件, 则

$$P(A - B) = P(A\overline{B}) = P(A) - P(AB). \tag{1.5}$$

特别地, 若 $B \subset A$, 则有

（1） $P(A - B) = P(A) - P(B)$；

（2） $P(B) \leqslant P(A)$.

性质 5

对于任意事件 A，有 $0 \leqslant P(A) \leqslant 1$.

性质 6

（**广义加法公式**） 对任意 n 个事件 $A_1, A_2, \cdots, A_n$，有

$$P\left(\bigcup_{i=1}^{n} A_i\right) = \sum_{i=1}^{n} P(A_i) - \sum_{1 \leqslant i < j \leqslant n} P(A_i A_j)$$
$$+ \sum_{1 \leqslant i < j < k \leqslant n} P(A_i A_j A_k) + \cdots + (-1)^{n-1} P(A_1 A_2 \cdots A_n). \tag{1.6}$$

特别地，对于任意两个随机事件有 A, B，有

$$P(A \cup B) = P(A) + P(B) - P(AB).$$

对于任意三个事件 A, B, C，有

$$P(A \cup B \cup C) = P(A) + P(B) + P(C) - P(AB) - P(AC) - P(BC) + P(ABC).$$

由性质 6 容易得到，对任意 n 个事件 $A_1, A_2, \cdots, A_n$，有

$$P\left(\bigcup_{i=1}^{n} A_i\right) \leqslant \sum_{i=1}^{n} P(A_i). \tag{1.7}$$

显然，

$$P(AB) \leqslant P(A) \leqslant P(A \cup B) \leqslant P(A) + P(B).$$

例 1.2 已知 $P(\bar{A}) = 0.5$，$P(\overline{A}B) = 0.1$，$P(B) = 0.4$，求：

（1）$P(AB)$； （2）$P(A\bar{B})$； （3）$P(\overline{AB})$.

解 （1）$P(AB) = P(B) - P(\overline{A}B) = 0.4 - 0.1 = 0.3$.

（2）$P(A\bar{B}) = P(A - B) = P(A) - P(AB) = 0.5 - 0.3 = 0.2$.

（3）$P(\overline{AB}) = P(\bar{A} - B) = P(\bar{A}) - P(\overline{A}B) = 0.5 - 0.1 = 0.4$.

例 1.3 已知 $P(A) = P(B) = P(C) = \dfrac{1}{4}$，$P(AB) = 0$，$P(AC) = P(BC) = \dfrac{1}{16}$，求：

（1）A, B, C 至少有一个发生的概率；

（2）A, B, C 都不发生的概率.

解 （1）因 $ABC \subset AB$，故 $0 \leqslant P(ABC) \leqslant P(AB) = 0$，从而 $P(ABC) = 0$，于是，A, B, C 至少有一个发生的概率为

$$P(A \cup B \cup C) = P(A) + P(B) + P(C) - P(AB) - P(AC) - P(BC) + P(ABC)$$

$$= \frac{1}{4} + \frac{1}{4} + \frac{1}{4} - \frac{1}{16} - \frac{1}{16} = \frac{5}{8}.$$

（2）A, B, C 都不发生的概率为

$$P(\overline{A}\overline{B}\overline{C}) = P(\overline{A \cup B \cup C}) = 1 - P(A \cup B \cup C) = \frac{3}{8}.$$

1.3　古典概型与几何概型

▌ 内容概要 ▐

1. 古典概型的性质

（1）**有限性**　所涉及的随机现象样本空间只含有有限个样本点，如为 n 个；

（2）**等可能性**　每个样本点发生的可能性相等.

2. 古典概型的计算方法

若事件 A 含有 k 个样本点，则事件 A 的概率为

$$P(A) = \frac{\text{事件} A \text{所含有的样本点的个数}}{S \text{中所有样本点的个数}} = \frac{k}{n}.$$

3. 几何概型

若随机试验的样本空间是某个区域，并且任意一点落在度量（长度、面积、体积）相同的子区域是等可能的，则事件 A 的概率为

$$P(A) = \frac{S_A}{S}.$$

其中，S 是样本空间的几何测度，S_A 是构成事件 A 的子区域的几何测度.

1.3.1　古典概型

概率的统计定义和概率的公理化定义并没有给出随机事件概率大小的确定方法，实际上，要计算一个随机事件发生的概率大小，应根据具体的随机试验的形式和结构而定. 随机试验的形式是多种多样的，这一节中将介绍古典概型，又称为等可能概型，它是一类比较简单但比较重要的概率模型，是概率论发展早期的主要研究对象，这也是它被称为古典概型的原因.

古典概型（classical probability model）是指满足下列两个条件的概率模型：

（1）（**有限性**）随机试验只有有限个可能结果，即基本事件总数为有限个；

（2）（**等可能性**）每一个可能结果发生的可能性相同，即各基本事件发生的概率相同.

对于一个随机试验 E 来说，以上两个条件在数学上可表述为

（1）样本空间有限，即 $S = \{\omega_1, \omega_2, \cdots, \omega_n\}$；

（2）$P\{\omega_1\} = P\{\omega_2\} = \cdots = P\{\omega_n\}$.

根据概率的公理化定义，知

$$1 = P(S) = P\left(\bigcup_{i=1}^{n}\{\omega_i\}\right) = \sum_{i=1}^{n} P\{\omega_i\} = nP\{\omega_i\}.$$

所以有

$$P\{\omega_i\} = \frac{1}{n}, \quad i = 1, 2, \cdots, n.$$

若事件 A 包含 m 个样本点，分别为 $\omega_{i1}, \omega_{i2}, \cdots, \omega_{im}$，即

$$A = \{\omega_{i1}, \omega_{i2}, \cdots, \omega_{im}\} = \bigcup_{k=1}^{m}\{\omega_{ik}\},$$

则由概率的有限可加性，得

$$P(A) = \sum_{k=1}^{m} P\{\omega_{ik}\} = \frac{m}{n},$$

即

$$P(A) = \frac{A\text{中所包含的基本事件总数}}{S\text{中所包含的基本事件总数}} = \frac{A\text{中所包含的样本点总数}}{S\text{中所包含的样本点总数}}. \tag{1.8}$$

容易验证，式（1.8）定义的古典概率满足定义 1.3 中的三条公理.

计算古典概型中事件 A 的概率，关键是要计算出样本空间中的样本点总数（基本事件总数）和事件 A 包含的样本点数（A 包含的基本事件数），这些数目的计算一般要用到排列组合的知识. 下面我们通过一些例子来说明古典概型中随机事件概率的计算.

例 1.4　把 10 本书任意地放在书架上，求其中指定的 3 本书放在一起的概率.

解　将 10 本书放到书架上相当于将 10 个元素作一次排列，其所有可能的放法相当于 10 个元素的全排列数 $A_{10}^{10} = 10!$. 由于书是按任意的次序放到书架上去的，所以这 10! 种排列中出现任意一种的可能性相同，这是古典概型. 用 A 表示事件"指定的 3 本书放在一起"，则

$$P(A) = \frac{8! \times 3!}{10!} = \frac{1}{15}.$$

例 1.5　从 6 个男人和 9 个女人组成的小组中选出 5 个人组成一个委员会，假定选取是随机的，求委员会正好由 3 男 2 女组成的概率.

解　从由 6 个男人和 9 个女人组成的小组中选出 5 个人组成一个委员会，共有 C_{15}^5 种选法，即基本事件总数为 C_{15}^5，用 A 表示事件"委员会正好由 3 男 2 女组成"，则事件 A 包含的基本事件数为 $C_6^3 C_9^2$，因此所求概率为

$$P(A) = \frac{C_6^3 C_9^2}{C_{15}^5} = \frac{240}{1001}.$$

例1.6　（分派问题）有 r 只球，随机放在 n 个盒子中（$r \leqslant n$），试求下列各事件的概率.

（1）每个盒子中至多有一只球；

（2）某指定的 r 个盒子中各有一只球；

（3）恰有 r 个盒中各有一只球.

解　r 只球放入 n 个盒子里的方法共有 $n \cdot n \cdots n = n^r$ 种，即为基本事件总数.

（1）设 $A = \{$每个盒子中至多有一只球$\}$.

因为每个盒子中至多放一只球，共有 $n(n-1)\cdots[n-(r-1)] = A_n^r$ 种不同的放法，即 A 中包含的基本事件数为 A_n^r，所以 $P(A) = \dfrac{A_n^r}{n^r}$.

（2）设 $B = \{$某指定的 r 个盒子中各有一只球$\}$.

由于 r 只球在指定的 r 个盒中各放一只，共有 $r!$ 种放法，故 B 中包含的基本事件数为 $r!$，所以 $P(B) = \dfrac{r!}{n^r}$.

（3）设 $C = \{$恰有 r 个盒中各有一只球$\}$.

由于在 n 个盒中选取 r 个盒子的选法有 C_n^r 种，而对于每一种选法选出的 r 个盒子，其中各放一球的放法有 $r!$ 种，所以 C 包含的基本事件数为 $C_n^r \cdot r!$，所以

$$P(C) = \frac{C_n^r \cdot r!}{n^r} = \frac{A_n^r}{n^r}.$$

值得注意的是，不同的概率问题可能有相同的概率模型. 例如，概率论历史上有一个颇为有名的问题（生日问题），即求 r 个人中没有两个人生日相同的概率. 若把一年的 365 天看作盒子，r 只球看作 r 个人，则 $n = 365$，这时**生日问题**就与**分派问题**类同.

例如，假设每个人的生日在一年 365 天中的任一天是等可能的，即都等于 $\dfrac{1}{365}$，那么随机选取 r $(r \leqslant 365)$ 个人，他们的生日各不相同的概率为

$$\frac{365 \times 364 \times \cdots \times (365 - r + 1)}{365^r} = \frac{A_{365}^r}{365^r}.$$

因此，r 个人中至少有两人生日相同的概率为

$$P = 1 - \frac{A_{365}^r}{365^r}.$$

经计算可得表 1-2 所示的结果.

表 1-2

r	30	40	50	64	100
P	0.706	0.891	0.970	0.997	0.9999997

若 $r = 50$，可算出 $P = 0.970$，即在一个 50 人的班级里，"至少有两个人的生日相同"这一事件发生的概率与 1 差别很小，或者说"至少有两个人生日相同"几乎是必然的（称为大概率事件），"没有两个人生日相同"几乎是不可能的（称为小概率事件）.

✎ 小结

"小概率事件"是指发生的概率小于 5% 的事件. 大量重复试验中这类事件平均每试验 20 次才发生 1 次，所以可认为在一次试验中该事件几乎是不可能发生的.

不过应注意的是，这里的"几乎不可能发生"是针对"一次试验"来说的，如果试验次数多了，该事件还是很可能发生的.

例如，在应用案例 1.1 中，每个人的血清中含有肝炎病毒的概率为 0.4%，是小概率事件，但混合 1000 人的血清，此血清中含有肝炎病毒的概率几乎为 1；再如，发生火灾、出现交通事故都是小概率事件，一次发生的可能性很小，但重复多次就可能是大概率事件了. 我们不能忽视小概率事件，防患于未然，假设检验思想就是运用"小概率事件几乎不可能发生的原理"进行检验的.

应用案例 1.1 （肝炎病毒问题）若每个人的血清中含有肝炎病毒的概率为 0.4%，求混合 1000 人血清中含有肝炎病毒的概率.

解 设 A_i 表示第 i 个人含有肝炎病毒 $i = 1, 2, \cdots, 1000$，B 表示此血清中含有肝炎病毒，则

$$P(B) = P(A_1 + A_2 + \cdots + A_{1000}) = 1 - P\left(\overline{A_1 + A_2 + \cdots + A_{1000}}\right)$$

$$= 1 - P\left(\overline{A_1}\,\overline{A_2} \cdots \overline{A_{1000}}\right) = 1 - \prod_{i=1}^{1000} P\left(\overline{A_i}\right) = 1 - (0.996)^{1000}$$

$$\approx 0.982.$$

应用案例 1.2 （巴拿赫火柴盒问题）数学家巴拿赫的左右衣袋中各放有一盒装有 N 根火柴的火柴盒，每次抽烟时任取一盒用一根，求发现一盒用完时，另一盒有 r 根的概率.

解 该问题可看作 $p = \dfrac{1}{2}$ 的伯努利试验，所求事件的概率 $P = C_{2N-r}^N \left(\dfrac{1}{2}\right)^{2N-r}$. 当 $r = 0$ 时，$P = C_{2N}^N \left(\dfrac{1}{2}\right)^{2N}$；当 $r = N$ 时，$P = \left(\dfrac{1}{2}\right)^N$. 所以当 $N \to \infty$ 时，$P \to 0$，它表示当每

盒中的火柴数足够大时，"首次发现一盒用完时，另一盒一根火柴也没有用"这一事件发生的可能性是很小的.

例 1.7 从 1～100 这 100 个整数中任取一个，试求取到的整数既不能被 6 整除，又不能被 8 整除的概率.

解 设 $A=\{$取到的数能被 6 整除$\}$，$B=\{$取到的数能被 8 整除$\}$，$C=\{$取到的数既不能被 6 整除，也不能被 8 整除$\}$，则 $C=\overline{A}\,\overline{B}$，$P(C)=P(\overline{A}\,\overline{B})=P(\overline{A\cup B})=1-P(A\cup B)=1-[P(A)+P(B)-P(AB)]$.

设 100 个整数中有 $x(x\in \mathbf{N}^*)$ 个整数能被 6 整除，则 $6x\leqslant 100$，所以 $x=16$，即事件 A 中有 16 个基本事件，所以 $P(A)=\dfrac{16}{100}=\dfrac{4}{25}$. 同理，事件 B 含有 12 个基本事件，$P(B)=\dfrac{12}{100}=\dfrac{3}{25}$.

设既能被 6 整除又能被 8 整除，即能被 24 整除的数有 $y(y\in \mathbf{N}^*)$ 个，则 $24y\leqslant 100$，所以 $y=4$，即事件 AB 中含有 4 个基本事件，所以 $P(AB)=\dfrac{4}{100}=\dfrac{1}{25}$. 故

$$P(C)=1-[P(A)+P(B)-P(AB)]=1-\left(\frac{4}{25}+\frac{3}{25}-\frac{1}{25}\right)=0.76 .$$

例 1.8 （抽签问题）已知箱中有 a 根红签，b 根白签，除颜色外，这些签的其他方面无任何区别，现有 $a+b$ 个人依次不放回地去抽签，求第 k 个人抽到红签的概率.

解法 1 把 a 根红签、b 根白签看作各不相同的（设想对它们进行编号），若把所抽出的签依次放在排列成一条直线的 $a+b$ 个位置上，其排列总数为 $(a+b)!$，此即为基本事件总数. 用 A_k 表示事件"第 k 个人抽到红签"，因为第 k 个人抽到红签有 a 种抽法，其余的 $a+b-1$ 次抽签，相当于 $a+b-1$ 根签进行全排列，有 $(a+b-1)!$ 种，所以事件 A_k 包含的基本事件数为 $a\times(a+b-1)!$，从而

$$P(A_k)=\frac{a\times(a+b-1)!}{(a+b)!}=\frac{a}{a+b} \qquad (1\leqslant k\leqslant a+b) .$$

解法 2 把 a 根红签看作没有区别，把 b 根白签也看作没有区别，把所抽出的签依次放在排成一条直线的 $a+b$ 个位置上，若把 a 根红签的位置固定下来，则其余位置必然是放白签. 因此，我们只要考虑红签的位置即可. 以 a 根红签的所有不同放法作为样本点，则基本事件总数为 C_{a+b}^{a}. 由于第 k 次抽到红签，所以第 k 个位置必须放红签，剩下的 $a-1$ 根红签可以放在 $a+b-1$ 个位置的任意 $a-1$ 个位置上，故事件 A_k 包含的基本事件数为 C_{a+b-1}^{a-1}. 所以所求的概率为

$$P(A_k)=\frac{C_{a+b-1}^{a-1}}{C_{a+b}^{a}}=\frac{a}{a+b} \qquad (1\leqslant k\leqslant a+b) .$$

解法 3　把 a 根红签、b 根白签看作各不相同的（设想对它们进行编号），以第 k 次抽出的签的全部可能结果作为样本空间，则样本空间中样本点总数为 $a+b$，事件 A_k 包含的样本点数为 a，故所求概率为

$$P(A_k) = \frac{a}{a+b} \qquad (1 \leqslant k \leqslant a+b).$$

抽签问题是我们在实际中经常遇到的问题，由例 1.8 我们可以看出，每个人抽到红签的概率是相同的，与抽签的先后次序无关，这也与我们的实际生活经验相同.

例 1.8 还告诉我们，计算随机事件的概率与所选取的样本空间有关. 在计算基本事件总数（样本点总数）及事件 A 所包含的基本事件数时，必须在同一确定的样本空间中考虑，若其中一个考虑顺序，则另一个也必须考虑顺序，否则结果一定不正确.

例 1.9　学校分给某班 2 张足球入场券，已知该班有 30 人，现通过按顺序抓阄的方式来确定获得入场券的同学，求第 k 名同学获得入场券的概率.

解法 1　将 30 个阄编号，1 号～28 号是非入场阄，29 号和 30 号是入场阄. 30 名同学每抓一次阄共有 30! 种结果，则第 k 名同学获得入场券的概率为

$$P_k = \frac{2 \times 29!}{30!} = \frac{2}{30} = \frac{1}{15}.$$

解法 2　将所有入场阄看作无区别，只考虑 2 张入场阄位置放置，故

$$P_k = \frac{C_{29}^1}{C_{30}^2} = \frac{2 \times 29}{30 \times 29} = \frac{1}{15}.$$

解法 3　设 $A_i = \{\text{第 } i \text{ 人抓到入场阄}\}\ (i = 1, 2, \cdots, 30)$，则

$$P(A_1) = \frac{2}{30} = \frac{1}{15}, \quad P(\overline{A_1}) = \frac{14}{15};$$

$$P(A_2) = P(A_1)P(A_2 \mid A_1) + P(\overline{A_1})P(A_2 \mid \overline{A_1}) = \frac{1}{15} \times \frac{1}{29} + \frac{14}{15} \times \frac{2}{29} = \frac{1}{15},$$

$$P(\overline{A_2}) = \frac{14}{15}; \ \cdots.$$

于是可得

$$P_k = P(A_k) = \frac{1}{15}.$$

解法 4　如果只考虑第 k 名同学获得入场阄位置放置，可得

$$P_k = \frac{C_2^1}{C_{30}^1} = \frac{2}{30} = \frac{1}{15}.$$

解法 5　如果只考虑前 k 次取得入场阄位置放置，可得

$$P_k = \frac{A_{29}^{k-1} C_2^1}{A_{30}^k} = \frac{2}{30} = \frac{1}{15}.$$

可以发现，在例 1.8 中，当 $a=2$，$b=28$ 时，$P(A_k)=\dfrac{a}{a+b}=\dfrac{2}{30}=\dfrac{1}{15}$.

注释：（1）例 1.9 的解法 5 中，当 $k=30$ 和 $k=1$ 时实际就分别是特殊情况解法 1 和解法 4.

（2）抓阄问题在生活中应用广泛，与顺序无关，且对每一个参加的人而言机会均等.

应用案例 1.3 已知甲、乙两人射击水平相当，现对同一目标轮流射击，若一方失利，另一方可以继续射击，直到有人命中目标为止. 规定命中一方为该轮比赛的优胜者. 若甲先开始射击，是否一定有利？为什么？

解 设甲、乙每次命中目标的概率均为 p，失利的概率为 $q(0<q<1,\ p+q=1)$，$A_i=\{\text{第 } i \text{ 次甲中}\}$，$A=\{\text{甲先中}\}$，$B_i=\{\text{第 } i \text{ 次乙中}\}$，$B=\{\text{乙先中}\}$，$i=1,2,\cdots$，于是有

$$P(A)=P(A_1)+P(\overline{A_1})P(\overline{B_1})P(A_2)+P(\overline{A_1})P(\overline{B_1})P(\overline{A_2})P(\overline{B_2})P(A_3)+\cdots$$

$$=p+pq^2+pq^4+\cdots=\frac{p}{1-q^2}=\frac{1}{1+q}.$$

同理，得 $P(B)=\dfrac{q}{1+q}$. 因为 $P(A)=\dfrac{1}{1+q}>\dfrac{q}{1+q}=P(B)$，所以若甲先开始射击一定有利.

1.3.2 几何概型

定义 1.4 若随机试验的样本空间是某个区域，并且任意一点落在度量（长度、面积、体积）相同的子区域是等可能的，则事件 A 的概率为 $P(A)=\dfrac{S_A}{S}$，其中，S 是样本空间的几何测度，S_A 是构成事件 A 的子区域的几何测度.

几何概型的特点是样本空间中的事件的概率与该事件的测度成正比，而与它的位置无关，它是随机变量服从均匀分布的实际背景.

当古典概型的试验结果为连续无穷多个时，就归结为**几何概型**. 在几何概型中，若所考虑的问题只有一个因素在变，则取一维几何量——长度作为几何测度；若所考虑的问题只有两个因素在变，则取二维几何量——面积作为几何测度；若所考虑的问题有三个因素在变，则取三维几何量——体积作为几何测度.

计算事件 A 的概率可以直接利用公式：

$$P(A)=\frac{A\text{的测度}}{\text{样本空间的总测度}}.$$

例 1.10 随机地向半圆 $0<y\leqslant\sqrt{2ax-x^2}$（$a$ 为正常数）内投掷一点，若落在半圆内任何区域的概率与区域面积成正比，求原点和该点连线与 x 轴夹角小于 $\dfrac{\pi}{4}$ 的概率.

解 这是几何概型问题，其中，样本空间占有的面积为 $\dfrac{1}{2}\pi a^2$，所求事件占有的面积为 $\dfrac{1}{4}\pi a^2+\dfrac{1}{2}a^2$，所以所求概率为

$$P = \frac{\frac{1}{4}\pi a^2 + \frac{1}{2}a^2}{\frac{1}{2}\pi a^2} = \frac{1}{2} + \frac{1}{\pi}.$$

例 1.11　在区间 $(0,1)$ 中任取两个数，求下列事件的概率.

（1）两数之和小于 1.5；

（2）两数之积小于 0.25.

解　设取出的两个数分别为 x，y，则 $0 < x < 1$，$0 < y < 1$.

（1）$P\{0 < x + y < 1.5\} = \dfrac{1 - \frac{1}{2} \times \frac{1}{2} \times \frac{1}{2}}{1} = \dfrac{7}{8}.$

（2）$P\{0 < xy < 0.25\} = \dfrac{1 - \int_{0.25}^{1}\left(1 - \dfrac{0.25}{x}\right)\mathrm{d}x}{1} \approx 0.5966.$

例 1.12　设点 (p,q) 随机地落在平面区域 D：$|p| \leqslant 1$，$|q| \leqslant 1$ 内，对于一元二次方程 $x^2 + px + q = 0$ 两个根，求下列条件的概率：

（1）都是实数；

（2）都是正数.

解　（1）因为方程 $x^2 + px + q = 0$ 的两个根都是实数，所以 $p^2 - 4q \geqslant 0$，即 $q \leqslant \dfrac{1}{4}p^2$，所以方程的两个根都是实数的概率为

$$P = \frac{\int_{-1}^{1}\left(\frac{1}{4}p^2 + 1\right)\mathrm{d}p}{4} = \frac{13}{24}.$$

（2）因为方程的两个根都是正数，所以 $\begin{cases} p^2 - 4q \geqslant 0, \\ p < 0, \\ q > 0, \end{cases}$ 所以方程的两个根都是正数的概率为

$$P = \frac{\int_{-1}^{0}\frac{1}{4}p^2\mathrm{d}p}{4} = \frac{1}{48}.$$

应用案例 1.4　（浦丰投针问题）平面上画着一些平行线，它们之间的距离都等于 a，向这些平行线投一根长度为 l 的针（$l < a$），试求此针与任一平行线相交的概率.

解　如图 1-2 所示，令 M 表示针的中点，以 x 表示针投到平面上时，中点 M 到最近平行线的距离，φ 表示针与平行线的夹角，则 $0 \leqslant x \leqslant \dfrac{a}{2}$，$0 \leqslant \varphi \leqslant \pi$．因为针与平行线相交，所以 $0 \leqslant x \leqslant \dfrac{l}{2} \sin \varphi$，如图 1-3 所示，所以此针与任一平行线相交的概率为

$$P = \frac{\dfrac{1}{2} \int_0^\pi l \sin \varphi \, \mathrm{d}\varphi}{\dfrac{1}{2} a \pi} = \frac{2l}{a \pi}.$$

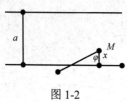

图 1-2

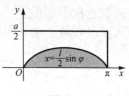

图 1-3

📚 **注释**：由于最后的答案与 π 无关，所以很多人利用它来计算 π 的数值，其方法是投针 N 次，先计算针与线相交的次数 n，再以频率值 $\dfrac{n}{N}$ 作为概率 P 的值代入，求得 $\pi = \dfrac{2lN}{an}$．其中，1901 年意大利人拉查里尼投针 3408 次，求得 $\pi = 3.1415929$．上述思想方法称为**蒙特卡罗方法**，已得到广泛应用．

1.4　条件概率与乘法公式

内容概要

1. 条件概率的定义

设 A, B 是两个事件，且 $P(B) > 0$，称 $P(A|B) = \dfrac{P(AB)}{P(B)}$ 为已知事件 B 发生的条件下，事件 A 发生的条件概率．

2. 条件概率的性质

（1）**非负性**　对任意事件 A，$P(A|B) \geqslant 0$（$P(B) > 0$）；

（2）**规范性**　$P(S|B) = 1$（$P(B) > 0$）；

（3）**可列可加性**　对任意可列个两两不相容的事件 $A_1, A_2, \cdots, A_n, \cdots$，$P(B) > 0$，有

$$P\left\{ \left(\bigcup_{i=1}^\infty A_i \right) \middle| B \right\} = \sum_{i=1}^\infty P(A_i | B).$$

3. 乘法公式

$$P(AB) = P(A)P(B / A) = P(B)P(A / B)$$

1.4.1　条件概率

1. 条件概率的定义

在许多实际问题中，除要计算某一事件 A 的概率外，还常常会遇到求在"事件 B 已发生"的条件下事件 A 发生的概率问题，这样的概率称为**条件概率**，记为 $P(A|B)$．

例如，两台机器加工同一种产品，共 100 件，第一台机器加工的合格品数为 35 件，次品数为 5 件，第二台机器加工的合格品数为 50 件，次品数为 10 件．若从 100 件产品中任取一件产品，已知取到的是第一台机器加工的产品，求它是合格品的概率．

令 $A=\{$取到的产品是第一台机器加工的$\}$，$B=\{$取到的产品为合格品$\}$，于是所求概率是事件 A 发生的条件下事件 B 发生的概率，所以称它为 A 发生的条件下 B 发生的条件概率，并记作 $P(B|A)$，$P(B|A)$ 可以用古典概型计算．因为取到的产品是第一台机器加工的，又已知第一台机器加工了 40 件产品，其中 35 件是合格品，所以

$$P(B|A)=\frac{35}{40}=0.875 .$$

另外，由于 AB 表示事件"取到的产品是第一台机器加工的，并且是合格品"，而在 100 件产品中是第一台机器加工的又是合格品的产品为 35 件，所以

$$P(AB)=\frac{35}{100} ,$$

而 $P(A)=\dfrac{40}{100}$，从而有

$$P(B|A)=\frac{35}{40}=\frac{\dfrac{35}{100}}{\dfrac{40}{100}}=\frac{P(AB)}{P(A)} .$$

我们引入如下条件概率的定义．

定义 1.5　设 A,B 是两个事件，且 $P(B)>0$，称

$$P(A|B)=\frac{P(AB)}{P(B)} \tag{1.9}$$

为已知事件 B 发生的条件下，事件 A 发生的**条件概率**．

2. 条件概率的性质

条件概率也是一种概率，不难验证，对给定的事件 B，$P(B)>0$，条件概率满足概率的三条公理：

公理 1　非负性　对任意事件 A，$P(A|B)\geqslant 0 (P(B)>0)$；

公理 2　规范性　$P(S|B)=1 (P(B)>0)$；

公理 3　可列可加性　对任意可列个两两不相容的事件 $A_1,A_2,\cdots,A_n,\cdots$，$P(B)>0$，有

$$P\left\{\left(\bigcup_{i=1}^{\infty}A_i\right)\middle|B\right\}=\sum_{i=1}^{\infty}P(A_i|B) . \tag{1.10}$$

此外，容易验证条件概率也满足概率的其他性质，例如：

（1）$P(\varnothing \mid B) = 0 \, (P(B) > 0)$.

（2）若 $A_1, A_2, \cdots, A_n$ 是两两互不相容的事件，$P(B) > 0$，则有

$$P\left\{\left(\bigcup_{i=1}^{n} A_i\right) \middle| B\right\} = \sum_{i=1}^{n} P(A_i \mid B).$$

（3）对于任一事件 A，$P(B) > 0$，有 $P(\overline{A} \mid B) = 1 - P(A \mid B)$.

（4）设 A_1, A_2 是两个随机事件，$P(B) > 0$，则

$$P\{(A_1 - A_2) \mid B\} = P(A_1 \mid B) - P(A_1 A_2 \mid B).$$

（5）对于任意两个随机事件 A_1, A_2，$P(B) > 0$，有

$$P\{(A_1 \cup A_2) \mid B\} = P(A_1 \mid B) + P(A_2 \mid B) - P(A_1 A_2 \mid B).$$

（6）对任意两个不相容的事件 A，$P(B) > 0$，有

$$P\{(A_1 \cup A_2) \mid B\} = P(A_1 \mid B) + P(A_2 \mid B). \tag{1.11}$$

这些性质的证明留给读者自己完成.

3. 条件概率的计算

计算条件概率 $P(B \mid A)$ 有两种方法：

（1）在样本空间 S 中，先求 $P(AB), P(A)$，再按定义计算 $P(B \mid A)$.

（2）在缩减的样本空间 S_A 中求事件 B 的概率，可得到 $P(B \mid A)$.

例 1.13 某住宅楼共有三个孩子，已知其中至少有一个是女孩，求至少有一个是男孩的概率（假设一个小孩为男或为女是等可能的）.

分析 在已知"至少有一个是女孩"的条件下求"至少有一个是男孩"的概率，所以是条件概率问题. 根据公式 $P(B \mid A) = \dfrac{P(AB)}{P(A)}$，必须求出 $P(AB), P(A)$.

解法 1 设 $A = \{$至少有一个女孩$\}$，$B = \{$至少有一个男孩$\}$，则 $\overline{A} = \{$三个全是男孩$\}$，$\overline{B} = \{$三个全是女孩$\}$，于是

$$P(\overline{A}) = \frac{1}{2^3} = \frac{1}{8} = P(\overline{B}),$$

事件 AB 为"至少有一个女孩且至少有一个男孩"，因为 $\overline{AB} = \overline{A} \cup \overline{B}$，且 $\overline{A}\,\overline{B} = \varnothing$，所以

$$P(AB) = 1 - P(\overline{AB}) = 1 - P(\overline{A} \cup \overline{B}) = 1 - [P(\overline{A}) + P(\overline{B})] = 1 - \left(\frac{1}{8} + \frac{1}{8}\right) = \frac{3}{4},$$

$$P(A) = 1 - P(\overline{A}) = \frac{7}{8},$$

从而，在已知至少有一个为女孩的条件下，至少有一个是男孩的概率为

$$P(B \mid A) = \frac{P(AB)}{P(A)} = \frac{\dfrac{3}{4}}{\dfrac{7}{8}} = \frac{6}{7}.$$

解法 2　可以利用缩减样本空间的方法来求条件概率 $P(A|B)$. 已知其中至少有一个是女孩, 相当于 S 缩减为 $S_1 = \{$女男男, 男女男, 男男女, 男女女, 女男女, 女女男, 女女女$\}$, 在 S_1 中求 $P(A|B)$ 的概率, 故所求概率直接为 $P(A|B) = \dfrac{6}{7}$.

1.4.2　乘法公式

　　由条件概率的定义可导出下面的乘法定理.

　　定理 1.1　（乘法公式）对于事件 A, B, 如果 $P(A) > 0$, 则有

$$P(AB) = P(A)P(B|A).\qquad(1.12)$$

如果 $P(B) > 0$, 则有

$$P(AB) = P(B)P(A|B).\qquad(1.13)$$

式 (1.12) 和式 (1.13) 通常称为**概率的乘法公式**.

　　上面的乘法公式可推广到 n 个事件的情形.

　　定理 1.2　设 $A_1, A_2, \cdots, A_n$ 是 n 个事件, $P(A_1 A_2 \cdots A_{n-1}) > 0$, 则有

$$P(A_1 A_2 \cdots A_n) = P(A_1)P(A_2|A_1)P(A_3|A_1 A_2)\cdots P(A_n|A_1 A_2 \cdots A_{n-1}).\qquad(1.14)$$

式 (1.14) 利用条件概率的定义很容易证明, 留给读者自己完成.

　　例 1.14　设袋中装有 r 只红球, t 只白球. 每次从袋中任取一只球, 观察其颜色后放回, 同时再放入 a 只与所取出的那只球同色的球. 若从袋中连续取球四次, 试求第一次、第二次取到红球且第三次、第四次取到白球的概率.

　　解　以 $A_i = \{$第 i 次取到红球$\}$ $(i = 1,2,3,4)$, 则 $\overline{A_3}, \overline{A_4}$ 分别表示事件第三次、第四次取到白球. 所以所求概率为

$$P(A_1 A_2 \overline{A_3}\, \overline{A_4}) = P(\overline{A_4}|A_1 A_2 \overline{A_3})P(\overline{A_3}|A_1 A_2)P(A_2|A_1)P(A_1)$$

$$= \frac{t+a}{r+t+3a} \times \frac{t}{r+t+2a} \times \frac{r+a}{r+t+a} \times \frac{r}{r+t}.$$

　　例 1.15　设某光学仪器厂制造的透镜, 第一次落下时破碎的概率为 $\dfrac{1}{2}$. 若第一次落下未破碎, 则第二次落下破碎的概率为 $\dfrac{7}{10}$; 若前两次落下未破碎, 则第三次落下破碎的概率为 $\dfrac{9}{10}$. 求透镜落下三次而未破碎的概率.

　　解　设 $A_i = \{$透镜第 i 次落下后破碎$\}$ $(i = 1,2,3)$, $B = \{$透镜落下三次而未破碎$\}$, 则有

$$P(B) = P(\overline{A_1}\,\overline{A_2}\,\overline{A_3}) = P(\overline{A_3}|\overline{A_1}\,\overline{A_2})P(\overline{A_2}|\overline{A_1})P(\overline{A_1})$$

$$= \left(1 - \frac{9}{10}\right) \times \left(1 - \frac{7}{10}\right) \times \left(1 - \frac{1}{2}\right) = \frac{3}{200}.$$

例 1.16 （同例 1.9）学校分给某班 2 张足球入场券，已知该班有 30 人，现通过按顺序抓阄的方式来确定获得入场券的同学，求第 k 名同学获得入场券的概率.

解 将 30 个阄编号，1 号～28 号是非入场阄，29 号和 30 号是入场阄. 设 $B_i = \{$第 i 名同学抓到 29 号入场阄$\}$，$C_i = \{$第 i 名同学抓到 30 号入场阄$\}$ $(i = 1,2,\cdots,30)$，所以

$$P(B_k) = P(\overline{B_1}\,\overline{B_2}\cdots\overline{B_{k-1}}B_k) = P(\overline{B_1})P(\overline{B_2}|\overline{B_1})\cdots P(B_k|\overline{B_1}\,\overline{B_2}\cdots\overline{B_{k-1}})$$

$$= \frac{29}{30} \times \frac{28}{29} \times \cdots \times \frac{30-k+1}{30-k+2} \times \frac{1}{30-k+1} = \frac{1}{30},$$

同理

$$P(C_k) = \frac{1}{30},$$

故所求概率

$$P_k = P(B_k + C_k) = P(B_k) + P(C_k) = \frac{1}{30} + \frac{1}{30} = \frac{1}{15}.$$

1.5 全概率公式与贝叶斯公式

内容概要

1. 全概率公式

如果事件 $A_1, A_2, \cdots, A_n$ 满足如下条件：

（1）$P(A_i) > 0\,(i = 1,2,\cdots,n)$；

（2）$A_1, A_2, \cdots, A_n$ 两两互不相容，即公式 $A_iA_j = \varnothing(i \neq j)$；

（3）$A_1 \cup A_2 \cup \cdots \cup A_n = S$.

则对于任何一个事件 B，有

$$P(B) = \sum_{i=1}^{n} P(A_i)P(B|A_i).$$

2. 贝叶斯（Bayes）公式

如果事件 $A_1, A_2, \cdots, A_n$ 满足如下条件：

（1）$P(A_i) > 0\,(i = 1,2,\cdots,n)$；

（2）$A_1, A_2, \cdots, A_n$ 两两互不相容，即 $A_iA_j = \varnothing(i \neq j)$；

（3）$A_1 \cup A_2 \cup \cdots \cup A_n = S$.

则对于任何一个事件 $B(P(B) > 0)$，有

$$P(A_k|B) = \frac{P(A_k)P(B|A_k)}{\displaystyle\sum_{i=1}^{n}P(A_i)P(B|A_i)} \quad (k = 1,2,\cdots,n).$$

1.5.1　全概率公式

概率的加法公式和乘法公式是计算随机事件概率的两个基本公式,前面我们直接使用概率的加法公式和乘法公式计算了一些简单事件的概率,但在计算比较复杂事件的概率时,往往需要同时利用概率的加法公式和乘法公式,我们先看一个例子.

例 1.17　有两个形状相同的罐子,第一个罐中装有 2 个白球 1 个黑球,第二个罐中装有 3 个白球 2 个黑球,现任选一个罐,并从中任取一球,试求取得白球的概率.

解　记 $A_i = \{$球取自第 i 罐$\}(i = 1, 2)$,$B = \{$取得白球$\}$. 显然,有

$$A_1 A_2 = \varnothing,\quad A_1 \cup A_2 = S.$$

利用概率的有限可加性和乘法公式,可得

$$\begin{aligned}
P(B) = P(BS) &= P(B(A_1 \cup A_2)) \\
&= P(BA_1) + P(BA_2) \\
&= P(A_1)P(B \mid A_1) + P(A_2)P(B \mid A_2).
\end{aligned}$$

由题意,知

$$P(A_1) = P(A_2) = \frac{1}{2},\quad P(B \mid A_1) = \frac{2}{3},\quad P(B \mid A_2) = \frac{3}{5}.$$

于是有

$$P(B) = \frac{1}{2} \times \frac{2}{3} + \frac{1}{2} \times \frac{3}{5} = \frac{19}{30}.$$

将例 1.17 中计算概率 $P(B)$ 的方法一般化,可得如下定理:

定理 1.3　（全概率公式）如果事件 $A_1, A_2, \cdots, A_n$ 满足如下条件:

（1）$P(A_i) > 0 \ (i = 1, 2, \cdots, n)$;

（2）$A_1, A_2, \cdots, A_n$ 两两互不相容,即 $A_i A_j = \varnothing (i \neq j, i, j = 1, 2, \cdots, n)$;

（3）$A_1 \cup A_2 \cup \cdots \cup A_n = S$.

则对于任何一个事件 B,有

$$P(B) = \sum_{i=1}^{n} P(A_i)P(B \mid A_i). \tag{1.15}$$

证　$P(B) = P(BS) = P\{B(\bigcup_{i=1}^{n} A_i)\}$

$$= P(\bigcup_{i=1}^{n} BA_i) = \sum_{i=1}^{n} P(BA_i)$$

$$= \sum_{i=1}^{n} P(A_i)P(B \mid A_i).$$

关于定理 1.3,我们做如下说明:

（1）满足定理 1.3 中的条件（2）和（3）的一组事件 $A_1, A_2, \cdots, A_n$ 称为样本空间 S 的一个划分（或称为一个完备事件组）；

（2）对于由可列个事件 $A_1, A_2, \cdots, A_n, \cdots$ 构成的完备事件组，定理 1.3 也成立；

（3）全概率公式本质上是乘法公式和加法公式的综合.

全概率公式的作用在于，直接求一个较复杂事件 B 的概率比较困难，但在 A_i 发生的条件下，条件概率 $P(B \mid A_i)$ 却比较容易计算，于是我们可以通过求出所有的 $P(A_i)$ 和 $P(B \mid A_i)$ 来求出事件 B 的概率. 全概率公式是一种利用"化整为零"的思想来计算复杂事件概率的方法. 正确使用全概率公式，不仅会使概率的计算变得简单，而且也会使分析问题的思路变得十分清晰. 下面我们再通过几个例子来说明全概率公式的运用.

例 1.18 甲、乙、丙三人各自独立地向同一飞机进行射击，已知三个人击中飞机的概率分别为 0.4，0.5，0.7. 若一人击中，则飞机被击落的概率为 0.2；若两人击中，则飞机被击落的概率为 0.6；若三人都击中，则飞机必被击落. 求飞机被击落的概率.

解 设 $A_i = \{$恰有 i 人击中飞机$\}$（$i = 0, 1, 2, 3$），显然 A_0, A_1, A_2, A_3 构成一个完备事件组. 又设 B_1, B_2, B_3 分别表示甲、乙、丙击中飞机这三个事件，$B = \{$飞机被击落$\}$，则依题意，有

$$P(B \mid A_0) = 0, \quad P(B \mid A_1) = 0.2, \quad P(B \mid A_2) = 0.6, \quad P(B \mid A_3) = 1.$$

又

$$P(A_0) = P(\overline{B_1} \overline{B_2} \overline{B_3}) = P(\overline{B_1}) P(\overline{B_2}) P(\overline{B_3}) = 0.6 \times 0.5 \times 0.3 = 0.09.$$

同理，可求得

$$P(A_1) = 0.36, \quad P(A_2) = 0.41, \quad P(A_3) = 0.14.$$

由全概率公式，有

$$P(B) = \sum_{i=0}^{3} P(A_i) P(B \mid A_i)$$
$$= 0.09 \times 0 + 0.36 \times 0.2 + 0.41 \times 0.6 + 0.14 \times 1 = 0.458.$$

所以飞机被击落的概率为 0.458.

应用案例 1.5 为了解某只股票未来一定时期内价格的变化，人们往往会去分析影响该股票价格的基本因素，如利率的变化. 现假定经分析估计利率下调的概率为 60%，利率不变的概率为 40%. 根据经验分析，在利率下调的情况下，该只股票价格上涨的概率为 80%，而在利率不变的情况下，该只股票价格上涨的概率为 40%. 求该只股票价格即将上涨的概率.

解 记 $A = \{$利率下调$\}$，$\overline{A} = \{$利率不变$\}$，$B = \{$股票价格上涨$\}$，依题意，有

$$P(A) = 0.6, \quad P(\overline{A}) = 0.4, \quad P(B \mid A) = 0.8, \quad P(B \mid \overline{A}) = 0.4.$$

由全概率公式，有

$$P(B) = P(A)P(B \mid A) + P(\overline{A})P(B \mid \overline{A})$$
$$= 0.6 \times 0.8 + 0.4 \times 0.4 = 0.64.$$

1.5.2　贝叶斯公式

定理 1.4　（**贝叶斯公式**）如果事件 $A_1, A_2, \cdots, A_n$ 满足如下条件：

（1）$P(A_i) > 0$（$i = 1, 2, \cdots, n$）；

（2）$A_1, A_2, \cdots, A_n$ 两两互不相容，即 $A_i A_j = \varnothing$（$i \neq j$，$i, j = 1, 2, \cdots, n$）；

（3）$A_1 \cup A_2 \cup \cdots \cup A_n = S$．

则对于任何一个事件 $B(P(B) > 0)$，有

$$P(A_k \mid B) = \frac{P(A_k)P(B \mid A_k)}{\displaystyle\sum_{i=1}^{n} P(A_i)P(B \mid A_i)} \quad (k = 1, 2, \cdots, n). \qquad (1.16)$$

证　对任一事件 $A_k(k = 1, 2, \cdots, n)$，由条件概率的定义、乘法公式及全概率公式，得

$$P(A_k \mid B) = \frac{P(A_k B)}{P(B)} = \frac{P(A_k)P(B \mid A_k)}{\displaystyle\sum_{i=1}^{n} P(A_i)P(B \mid A_i)}.$$

贝叶斯公式和全概率公式是概率论中计算事件概率的两个重要公式，其思想在概率论的很多方面都有应用．在式（1.16）中，假如把事件 B 看作"结果"，把各事件 $A_1, A_2, \cdots, A_n$ 看作导致结果 B 发生的原因，则我们可以形象地把全概率公式理解成是"由原因推结果"，而贝叶斯公式恰好相反，其作用在于"由结果推原因"．其中，$P(A_i)$ 称为**先验概率**，它反映了在没有进一步的信息（不知道事件 B 是否发生）的情况下，人们对各"原因"发生的可能性的大小的认识；$P(A_i \mid B)$ 称为**后验概率**，它反映了在有了新的信息（知道事件 B 已发生）后，人们对各"原因"发生的可能性的大小的重新估计．

贝叶斯公式在数理统计中有广泛的应用．事实上，在统计学中利用这一公式的思想发展起来一整套统计推断方法，称为**贝叶斯统计**．有兴趣的读者可以参阅有关书籍学习．

例 1.19　某工厂有甲、乙、丙三台机器，它们的产量分别占总产量的 0.25，0.35，0.40，它们的产品中的次品率分别为 0.05，0.04，0.02．

（1）从所有产品中随机取一件，求所取产品为次品的概率；

（2）从所有产品中随机取一件，若已知取到的是次品，问：此次品分别是由甲、乙、丙三台机器生产的概率是多少？

解　设 $B = \{$取出的产品为次品$\}$，$A_1 = \{$所取产品来自甲台$\}$，$A_2 = \{$所取产品来自乙台$\}$，$A_3 = \{$所取产品来自丙台$\}$．由于 $A_1 \cup A_2 \cup A_3 = S$，$A_1, A_2, A_3$ 两两互不相容，所以 $B = BA_1 \cup BA_2 \cup BA_3$ 且 $A_1 B, BA_2, BA_3$ 也两两互不相容，于是

（1）$P(B)$ 可以用全概率公式计算，即

$$P(B) = P(BA_1) + P(BA_2) + P(BA_3)$$
$$= P(A_1)P(B \mid A_1) + P(A_2)P(B \mid A_2) + P(A_3)P(B \mid A_3).$$

又已知

$$P(A_1) = 0.25 , \quad P(A_2) = 0.35 , \quad P(A_3) = 0.40 ,$$

$$P(B|A_1) = 0.05 , \quad P(B|A_2) = 0.04 , \quad P(B|A_3) = 0.02 ,$$

故所求概率

$$P(B) = 0.25 \times 0.05 + 0.35 \times 0.04 + 0.40 \times 0.02 = 0.0345 .$$

（2）可以用贝叶斯公式计算：

$$P(A_1|B) = \frac{P(BA_1)}{P(B)} = \frac{P(A_1)P(B|A_1)}{P(B)} = \frac{0.25 \times 0.05}{0.0345} \approx 0.3623$$

$$P(A_2|B) = \frac{P(BA_2)}{P(B)} = \frac{P(A_2)P(B|A_2)}{P(B)} = \frac{0.35 \times 0.04}{0.0345} \approx 0.4058$$

$$P(A_3|B) = \frac{P(BA_3)}{P(B)} = \frac{P(A_3)P(B|A_3)}{P(B)} = \frac{0.40 \times 0.02}{0.0345} \approx 0.2319 .$$

例 1.20 两台车床加工同样的零件，已知第一台出现废品的概率为 0.03，第二台出现废品的概率为 0.02. 现加工出来的零件放在一起，如果第二台加工的零件比第一台加工的零件多一倍，那么从这些零件中任意取出一个零件，如果它是废品，问它是哪一台车床加工的可能性大？

解 设 $A_i = \{$取出的零件是第 i 台车床加工的$\}$（$i = 1, 2$），$B = \{$取出的零件是废品$\}$. 依题意，有

$$P(A_1) = \frac{1}{3} , \quad P(A_2) = \frac{2}{3} , \quad P(B|A_1) = 0.03 , \quad P(B|A_2) = 0.02 .$$

由贝叶斯公式，有

$$P(A_1|B) = \frac{P(A_1)P(B|A_1)}{P(A_1)P(B|A_1) + P(A_2)P(B|A_2)}$$

$$= \frac{\frac{1}{3} \times 0.03}{\frac{1}{3} \times 0.03 + \frac{2}{3} \times 0.02} = \frac{3}{7} ,$$

$$P(A_2|B) = 1 - P(A_1|B) = \frac{4}{7} .$$

由此可见，该废品是第二台车床加工的可能性大.

应用案例 1.6 已知自然人患有某种疾病的概率为 0.005，据以往记录，某种诊断该疾病的试验具有如下效果：被诊断患有该疾病的人试验反应为阳性的概率为 0.95，被诊断未患有该疾病的人试验反应为阳性的概率为 0.06. 若在普查中发现某人试验反应为阳性，求此人确实患有该疾病的概率.

解　设事件 $B=\{$试验反应为阳性$\}$，$A=\{$被诊断者患有此疾病$\}$，则 $\overline{A}=\{$被诊断者未患有此疾病$\}$．由已知得

$$P(A)=0.005，\quad P(\overline{A})=1-0.005=0.995，\quad P(B\mid A)=0.95，\quad P(B\mid\overline{A})=0.06.$$

由全概率公式，得

$$P(B)=P(A)P(B\mid A)+P(\overline{A})P(B\mid\overline{A})$$
$$=0.005\times0.95+0.995\times0.06=0.06445.$$

再由贝叶斯公式，得

$$P(A\mid B)=\frac{P(AB)}{P(B)}=\frac{P(A)P(B\mid A)}{P(B)}=\frac{0.005\times0.95}{0.06445}\approx0.0737.$$

1.6　独　立　性

▋ 内容概要 ▋

1.　两个事件的独立性

如果 $P(AB)=P(A)P(B)$，则称事件 A 与 B 相互独立，简称 A 与 B 独立.否则称 A 与 B 不独立或相依.

2.　多个事件的独立性

设有 n 个事件 $A_1,A_2,\cdots,A_n$，如果对任意的 $1\leqslant i<j<\cdots\leqslant n$，以下等式均成立：

$$\begin{cases}P(A_iA_j)=P(A_i)P(A_j),\\P(A_iA_jA_k)=P(A_i)P(A_j)P(A_k),\\\cdots\\P(A_1A_2\cdots A_n)=P(A_1)P(A_2)\cdots P(A_n),\end{cases}$$

则称此 n 个事件 $A_1,A_2,\cdots,A_n$ 相互独立.

1.6.1　两个事件的独立性

考察同一试验中的两个事件，有时一个事件的发生与否会影响另一个事件发生的概率，但有时一个事件的发生与否并不影响另一个事件发生的概率．例如，从一只装有若干红球和白球的袋子中有放回地取球，第一次是否取到红球不会影响第二次取到红球的概率．若事件 $B(P(B)>0)$ 发生与否对事件 A 发生的概率没有影响，则称事件 B 与事件 A 独立．在数学上，可表述为

$$P(A\mid B)=P(A).\tag{1.17}$$

同样地，若 $P(A)>0$，且

$$P(B\mid A)=P(B).\tag{1.18}$$

则称事件 A 与事件 B 独立. 由于 $P(A)>0$, $P(B)>0$ 时,式(1.17)和式(1.18)均等价于

$$P(AB)=P(A)P(B),\qquad(1.19)$$

所以 A 与 B 独立等价于 B 与 A 独立,通常称 A 与 B 相互独立. 注意到,当 $P(A)=0$ 或 $P(B)=0$ 时,式(1.19)恒成立. 为了使独立性概念包括零概率事件的情形,我们采用如下独立性的定义.

定义 1.6 若两个随机事件 A,B 满足

$$P(AB)=P(A)P(B),$$

则称事件 A,B **相互独立**,简称 A 与 B 独立.

定理 1.5 设 A,B 是两个随机事件,则在四对事件: A 与 B、$\overline{A}$ 与 B、A 与 $\overline{B}$、$\overline{A}$ 与 $\overline{B}$ 中,只要有一对事件相互独立,则其余三对事件也相互独立.

证 不妨设 A 与 B 相互独立,只证 $\overline{A}$ 与 B 相互独立.

因为

$$P(\overline{A}B)=P(B)-P(AB)=P(B)-P(A)P(B)=[1-P(A)]P(B)=P(\overline{A})P(B),$$

由定义 1.6 知, $\overline{A}$ 与 B 相互独立.

其余均可类似证明,留给读者自己完成.

例 1.21 设事件 A,B 相互独立,已知 $P(A\cup B)=0.8$, $P(A)=0.4$,试求 $P(\overline{B}\,|\,A)$.

解
$$\begin{aligned}
P(A\cup B)&=P(A)+P(B)-P(AB)\\
&=P(A)+P(B)-P(A)P(B)\\
&=0.4+P(B)-0.4P(B).
\end{aligned}$$

而 $P(A\cup B)=0.8$,所以 $P(B)=\dfrac{2}{3}$. 又因为 A,B 相互独立,所以 $A,\overline{B}$ 也相互独立,由此得

$$P(\overline{B}\,|\,A)=P(\overline{B})=1-P(B)=\frac{1}{3}.$$

1.6.2 多个事件的独立性

定义 1.7 设 $A_1,A_2,\cdots,A_n$ 是 $n(n\geq2)$ 个事件,如果这 n 个事件中任意两个事件均相互独立,则称 n 个事件 $A_1,A_2,\cdots,A_n$ **两两独立**.

定义 1.8 设 $A_1,A_2,\cdots,A_n$ 是 $n(n\geq2)$ 个事件,如果对其中任何 $k(2\leq k\leq n)$ 个事件 $A_{i1},A_{i2},\cdots,A_{ik}(1\leq i_1<i_2<\cdots<i_k\leq n)$,都有

$$P(A_{i1}A_{i2}\cdots A_{ik})=P(A_{i1})P(A_{i2})\cdots P(A_{ik}),\qquad(1.20)$$

则称 $A_1,A_2,\cdots,A_n$ **相互独立**.

式（1.18）中共包含 $C_n^2 + C_n^3 + \cdots + C_n^n = 2^n - 1 - n$ 个等式，若要 $A_1, A_2, \cdots, A_n$ 相互独立，这 $2^n - 1 - n$ 个等式必须同时成立. 例如，要使三个事件 A, B, C 相互独立，则以下四个式子必须同时成立：

$$P(AB) = P(A)P(B)，$$
$$P(AC) = P(A)P(C)，$$
$$P(BC) = P(B)P(C)，$$
$$P(ABC) = P(A)P(B)P(C).$$

由定义 1.8 还可以看出：

（1）若 $A_1, A_2, \cdots, A_n$ 相互独立，则 $A_1, A_2, \cdots, A_n$ 两两独立，反之不一定成立.

（2）若 $A_1, A_2, \cdots, A_n$ 相互独立，那么其中任意 $m(2 \leqslant m \leqslant n)$ 个事件也相互独立.

值得注意的是，在实际问题中，判断一些事件的相互独立性，往往不是用定义 1.8 进行计算，而是根据问题的实际意义进行分析确定，即考察 n 个事件中任何一个事件发生的概率是否受其余一个或几个事件发生的影响.

将定理 1.5 推广到 n 个事件的情形，就可得到下面的推论.

推论 1　若事件 $A_1, A_2, \cdots, A_n$ 相互独立，则其中任意 $m(1 < m \leqslant n)$ 个事件也相互独立.

推论 2　如果 n 个事件 $A_1, A_2, \cdots, A_n$ 相互独立，则将其中任意 $m(1 \leqslant m \leqslant n)$ 个事件换成相应的对立事件后，形成的新的 n 个事件仍然相互独立.

事件的相互独立性可以帮助我们简化多个事件并的概率的计算. 例如，若 $A_1, A_2, \cdots, A_n$ 相互独立，则有如下的计算公式：

$$P\left(\bigcup_{i=1}^{n} A_i\right) = 1 - P\left(\bigcap_{i=1}^{n} \bar{A}_i\right) = 1 - \prod_{i=1}^{n} P(\bar{A}_i). \tag{1.21}$$

例 1.22　一个均匀的四面体，将其第一面染成红色，第二面染成白色，第三面染成黑色，第四面同时染上红、白、黑三种颜色. 我们以 A, B, C 分别记投一次四面体出现红、白、黑三种颜色的事件. 试分析 A、B、C 三个事件是否两两独立，是否相互独立. 依题意，可得

解

$$P(A) = P(B) = P(C) = \frac{1}{2}，$$

$$P(AB) = P(AC) = P(BC) = \frac{1}{4}.$$

由此可以看出，三个事件 A, B, C 两两独立. 但是，

$$P(ABC) = \frac{1}{4}，\ P(A)P(B)P(C) = \frac{1}{8}，$$

即 $P(ABC) \neq P(A)P(B)P(C)$，所以三个事件 A, B, C 不是相互独立的.

例 1.22 说明，两两独立的事件并不一定相互独立.

例 1.23 某射手向一目标射击三次，假定各次射击之间相互独立，且第一、二、三次射击的命中概率分别为 0.4, 0.5, 0.7, 求下列事件的概率：

(1) 三次射击中恰有一次命中目标；

(2) 三次射击中至少有一次命中目标.

解 设 $A_i = \{$第 i 次命中目标$\}$ $(i = 1, 2, 3)$，则"三次射击中恰有一次命中目标"这一事件可表示为 $A_1 \overline{A_2} \overline{A_3} + \overline{A_1} A_2 \overline{A_3} + \overline{A_1} \overline{A_2} A_3$，"三次射击中至少有一次命中目标"这一事件可表示为 $A_1 \cup A_2 \cup A_3$.

(1) $P(A_1 \overline{A_2} \overline{A_3} + \overline{A_1} A_2 \overline{A_3} + \overline{A_1} \overline{A_2} A_3)$

$= P(A_1 \overline{A_2} \overline{A_3}) + P(\overline{A_1} A_2 \overline{A_3}) + P(\overline{A_1} \overline{A_2} A_3)$

$= P(A_1) P(\overline{A_2}) P(\overline{A_3}) + P(\overline{A_1}) P(A_2) P(\overline{A_3}) + P(\overline{A_1}) P(\overline{A_2}) P(A_3)$

$= 0.4 \times 0.5 \times 0.3 + 0.6 \times 0.5 \times 0.3 + 0.6 \times 0.5 \times 0.7 = 0.36.$

(2) $P(A_1 \cup A_2 \cup A_3)$

$= 1 - P(\overline{A_1}) P(\overline{A_2}) P(\overline{A_3})$

$= 1 - 0.6 \times 0.5 \times 0.3 = 0.91.$

例 1.24 由 n 个人组成的小组，在同一时间分别独立地破译某一个密码，假定每个人能译出密码的概率均为 0.7, 若要以 99.9%的把握译出密码，问：n 至少为多少？

解 设 $A_i = \{$第 i 人能译出密码$\}$ $(i = 1, 2, \cdots, n)$，$B = \{$密码能被译出$\}$，则 $A_1, A_2, \cdots, A_n$ 相互独立，且 $B = \bigcup_{i=1}^{n} A_i$，依题意，有

$$P(B) = P\left(\bigcup_{i=1}^{n} A_i\right) = 1 - P\left(\bigcap_{i=1}^{n} \overline{A_i}\right) = 1 - \prod_{i=1}^{n} P(\overline{A_i})$$

$$= 1 - 0.3^n \geqslant 0.999.$$

所以

$$n \geqslant \frac{-3}{\lg 0.3} \approx 5.73.$$

因此，至少为 6 人才能保证以 99.9%的把握译出密码.

元件（系统）能够正常工作的概率 $p (0 < p < 1)$ 称为元件（系统）的可靠性，关于系统可靠性问题研究也是一门新的科学——**可靠性理论**.

应用案例 1.7 （可靠性问题）设系统 KL 与 MN 如图 1-4 和图 1-5 所示，如果每个元件的可靠性均为 $p (0 < p < 1)$，且各个元件是否正常工作相互独立，问：哪个系统的可靠性较大？

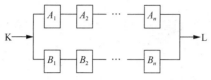
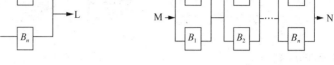

图 1-4 图 1-5

分析 （1）当 n 个电子元件串联时，$P(A)=P(A_1A_2\cdots A_n)=P(A_1)\cdots P(A_n)=p^n\to 0$；

（2）当 n 个电子元件并联时，$P(A)=P(A_1\cup A_2\cup\cdots\cup A_n)=1-P(\overline{A_1})\cdots P(\overline{A_n})=1-(1-p)^n\to 1$.

也就是说，简单并联系统并的元件越多，系统可靠性越大，串联系统则相反.

解 设 $A_i=\{$第 i 个元件正常工作$\}$，$B_i=\{$第 i 个元件正常工作$\}(i=1,2,\cdots,n)$，$A=\{$系统 KL 正常工作$\}$，$B=\{$系统 MN 正常工作$\}$，则

$$P(A)=P(A_1A_2\cdots A_n\cup B_1B_2\cdots B_n)$$
$$=P(A_1A_2\cdots A_n)+P(B_1B_2\cdots B_n)-P(A_1A_2\cdots A_nB_1B_2\cdots B_n)$$
$$=2p^n-p^{2n}=p^n(2-p^n),$$
$$P(B)=P\{(A_1\cup B_1)\cdots(A_n\cup B_n)\}=P(A_1\cup B_1)\cdots P(A_n\cup B_n)$$
$$=(2p-p^2)^n=p^n(2-p)^n.$$

不难看出，当 $n\geqslant 2$ 时，$P(B)>P(A)$.

典型问题答疑解惑

问题 1 概率为 1 的事件一定是必然事件吗？概率为 0 的事件一定是不可能事件吗？

问题 2 互不相容事件、对立事件及相互独立事件有什么区别？

问题 3 极限式 $\lim\limits_{n\to\infty}\dfrac{n_A}{n}=P(A)$ 正确吗？

问题 4 概率为 1 的事件的积事件的概率是 1 吗？概率为 0 的事件的和事件的概率是 0 吗？

问题 5 概率的有限可加性与可列可加性等价吗？

问题 6 当 $ABC=\varnothing$ 时，公式 $P(ABC)=P(A)+P(B)+P(C)$ 一定成立吗？

问题 7 如果事件 A 与事件 B 独立，事件 B 与事件 C 独立，那么事件 A 与事件 C 独立是否成立？

问题 8 "有放回抽样"和"无放回抽样"有什么区别？

问题 9 计算事件的概率有哪些重要的方法？

习题 1

一、单项选择题

1．甲、乙两人参加某数学课程考试，设事件 A,B 分别表示甲、乙两人通过该课程考试，则"两人至少有一人没通过该课程考试"的事件可以表示为（　　）.

　　A．$\overline{A} \cap \overline{B}$　　　　B．$\overline{A}B \cup A\overline{B}$　　　　C．$\overline{A \cup B}$　　　　D．$\overline{A \cap B}$

2．事件 $A \cup B$ 的意义是（　　）.

　　A．事件 A 与事件 B 同时发生

　　B．事件 A 发生，但事件 B 不发生

　　C．事件 B 发生，但事件 A 不发生

　　D．事件 A 与事件 B 至少有一个发生

3．设事件 A,B 满足 $P(A|B)=1$，则（　　）.

　　A．$A \supset B$　　　　B．$B \supset A$　　　　C．$P(B|\overline{A})=0$　　　　D．$P(AB)=P(B)$

4．设 A,B 为两个事件，$0<P(A)<1$，$0<P(B)<1$，且 $P(A|B)+P(\overline{A}|\overline{B})=1$，则（　　）.

　　A．A,B 互斥　　　　　　　　　　　B．A,B 相互独立

　　C．A,B 不相互独立　　　　　　　　D．A,B 互为对立事件

5．设 A,B,C 是三个相互独立的事件，且 $0<P(C)<1$，则下列四对事件中，不相互独立的是（　　）.

　　A．$A-C$ 与 $\overline{C}$　　　B．AB 与 $\overline{C}$　　　C．$A-B$ 与 $\overline{C}$　　　D．$A \cup B$ 与 $\overline{C}$

6．设 A,B 为随机事件，且 $B \supset A$，则 $\overline{A \cup B}$ 等于（　　）.

　　A．$\overline{A}$　　　　B．$\overline{B}$　　　　C．$\overline{AB}$　　　　D．$\overline{A}+\overline{B}$

7．设 A,B 为互为对立事件，且 $P(A)>0$，$P(B)>0$，则下列式子错误的是（　　）.

　　A．$P(A)=1-P(B)$　　　　　　　　B．$P(AB)=P(A)P(B)$

　　C．$P(\overline{AB})=1$　　　　　　　　　D．$P(A \cup B)=1$

8．设 A,B 为两个随机事件，且 $P(A)>0$，则 $P((A \cup B)|A)=$（　　）.

　　A．$P(AB)$　　　B．$P(A)$　　　C．$P(B)$　　　D．1

9．设 A,B 为两个事件，且 $B \supset A$，则下列式子正确的是（　　）.

　　A．$P(A)=P(A \cup B)$　　　　　　　B．$P(AB)=P(B)$

　　C．$P(B|A)=P(B)$　　　　　　　　D．$P(B-A)=P(B)-P(A)$

10．设事件 A,B 相互独立，且 $P(A)>0$，$P(B)>0$，则下列等式成立的是（　　）.

　　A．$P(A \cup B)=P(A)+P(B)$　　　　　B．$P(A \cup B)=1-P(\overline{A})P(\overline{B})$

　　C．$P(A \cup B)=P(A)P(B)$　　　　　　D．$P(A \cup B)=1$

二、填空题

11．设 A,B 是两个不相容事件，已知 $P(A) = 0.3$，$P(A+B) = 0.7$，则 $P(B) = $ _____．

12．一批产品中共有 a 件正品和 b 件次品，现从中随机抽取 n 件，则其中恰有 k $(k \leqslant b)$ 件次品的概率为_____．

13．设甲、乙、丙三人独立解决某问题，他们各自能解决的概率分别为 0.45，0.55，0.66，则此问题能够解决的概率是_____．

14．设甲、乙、丙三人独立对目标进行射击，设 $P(A) = P(B) = P(C) = \dfrac{1}{2}$，则 $P(\overline{ABC}) = $ _____．

15．将红、黄、蓝三个球随机地放入四个盒子中，若每个盒子的容球数不限，则有三个盒子各放一个球的概率是_____．

16．已知 A,B 是两个随机事件，$P(A) = \dfrac{1}{4}$，$P(B|A) = \dfrac{1}{3}$，$P(A|B) = \dfrac{1}{2}$，则 $P(A \cup B) = $ _____．

17．设某个班级有 $2n$ 名男生及 $2n$ 名女生，将全班学生任意分成人数相等的两组，则每组中男、女生人数相等的概率为_____．

18．设某个袋中装有 a 个白球和 b 个黑球，从中陆续取出 3 个球（不放回），则 3 个球依次为黑球、白球、黑球的概率为_____．

19．已知 $P(A) = 0.7$，$P(B) = 0.5$，$P(A-B) = 0.3$，则 $P(AB) = $ _____，$P(B-A) = $ _____．

20．设 A,B,C 为三个随机事件，且 $P(A) = 0.9$，$A \supset B$，$A \supset C$，$P(\overline{B} \cup \overline{C}) = 0.8$，则 $P(A - BC) = $ _____．

21．设 A,B,C 相互独立，且 $P(A) = P(B) = P(C) = \dfrac{1}{3}$，则 $P(A \cup B \cup C) = $ _____．

22．一袋中装有 5 只红球，3 只黑球，现从中任意取出 3 只球，则这 3 只球恰为两红一黑的概率是_____．

23．已知 $P(A) = P(B) = P(C) = 0.5$，$P(AC) = P(BC) = 0.25$，$P(AB) = 0$，则 $P(\overline{A}\,\overline{B}\,\overline{C}) = $ _____．

24．已知袋中有 50 个乒乓球，其中 10 个是黄球，40 个是白球．现有两人依次随机地从袋中各取一球，取后不放回，则第二个人取到黄球的概率是_____．

25．从 0,1,2,3,4,5 五个数字中任取三个数，则这三个数中不含 0 的概率为_____．

三、解答题

26．写出下列随机试验的样本空间．

（1）抛掷一枚硬币三次，观察其正反面；

（2）抛掷一枚硬币三次，观察其正面次数；

（3）一个人在一年中所接到的电话次数；

（4）一个灯泡的使用寿命.

27. 设 A,B,C 表示三个事件，用 A,B,C 的运算表示下列事件.

（1） A,B,C 中恰好有一个发生；

（2） A,B,C 中至少有两个发生；

（3） A 发生，而 B,C 不发生；

（4） A,B,C 中不多于两个发生；

（5） A,B,C 中至少有两个不发生；

（6）三个事件都发生；

（7）三个事件不都发生；

（8）三个事件都不发生.

28. 若 A,B,C 是三个事件，满足等式 $A \cup C = B \cup C$，问： $A = B$ 是否成立？

29. 已知 $P(A) = 0.4$， $P(B) = 0.25$， $P(A-B) = 0.25$，求 $P(AB)$， $P(B-A)$， $P(\overline{AB})$.

30. 已知 $P(A) = 0.4$， $P(B\overline{A}) = 0.2$， $P(C\overline{A}\overline{B}) = 0.1$，求 $P(A \cup B \cup C)$.

31. 对任意事件 A,B，试对 $P(A), P(A \cup B), P(A) + P(B), P(AB)$ 四个概率值进行排序.

32. 已知袋中装有标有 1 号～10 号的 10 个球，从中任取 3 个，记录球的号码，求：

（1）最小号码为 5 的概率；

（2）最大号码为 5 的概率；

（3）最小号码小于 3 的概率.

33. 把 1,2,3,4,5,6 共 6 个数各写在一张纸片上，从中任取 3 张纸片排成一个 3 位数. 求：

（1）所得 3 位数是偶数的概率；

（2）所得 3 位数不小于 200 的概率.

34. 从 0,1,2,…,9 共 10 个数字中任意选出 4 个不同的数字，求它们能组成一个 4 位偶数的概率.

35. 从 0,1,2,…,9 共 10 个数字中任取一个，假定每个数字都以相同的概率被取到，取后还原，先后取 5 次，求下列事件的概率：

（1）5 个数字全不相同；

（2）不含 0 和 9；

（3）9 恰好出现 2 次.

36. 某城市共有 10000 辆自行车，其牌照编号为 00001～10000. 求事件"偶然遇到一辆自行车，其牌照号码中有数字 8"的概率.

37. 从 1～1000 的整数中随机取出一个数，求这个数能被 2 或 3 整除的概率.

38. 有 4 个球，分别编有号码 1,2,3,4；另有 4 个盒子，也分别编有号码 1,2,3,4. 随机地将 4 个球放进 4 个盒子中去，每个盒子中只放一个球. 求至少有一个球恰好放进与其号码相同的盒子中的概率.

39. 已知 n 个朋友随机地围绕圆桌而坐，求其中甲、乙两人坐在一起（座位相邻）

的概率.

40. 从一副扑克牌（52 张，不含大、小王）中任取 3 张（不重复），计算取出的 3 张牌中至少有 2 张花色相同的概率.

41. 从 5 双不同鞋号的鞋子中任取 4 只，求其中至少有两只配成一双的概率.

42. 将 10 本书随意地放在书架上，求其中指定的 5 本书放在一起的概率.

43. 已知口袋中有 a 个白球和 b 个黑球，随机取出一个，然后放回，同时再放进一个与取出的球同色的球，再取第二个，这样连续取 3 次. 问：取出的 3 个球中前两个是黑球，第三个是白球的概率是多少？

44. 设 A,B,C 是随机事件，A,C 互不相容，$P(AB)=\dfrac{1}{2}$，$P(C)=\dfrac{1}{3}$，求 $P(AB\,|\,\overline{C})$.

45. 某人打电话时忘记了电话号码的最后一位数字，只能随意拨号，求他拨号不超过 3 次就能接通电话的概率.

46. 已知口袋中有一个红球和一个白球，从中随机摸出一球，如果取出的是红球，则把此红球放回袋中，并加进一个红球，然后从袋中再摸一个球，如果还是红球，则仍把此红球放回袋中并加进一个红球，如此反复进行，直到摸出白球为止，求第 n 次才摸出白球的概率.

47. 设 $0<P(B)<1$，证明事件 A 与 B 独立的充要条件是 $P(A\,|\,B)=P(A\,|\,\overline{B})$.

48. 从一副不含大小王的扑克牌中任取一张，记 $A=\{$抽到 K$\}$，$b=\{$抽到的牌是黑色的$\}$，问：事件 A，B 是否独立？

49. 设有两门高射炮，每一门击中飞机的概率都是 0.6.

（1）求两门高射炮同时发射一发炮弹而击中飞机的概率；

（2）若有一架敌机入侵领空，欲以 99% 以上的概率击中它，问：至少需要多少门高射炮？

50. 在 10 个乒乓球中有 7 个新球，第一次随机地取出 2 个，用完后放回去，第二次又随机地取出 2 个，求第二次取出的是两个新球的概率.

51. 某种产品的商标为"MAXAM"，其中有两个字母已经脱落，有人捡起随意放回，求放回后仍为"MAXAM"的概率.

52. 有两箱同种类的零件，第一箱装有 50 只，其中 10 只一等品；第二箱装有 30 只，其中 18 只一等品. 现从两箱中任挑出一箱，然后从该箱中取零件两次，每次取一只，取后不放回. 试求：

（1）第一次取到的零件是一等品的概率；

（2）在第一次取到的零件是一等品的条件下，第二次取到的零件也是一等品的概率.

53. 某人去外地参加会议，他乘坐火车、轮船、汽车、飞机的概率分别为 0.3, 0.2, 0.1, 0.4. 如果他乘坐火车去，迟到的概率为 0.25；如果他乘坐轮船去，迟到的概率为 0.3；如果他乘坐汽车去，迟到的概率为 0.1；如果他乘坐飞机去，则不会迟到. 结果他迟到了，求他是乘坐火车去的概率.

第2章 随机变量及其分布

为了对随机现象做进一步探讨,必须充分运用微积分理论来研究统计规律,我们引入随机变量和分布函数等重要概念,重点研究一维离散型随机变量和连续型随机变量的分布. 一维离散型分布主要有两点分布、二项分布、泊松分布、几何分布、超几何分布等,一维连续型分布主要有均匀分布、指数分布、正态分布等. 最后进一步研究随机变量函数的分布. 本章所有内容都是下一章学习的基础.

2.1 随机变量的定义

> **内容概要**
>
> **1. 随机变量的分类**
>
> 按照随机变量取值情况分类: 随机变量 $\begin{cases} 离散型 \\ 非离散型 \begin{cases} 连续型 \\ 其他 \end{cases} \end{cases}$
>
> **2. 随机变量的定义**
>
> 随机试验各种结果的单值函数.

引入随机变量的目的就是把随机试验的结果数量化. 在第1章中我们看到,观察一个随机现象,出现的结果可以是数量性质的,如电话总机在一定的时间内收到呼叫的次数是0次、1次……,也可以是非数量性质的,如抛掷一枚硬币是"正面朝上"还是"反面朝上". 无论是数量性质还是非数量性质的每个结果我们都可以用一个数去表示. 也就是说,我们可以把试验结果所构成的样本空间映射到实数空间上,以便于利用数学工具深入地研究随机现象. 下面给出随机变量的定义.

定义 2.1 设 S 是样本空间,对于任意的 $\omega \in S$,$X(\omega)$ 是一个实值的单值函数,则称 $X(\omega)$ 为随机变量.

这样的变量 $X(\omega)$ 随着试验结果的不同而取不同的值,从而建立了样本空间中的元素与实数之间的对应关系(即试验结果),简单地说,就是把随机试验的结果数量化. 由于试验出现的结果是随机的,所以变量 $X(\omega)$ 的取值也是随机的.

从定义 2.1 看到,随机变量 $X(\omega)$ 总是联系着一个样本空间 S. 为书写方便,不必每次都写出样本空间 S,随机变量 $X(\omega)$ 通常写为 X,省去 ω,$\{\omega | X(\omega) \leqslant x\}$ 通常写为 $\{X \leqslant x\}$ 或 $(X \leqslant x)$. 另外,随机变量用大写英文字母 $X, Y, Z, \cdots$ 表示,取值用小写英文

字母 $x, y, z, \cdots$ 表示.

  注 $\{\omega \mid X(\omega) = x\}$ 表示满足 $X(\omega) = x$ 的 ω 全体，$\{\omega \mid X(\omega) \leqslant x\}$ 表示满足 $X(\omega) \leqslant x$ 的 ω 全体.

  例如：

  （1）电话总机在时间 $(0, T)$ 内收到呼叫的次数是 0 次、1 次……它的样本空间为 $S = \{0, 1, 2, \cdots\}$. 于是我们可引入变量 X 满足：

$$X = X(k) = k \ (k = 0, 1, \cdots).$$

  （2）抛掷一枚硬币，观察正反面出现的情况. 它的样本空间为 $S = \{\omega_1, \omega_2\}$，$\omega_1$ 与 ω_2 分别代表"正面朝上"和"反面朝上". 此时的结果是非数量化的. 当然我们可以规定每个结果对应一个数，如"正面朝上"对应数"1"，"反面朝上"对应数"0"，那么试验的结果就可以认为是 $\{1, 0\}$. 于是我们可引入变量 X 满足：

$$X = X(\omega) = \begin{cases} 1, & \omega = \omega_1, \\ 0, & \omega = \omega_2. \end{cases}$$

  （3）考虑某厂生产的元器件的寿命 t，则对于每个元器件寿命，可引入变量 X 满足：

$$X = t (t \in [0, +\infty)).$$

  （4）独立抛掷一枚硬币 n 次，观察正面向上 (ω) 的次数，可引入变量 X 满足：

$$X(\omega) = k (k = 0, 1, 2, \cdots, n)$$

  对随机变量的定义有以下两点说明：

  （1）随机变量 X 与普通的函数是有一定区别的. 首先，它是定义在抽象空间上的函数；其次，它的取值是随机的.

  （2）在同一概率空间上可以定义许多随机变量，只要它满足定义即可.

  随机变量取值的情形是不同的. 一类随机变量只取有限个数值（如 X 只取 0 与 1），或可列无穷多个（如 X 取 0, 1, 2, $\cdots$），这类随机变量称为离散型随机变量. 另一类随机变量则可取某一区间中的任一数，这类随机变量称为非离散型随机变量. 接下来，我们将对常见的两种情形——离散型随机变量和非离散型随机变量进行讨论.

2.2 离散型随机变量及其分布

  ▌ **内容概要** ▐

  1. 离散型随机变量的概率分布律

  2. 概率分布律的两条基本性质

  （1）非负性;

  （2）正则性.

3. 常见的离散型随机变量的概率分布律

（1）二项分布的概率分布律：

$$P\{X = k\} = C_n^k p^k (1-p)^{n-k} \quad (k = 0,1,2,\cdots,n).$$

记为 $X \sim b(n,p)$，其中 $0 < p < 1$.

当 $n = 1$ 时，二项分布 $b(1,p)$ 称为二点分布，或称 $0-1$ 分布.

（2）泊松分布的概率分布律：

$$p(k,\lambda) = P\{X = k\} = \frac{\lambda^k}{k!} e^{-\lambda} \quad (\lambda > 0, \quad k = 0,1,\cdots).$$

（3）超几何分布的概率分布律：

$$P\{X = m\} = \frac{C_M^m C_{N-M}^{n-m}}{C_N^n} \quad (m = 0,1,\cdots,l),$$

其中 $l = \min\{M,n\}$.

（4）几何分布的概率分布律：

$$P\{X = k\} = (1-p)^{k-1} p \quad (k = 1,2,\cdots),$$

其中 $0 < p < 1$.

定义 2.2 设 X 为随机变量，若它的取值是有限个或可列无穷多个，则称 X 为**离散型随机变量**.

容易知道，要掌握一个离散型随机变量 X 的统计规律，必须且只需知道 X 的所有可能取值及取每一个可能值的概率.

设离散型随机变量 X 的所有可能取值为 $x_k (k = 1,2,\cdots)$，X 取各个可能值的概率即事件 $\{X = x_k\}$ 的概率为

$$P\{X = x_k\} = p_k \quad (k = 1,2,\cdots). \tag{2.1}$$

由概率的定义，p_k 应满足如下两个条件：

$$p_k \geqslant 0 \quad (k = 1,2,\cdots); \tag{2.2}$$

$$\sum_{k=1}^{\infty} p_k = 1.$$

我们称式（2.1）为离散型随机变量 X 的**概率分布律**或**分布律**，如表 2-1 所示.

表 2-1

X	x_1	x_2	$\cdots$	x_k	$\cdots$
$P\{X = x_k\}$	p_1	p_2	$\cdots$	p_k	$\cdots$

下面举几个常见的离散型随机变量的例子.

1. 一点分布

一点分布（又称**退化分布**），其概率分布律如表 2-2 所示.

表 2-2

X	c
$P\{X = c\}$	1

显然随机变量 X 概率为 1 的取值为 c，故称之为一点分布.

2. 两点分布

设随机变量 X 的概率分布律为

$$P\{X = k\} = p^k (1-p)^{1-k} \quad (k = 0,1, \ 0 < p < 1),$$

则称 X 服从两点分布（又称 0-1 分布）. 两点分布的概率分布律如表 2-3 所示.

表 2-3

X	0	1
$P\{X = k\}$	$1 - p$	p

对于一个随机试验，如果它的样本空间 S 只包含两个元素，即 $S = \{\omega_1, \omega_2\}$，那么我们总可以在 S 上定义一个服从两点分布的随机变量，即

$$X = X(\omega) = \begin{cases} 1, & \omega = \omega_1, \\ 0, & \omega = \omega_2. \end{cases}$$

来描述这个随机试验的结果，如对新生婴儿的性别登记、检查产品的质量是否合格及抛掷硬币试验等. 服从两点分布的随机变量随处可见，是经常遇到的一种分布类型.

例 2.1 已知一箱中装有 6 件产品，其中有 2 件是二等品，现从中随机地取出 3 件，试求取出的二等品件数 X 的概率分布律.

解 随机变量 X 的可能取值是 0,1,2，在 6 件产品中任取 3 件，共有 $C_6^3 = 20$ 种取法，故

$$P\{X = 0\} = \frac{C_4^3}{C_6^3} = \frac{1}{5}, \quad P\{X = 1\} = \frac{C_4^2 C_2^1}{C_6^3} = \frac{3}{5}, \quad P\{X = 2\} = \frac{C_4^1 C_2^2}{C_6^3} = \frac{1}{5}.$$

所以 X 的概率分布律如表 2-4 所示.

表 2-4

X	0	1	2
P	$\frac{1}{5}$	$\frac{3}{5}$	$\frac{1}{5}$

例2.2 设随机变量 X 的概率分布律为 $P\{X=n\}=c\left(\dfrac{1}{4}\right)^n$ $(n=1,2,\cdots)$，试求常数 c.

解 由随机变量的性质，得

$$1=\sum_{n=1}^{\infty}P\{X=n\}=\sum_{n=1}^{\infty}c\left(\frac{1}{4}\right)^n.$$

该级数为等比级数，故有

$$1=\sum_{n=1}^{\infty}P\{X=n\}=\sum_{n=1}^{\infty}c\left(\frac{1}{4}\right)^n=c\cdot\frac{\dfrac{1}{4}}{1-\dfrac{1}{4}}=\frac{c}{3},$$

所以 $c=3$.

3. 二项分布

设随机变量 X 的概率分布律为

$$P\{X=k\}=C_n^k p^k(1-p)^{n-k}\quad(k=0,1,2,\cdots,n),\tag{2.3}$$

则称 X 服从二项分布（又称伯努利分布），记为 $X\sim b(n,p)$.

例2.3 以 X 表示 n 重伯努利试验中事件 A 发生的次数，且每次试验中 A 发生的概率为 p，那么 X 的所有可能取值为 $0,1,2,\cdots,n$，求随机变量 X 的概率分布律.

解 事实上此问题就是伯努利概型，所以

$$P\{X=k\}=C_n^k p^k(1-p)^{n-k}\quad(k=0,1,2,\cdots,n),$$

易知该式满足式（2.2），事实上，$P\{X=k\}\geqslant 0$ 是显然的，并且，由二项展开式，知

$$\sum_{k=0}^{n}P\{X=k\}=\sum_{k=0}^{n}C_n^k p^k(1-p)^{n-k}$$

$$=(p+q)^n=1,$$

其中 $q=1-p$.

由式（2.3）可知，随机变量 X 取值 k 的概率恰好是 $(p+q)^n$ 的二项展开式的第 $k+1$ 项，这就是二项分布名称的由来.

例2.4 某人进行射击练习，设每次射击的命中率为 0.01，若该人独立射击 400 次，试求他至少击中两次的概率.

解 将每次射击看成一次试验，设击中的次数为 X，则 X 服从二项分布，即 $X\sim b(400,0.01)$，且 X 的概率分布律为

$$P\{X=k\}=C_{400}^k\times 0.01^k\times 0.99^{400-k}\quad(k=0,1,2,\cdots,400),$$

于是所求的概率为

$$P(X \geqslant 2) = 1 - P(X = 0) - P(X = 1)$$
$$= 1 - (0.99)^{400} - 400 \times 0.01 \times 0.99^{399}.$$

直接计算上式是麻烦的，下面给出一个 n 很大、p 很小时的近似计算公式，这就是著名的二项分布的泊松逼近.

4. 泊松分布

定理 2.1 （**泊松定理**）若 $\lim\limits_{n\to\infty} np_n = \lambda \geqslant 0 \ (0 < p_n < 1)$，则

$$\lim_{n\to\infty} b(k; n, p_n) = \lim_{n\to\infty} C_n^k p_n^k (1-p_n)^{n-k} = \frac{\lambda^k}{k!} e^{-\lambda} \quad (k = 0,1,2,\cdots,n) . \tag{2.4}$$

证明略.

定理 2.1 说明，若 np_n 恒等于常数 λ，或 p_n 足够小，n 足够大，则

$$b(k; n, p_n) \approx e^{-\lambda_n} \frac{\lambda_n^k}{k!} , \tag{2.5}$$

其中 $\lambda_n = np_n \ (k = 0,1,2,\cdots,n)$.

定义 2.3 若随机变量 X 的概率分布律满足

$$P\{X = k\} = \frac{\lambda^k}{k!} e^{-\lambda} \quad (\lambda > 0, k = 0,1,\cdots) ,$$

则称随机变量 X 服从参数为 λ 的**泊松分布**，记为 $X \sim P(\lambda)$.

二项分布的泊松近似，一般应用于试验次数 n 很大，而每次试验中事件出现的概率很小时的伯努利试验. 实践表明，在一般情况下，当 $n \geqslant 50$，$np < 5$ 时，这种近似是很好的.

例 2.5 利用近似式（2.5）来计算例 2.4 中的概率.

解 因为

$$P\{X = k\} = C_n^k p^k (1-p)^{n-k} \approx \frac{\lambda^k}{k!} e^{-\lambda}, \ \lambda = np = 4 ,$$

于是

$$P\{X = 0\} \approx e^{-4}, \quad P(X = 1) \approx 4e^{-4},$$

所以

$$P(X \geqslant 2) \approx 1 - e^{-4} - 4e^{-4} \approx 0.91 .$$

这说明，虽然每次射击的命中率很小（仅为 0.01），但如果射击 400 次，则击中目标至少两次的可能性是很大的，所以不能轻视小概率事件.

例 2.6 从一大批规格相同的产品中抽出 200 件产品,每件产品是次品的概率为 0.005. 求:

(1) 这 200 件产品中最可能的次品数及概率;

(2) 次品数小于 6 的概率.

解 (1) 设 X 表示次品数,则 $X \sim b(200, 0.005)$,故最可能的次品数为 $np = 1$,其概率为

$$P\{X = 1\} = C_{200}^1 \times 0.005 \times 0.995^{199} \approx e^{-1}.$$

(2) 次品数小于 6 的概率为

$$P\{X \leqslant 5\} = 1 - \sum_{k=6}^{200} C_n^k \times 0.005^k \times 0.995^{200k}$$

$$\approx 1 - \sum_{k=6}^{\infty} \frac{1^k}{k!} e^{-1}$$

$$= 1 - 0.000594$$

$$= 0.999406.$$

两点分布是在一次试验中事件 A 要么发生,要么不发生,若将这样的试验独立地进行 n 次,考虑 A 发生的次数,就是伯努利试验,即二项分布. 当试验的次数很大,且每次 A 发生的概率很小时,由泊松定理可知 A 发生的次数近似服从泊松分布,这也就给出了我们判断一个分布是否服从泊松分布的基本准则. 例如,一本书一页中的印刷错误数;某地区一天内快递员遗失的快递数;某地区一个时间间隔内发生交通事故的次数;在一个时间间隔内某种放射性物质发出的经过计数器的 α 粒子数,它们都满足“试验的次数很大,试验相互独立,且每次 A 发生的概率很小”这些条件,所以我们认为它们都近似服从泊松分布. 在实际中,服从泊松分布的随机变量有很多,这也体现出泊松分布是一种重要的分布.

5. 超几何分布

设一大批同类产品共有 N 个,其中 M 个为次品,现从中任取 n 个,则这 n 个产品中所含的次品数 X 是一个离散型随机变量,满足如下分布.

定义 2.4 若随机变量 X 的概率分布律满足:

$$P\{X = m\} = \frac{C_M^m C_{N-M}^{n-m}}{C_N^n} \quad (m = 0, 1, \cdots, l),$$

其中 $l = \min\{M, n\}$,则称这个概率分布为**超几何分布**.

下面我们讨论超几何分布与二项分布的关系. 易证,对于任意给定的 n, m $(0 \leqslant m \leqslant n)$,如果当 $N \to \infty$ 时,$\dfrac{M}{N} \to p(p > 0)$,那么

$$\frac{C_M^m C_{N-M}^{n-m}}{C_N^n} \to C_n^m p^m (1-p)^{n-m} \quad (N \to \infty). \tag{2.6}$$

我们可以利用上述的产品模型来理解式（2.6），即在废品率为确定数 p 的足够多的产品中，任意抽取 n 个，其中恰有 m 个废品的情形. 由于产品数足够多，所以不放回与有放回无太大的区别（即废品率可认为不变）. 在这种情形下，就是典型的伯努利试验概型，故可用二项分布去刻画其概率分布律，也就是说超几何分布的极限是二项分布.

2.3　随机变量的分布函数

◣ 内容概要 ◢

1. 分布函数的定义

设 X 是一个随机变量，x 是任意实数，函数 $F(x) = P\{X \leqslant x\}$ 称为 X 的分布函数.

2. 分布函数的基本性质

（1）**单调性**　$F(x)$ 是单调非减函数，即对任意实数 $x_1 < x_2$，有 $F(x_1) \leqslant F(x_2)$.

（2）**有界性**　对任意的 x，有 $0 \leqslant F(x) \leqslant 1$，且

$$F(-\infty) = \lim_{x \to -\infty} F(x) = 0, \quad F(+\infty) = \lim_{x \to +\infty} F(x) = 1.$$

（3）**右连续性**　$F(x)$ 是 x 的右连续函数，即对任意的 x_0，有

$$\lim_{x \to x_0^+} F(x) = F(x_0), \quad 即 F(x_0 + 0) = F(x_0).$$

对于非离散型随机变量，由于其可能的取值不能一一列举出来，所以不能用离散型的随机变量的概率分布律去描述. 例如，某产品的寿命，它的取值不是有限的，也不是可列的，因而不能用离散型的随机变量来描述. 往往我们要求的是寿命落在某一区间的概率，即对于实数 $x_1 < x_2$，欲求 $P\{x_1 < X \leqslant x_2\}$，而

$$P\{x_1 < X \leqslant x_2\} = P(X \leqslant x_2) - P(X \leqslant x_1),$$

故研究 X 落在某一个区间上的概率问题，就转化为研究对任意实数 x，求概率 $P\{X \leqslant x\}$ 的问题. 下面引入随机变量分布函数的概念.

注　虽然对于离散型随机变量，可以用概率分布律来全面描述它，但为了从数学上统一地对随机变量进行研究，这里，我们对离散型随机变量和非离散型随机变量统一定义了分布函数.

定义 2.5　设 X 是一个随机变量，x 是任意实数，函数 $F(x) = P\{X \leqslant x\}$ 称为随机变量 X 的**分布函数**. 有时为了强调是 X 所对应的 $F(x)$，也记作 $F_X(x)$.

显然，对于任意实数 $x_1 < x_2$，有

$$P\{x_1 < X \leqslant x_2\} = P(X \leqslant x_2) - P(X \leqslant x_1) = F(x_2) - F(x_1).$$

因此，由 X 的分布函数即可求得 X 落在任一区间 $(x_1, x_2]$ 上的概率. 分布函数完整地描述了随机变量的分布规律. 分布函数是一个普通函数，我们可充分利用数学工具来研究随机变量. 分布函数 $F(x)$ 具有以下的基本性质：

（1）$F(x)$ 是单调不减函数；

（2）$0 \leqslant F(x) \leqslant 1$，且 $F(-\infty) = \lim\limits_{x \to -\infty} F(x) = 0$，$F(+\infty) = \lim\limits_{x \to +\infty} F(x) = 1$；

（3）$F(x+0) = F(x)$，即 $F(x)$ 是右连续的.

证 （1）设 $x_1 < x_2$，则 $F(x_2) - F(x_1) = P(x_1 < X \leqslant x_2) \geqslant 0$，所以 $F(x)$ 单调不减.

（2）、（3）证明略.

反之，若实值函数 $F(x)(x \in \mathbf{R})$，满足性质中的（1）～（3），则必存在一个概率空间上的随机变量 X 以 $F(x)$ 为其分布函数，证明略. 因此性质中的（1）～（3）完全刻画了一个随机变量的分布函数.

例 2.7 设随机变量 X 的概率分布律如表 2-5 所示.

表 2-5

X	-1	0	1
P	$\dfrac{1}{4}$	$\dfrac{1}{2}$	$\dfrac{1}{4}$

求 X 的分布函数，并求 $P\left\{X \leqslant -\dfrac{1}{2}\right\}$，$P\left\{-\dfrac{1}{2} < X \leqslant \dfrac{1}{2}\right\}$，$P\{0 \leqslant X \leqslant 1\}$.

解 由概率的有限可加性，可得

$$F(x) = \begin{cases} 0, & x < -1, \\ \dfrac{1}{4}, & -1 \leqslant x < 0, \\ \dfrac{1}{2} + \dfrac{1}{4} = \dfrac{3}{4}, & 0 \leqslant x < 1, \\ \dfrac{1}{4} + \dfrac{1}{2} + \dfrac{1}{4} = 1, & x \geqslant 1. \end{cases}$$

分布函数 $F(x)$ 的图形是一条阶梯形曲线，它在 $x = -1, 0, 1$ 处有跳跃点，跳跃值分别是 $\dfrac{1}{4}, \dfrac{1}{2}, \dfrac{1}{4}$，如图 2-1 所示.

于是有

$$P\left\{X \leqslant -\dfrac{1}{2}\right\} = F\left(-\dfrac{1}{2}\right) = \dfrac{1}{4},$$

$$P\left\{-\dfrac{1}{2} < X \leqslant \dfrac{1}{2}\right\} = F\left(\dfrac{1}{2}\right) - F\left(-\dfrac{1}{2}\right) = \dfrac{3}{4} - \dfrac{1}{4} = \dfrac{1}{2},$$

$$P\{0 \leqslant X \leqslant 1\} = F(1) - F(0) + P(X=0) = 1 - \frac{3}{4} + \frac{1}{2} = \frac{3}{4}.$$

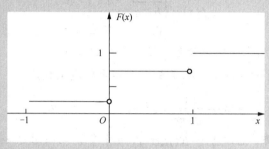

图 2-1

一般地，若离散型随机变量 X 的概率分布律为
$$P\{X = x_k\} = p_k \quad (k = 1, 2, \cdots),$$
则 X 的分布函数为
$$F(x) = P\{X \leqslant x\} = \sum_{x_k \leqslant x} P\{X = x_k\},$$
即
$$F(x) = \sum_{x_k \leqslant x} p_k.$$

这里的和式是指所有满足 $x_k \leqslant x$ 的 k 对 p_k 求和. 分布函数 $F(x)$ 在 $x = x_k$ 处有跳跃，其跳跃值为 $p_k = P\{X = x_k\}$.

2.4　连续型随机变量及其概率密度函数

▌ 内容概要 ▐

1．连续型随机变量的概率密度函数

若存在一个非负可积函数 $f(x)$，使得对任意实数 x，有 $F(x) = \int_{-\infty}^{x} f(t)\mathrm{d}t$，则称 $f(x)$ 为 X 的概率密度函数，简称密度函数. 密度函数 $f(x)$ 具有如下两条基本性质：

（1）非负性　$f(x) \geqslant 0$；

（2）正则性　$\int_{-\infty}^{+\infty} f(x)\mathrm{d}x = 1$.

2．常见连续型随机变量的分布

（1）均匀分布：若 X 的概率密度函数为

$$f(x) = \begin{cases} \dfrac{1}{b-a}, & a < x < b, \\ 0, & \text{其他}, \end{cases}$$

则称 X 服从区间 (a,b) 上的均匀分布，记作 $X \sim U(a,b)$.

（2）**正态分布**：若连续型随机变量 X 的概率密度函数为

$$f(x) = \dfrac{1}{\sqrt{2\pi}\sigma} \mathrm{e}^{-\frac{(x-\mu)^2}{2\sigma^2}} \quad (-\infty < x < \infty),$$

则称 X 服从正态分布，记作 $X \sim N(\mu, \sigma^2)$，其中参数 $-\infty < \mu < +\infty$，$\sigma > 0$. 称 $\mu = 0$，$\sigma = 1$ 时的正态分布 $N(0,1)$ 为标准正态分布.

（3）**指数分布**：若 X 的概率密度函数为

$$f(x) = \begin{cases} \lambda \mathrm{e}^{-\lambda x}, & x \geqslant 0, \\ 0, & x < 0, \end{cases}$$

则称 X 服从指数分布，记作 $X \sim E(\lambda)$，其中参数 $\lambda > 0$.

非离散型随机变量中的一类很重要的且常见的类型是连续型随机变量.

定义 2.6 设随机变量 X 的分布函数为 $F(x)$，若存在非负可积函数 $f(x)$，使得对任意实数 x，有

$$F(x) = \int_{-\infty}^{x} f(t)\mathrm{d}t, \tag{2.7}$$

则称 X 为**连续型随机变量**. 其中，$f(x)$ 称为 X 的**概率密度函数**，有时也称概率密度、分布密度或密度函数. 有时也记作 $f_X(x)$.

由式（2.7）知连续型随机变量的分布函数是连续函数. 由定义 2.6 可知，概率密度函数 $f(x)$ 具有以下性质：

（1）$f(x) \geqslant 0$；

（2）$\int_{-\infty}^{\infty} f(x)\mathrm{d}x = 1$；

（3）$P\{x_1 < X \leqslant x_2\} = F(x_2) - F(x_1) = \int_{x_1}^{x_2} f(x)\mathrm{d}x$；

（4）若 $f(x)$ 在点 x 处连续，则有 $F'(x) = f(x)$.

由性质中的（2）可知，介于曲线 $y = f(x)$ 与 Ox 轴之间的面积等于 1；由性质中的（3）可知，X 落在区间 (x_1, x_2) 上的概率 $P\{x_1 < X \leqslant x_2\}$ 等于区间 (x_1, x_2) 上曲线 $y = f(x)$ 之下曲边梯形的面积，如图 2-2 所示.

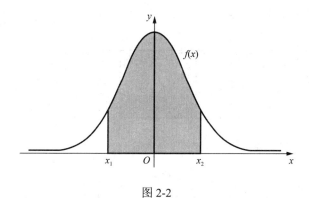

图 2-2

需要指出的是，对于连续型随机变量 X 来说，它取任一给定值 x_0 的概率为 0，即 $P\{X = x_0\} = 0$．这是因为，设 X 的分布函数为 $F(x)$，令 $\Delta x > 0$，则由 $\{X = x_0\} \subset \{x_0 - \Delta x < X \leqslant x_0\}$，得

$$0 \leqslant P\{X = x_0\} \leqslant P\{x_0 - \Delta x < X \leqslant x_0\} = F(x_0) - F(x_0 - \Delta x)．$$

令 $\Delta x \to 0$，因为 X 为连续型随机变量，其分布函数 $F(x)$ 是连续的，所以

$$P\{X = x_0\} = 0．$$

由此可知，对于连续型随机变量 X，有

（1）$P\{x_1 < X \leqslant x_2\} = P\{x_1 \leqslant X \leqslant x_2\} = P\{x_1 \leqslant X < x_2\}$；

（2）概率为 0 的事件不一定是不可能事件，同样，概率为 1 的事件也不一定是必然事件．

下面介绍几种常见的连续型随机变量．

1. 均匀分布

定义 2.7 若连续型随机变量的概率密度函数为

$$f(x) = \begin{cases} \dfrac{1}{b-a}, & a \leqslant x \leqslant b, \\ 0, & \text{其他}, \end{cases}$$

则称 X 在区间 $[a,b]$ 上服从**均匀分布**，记作 $X \sim U[a,b]$．

可以证明，在区间 $[a,b]$ 上服从均匀分布的随机变量 X，落在 $[a,b]$ 的子区间内的概率只依赖于子区间的长度，而与子区间的位置无关．均匀分布的密度函数 $f(x)$ 的图形如图 2-3 所示．

事实上，对于任一长度为 l 的子区间 $[c, c+l]$ $(a \leqslant c < c+l \leqslant b)$，有

$$P\{c < X \leqslant c+l\} = \int_c^{c+l} f(x)\mathrm{d}x = \int_c^{c+l} \frac{1}{b-a}\mathrm{d}x = \frac{l}{b-a}．$$

因此，服从均匀分布的随机变量 X 落在某区间的概率只与区间长度有关，而与位置无关．

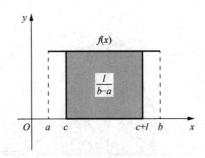

图 2-3

易知，区间 $[a,b]$ 上服从均匀分布的随机变量 X 的分布函数为

$$F(x) = \begin{cases} 0, & x < a, \\ \dfrac{x-a}{b-a}, & a \leqslant x < b, \\ 1, & x \geqslant b. \end{cases}$$

在 $[a,b]$ 中随机掷质点，用 X 表示此质点的坐标，则一般地，可把 X 视为一个在 $[a,b]$ 上服从均匀分布的随机变量. 我们知道 $P\{X=c\}=0$ $(a<c<b)$，但 $\{X=c\}$ 是可能发生的，所以概率为 0 的事件不一定是不可能事件.

2. 正态分布

定义 2.8 若连续型随机变量 X 的概率密度函数为

$$f(x) = \frac{1}{\sqrt{2\pi}\sigma} e^{-\frac{(x-\mu)^2}{2\sigma^2}} \quad (-\infty < x < \infty), \tag{2.8}$$

其中 μ, σ 为常数 $(\sigma > 0)$，则称 X 服从参数为 μ, σ 的正态分布或高斯分布，记为 $X \sim N(\mu, \sigma^2)$.

$f(x)$ 的图形如图 2-4 所示，它具有以下的性质.

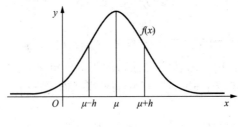

图 2-4

（1）曲线关于 $x = \mu$ 对称，这表明对任意的 $h > 0$，有

$$P\{\mu - h < X \leqslant \mu\} = P\{\mu < X \leqslant \mu + h\};$$

（2）当 $x = \mu$ 时，$f(x)$ 取到最大值 $f(\mu) = \dfrac{1}{\sqrt{2\pi}\sigma}$.

由图 2-4 可知，x 离 μ 越远，$f(x)$ 的值越小，这表明对于同样长度的区间，当区间离 μ 越远，X 落在这个区间上的概率越小. 因此 μ 称为位置参数.

如果固定 μ，改变 σ，由最大值 $f(\mu) = \dfrac{1}{\sqrt{2\pi}\sigma}$，可知当 σ 越小，图形会变得越尖（图 2-5），因而 X 落在 μ 附近的概率越大.

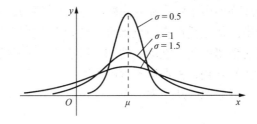

图 2-5

随机变量 X 的分布函数为

$$F(x) = \frac{1}{\sqrt{2\pi}\sigma} \int_{-\infty}^{x} e^{-\frac{(t-\mu)^2}{2\sigma^2}} \, dt .$$

特别地，当 $\mu = 0$，$\sigma = 1$ 时，称 X 服从**标准正态分布**，记为 $X \sim N(0,1)$，其概率密度函数如图 2-6 所示.

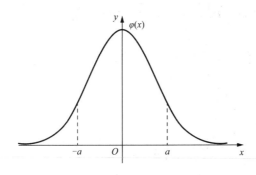

图 2-6

用 $\varphi(x)$ 表示标准正态分布的概率密度函数，则

$$\varphi(x) = \frac{1}{\sqrt{2\pi}} e^{-\frac{x^2}{2}} .$$

用 $\Phi(x)$ 表示标准正态分布的分布函数，则

$$\Phi(x) = \frac{1}{\sqrt{2\pi}} \int_{-\infty}^{x} e^{-\frac{1}{2}t^2} \, dt .$$

易知

$$\Phi(-a) = 1 - \Phi(a) .$$

一般地，若 $X \sim N(\mu, \sigma^2)$，则我们只要通过一个线性变换就可将它化成标准正态分布，这一结果将在下一节给出.

服从正态分布的随机变量在实践中有着广泛的应用. 例如，测量误差 X 服从正态分布 $N(0, \sigma^2)$，σ 是小还是大，反映了密度函数的峰两旁是陡峭还是平坦，亦即反映了测量的精度是高还是低. 又如，射击对中心点的横向偏差与纵向偏差都分别服从正态分布，人的身高、海洋波浪的高度等也都服从正态分布. 上面提到的测量误差、人的身高、波浪高度、射击误差等之所以能够相当近似地服从正态分布，就是因为它们都有一个共同的特点：它们都可以看作许多微小的、独立的随机因素作用的总后果，而每一个因素的影响都很小. 例如，射击的误差受许多随机因素（诸如空气的湿度、风速、气压、射击仪器的随机抖动、瞄准者情绪的随机波动）的综合影响. 在正常的情况下，每一种因素都不应起着压倒一切的主导作用. 根据第 5 章的中心极限定理，可知具有这种特点的随机变量，一般都可以认为近似地服从正态分布，这正是正态分布在理论与实践上都极其重要的原因.

一般来说，一个随机变量如果受到许多随机因素的影响，但其中每一个因素都不起主导作用（作用微小），则它服从正态分布. 例如，产品的质量指标、元件的尺寸、某地区成年男子的身高或体重、测量误差、射击目标的水平或垂直偏差、信号噪声、农作物的产量等，都服从或近似服从正态分布.

定理 2.2 设 $X \sim N(\mu, \sigma^2)$，则 $Y = \dfrac{X - \mu}{\sigma} \sim N(0,1)$.

证 $F(y) = P\{Y \leqslant y\} = P\left\{\dfrac{X - \mu}{\sigma} \leqslant y\right\} = P\{X \leqslant \mu + \sigma y\}$

$$= \frac{1}{\sqrt{2\pi}\sigma} \int_{-\infty}^{\mu + \sigma y} e^{-\frac{(t - \mu)^2}{2\sigma^2}} dt.$$

做变换 $u = \dfrac{t - \mu}{\sigma}$，则 $du = \dfrac{dt}{\sigma}$，代入上式，得

$$F(y) = \frac{1}{\sqrt{2\pi}} \int_{-\infty}^{y} e^{-\frac{u^2}{2}} du = \Phi(y),$$

从而 $Y = \dfrac{X - \mu}{\sigma} \sim N(0,1)$.

定理 2.3 如果 $X \sim N(\mu, \sigma^2)$，分布函数 $F(x) = \Phi\left(\dfrac{x - \mu}{\sigma}\right)$，对任意区间 $[a, b]$，有

$$P\{a \leqslant X \leqslant b\} = \Phi\left(\frac{b - \mu}{\sigma}\right) - \Phi\left(\frac{a - \mu}{\sigma}\right).$$

标准正态分布表见附表 1，附表 1 中给出了 $x > 0$ 时 $\Phi(x)$ 的数值，当 $x < 0$ 时，利用正态分布的对称性，有

$$\Phi(-x) = 1 - \Phi(x) .$$

若 $X \sim N(\mu, \sigma^2)$，则 $Y = \dfrac{X - \mu}{\sigma} \sim N(0,1)$，故 X 的分布函数

$$F(x) = P\{X \leqslant x\} = P\left\{\frac{X - \mu}{\sigma} \leqslant \frac{x - \mu}{\sigma}\right\} = \Phi\left(\frac{x - \mu}{\sigma}\right) ;$$

$$P\{a < X \leqslant b\} = P\left\{\frac{a - \mu}{\sigma} < Y \leqslant \frac{b - \mu}{\sigma}\right\} = \Phi\left(\frac{b - \mu}{\sigma}\right) - \Phi\left(\frac{a - \mu}{\sigma}\right) .$$

例 2.8 设 $X \sim N(1,4)$，求：

（1）$P\{0 \leqslant X < 1.6\}$；　　　（2）$P\{|X-1| \leqslant 2\}$；　　　（3）$P\{X; 2.3\}$.

解 这里 $\mu = 1$，$\sigma = 2$，故

（1）$P\{0 \leqslant X < 1.6\} = \Phi\left(\dfrac{1.6 - 1}{2}\right) - \Phi\left(\dfrac{0 - 1}{2}\right) = \Phi(0.3) - \Phi(-0.5)$

$$= 0.6179 - [1 - \Phi(0.5)] = 0.6179 - (1 - 0.6915) = 0.3094 .$$

（2）$P\{|X-1| \leqslant 2\} = P\{-1 \leqslant X \leqslant 3\} = P\left\{-1 \leqslant \dfrac{X - 1}{2} \leqslant 1\right\}$

$$= \Phi(1) - \Phi(-1) = 2\Phi(1) - 1 = 2 \times 0.8413 - 1 = 0.6826 .$$

（3）$P\{X \geqslant 2.3\} = 1 - P\{X < 2.3\} = 1 - \Phi\left(\dfrac{2.3 - 1}{2}\right) = 1 - \Phi(0.65) = 1 - 0.7422 = 0.2587 .$

例 2.9 设 $X \sim N(\mu, \sigma^2)$，求 $P\{\mu - k\sigma < X < \mu + k\sigma\}(k = 1, 2, 3)$.

解 $P\{\mu - k\sigma < X < \mu + k\sigma\} = P\left\{-k < \dfrac{X - \mu}{\sigma} < k\right\} = \Phi(k) - \Phi(-k) = 2\Phi(k) - 1 .$

当 $k = 1$ 时，
$$P\{|X - \mu| < \sigma\} = 2\Phi(1) - 1 = 0.6826 ;$$

当 $k = 2$ 时，
$$P\{|X - \mu| < 2\sigma\} = 2\Phi(2) - 1 = 0.9544 ;$$

当 $k = 3$ 时，
$$P\{|X - \mu| < 3\sigma\} = 2\Phi(3) - 1 = 0.9974 .$$

由例 2.9 可知，
$$P\{|X - \mu| \geqslant 3\sigma\} = 1 - P\{|X - \mu| < 3\sigma\} = 0.0026 < 0.003 .$$

即 X 落在 $[\mu - 3\sigma, \mu + 3\sigma]$ 以外的概率小于 0.003，在实际问题中常认为它不会发生.

X 的取值几乎落入以 μ 为中心、以 3σ 为半径的区间内，称为 3σ 准则，如图 2-7 所示.

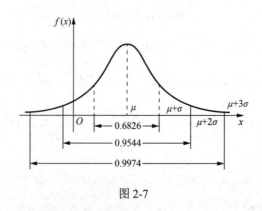

图 2-7

例 2.10　　公共汽车门的高度是按男子与车门顶碰头的机会在 0.01 以下设计的，设男子身高 X（单位：cm）服从正态分布 $N(170,6^2)$，问：车门高度应设计为多少？

解　设公共汽车门的高度应设计为 h（单位：cm），由题设要求 $P\{X > h\} < 0.01$，而

$$P\{X > h\} = 1 - P\{X \leqslant h\} = 1 - \Phi\left(\frac{h-170}{6}\right) < 0.01,$$

即

$$\Phi\left(\frac{h-170}{6}\right) > 0.99,$$

查附表 1，得 $\Phi(2.33) = 0.9902 > 0.99$．故 $\dfrac{h-170}{6} > 2.33$，解得 $h > 183.98$．

故车门高度的设计应超过 183.98cm，这样男子与车门顶碰头的机会小于 0.01．

3. 指数分布

定义 2.9　若连续型随机变量 X 的概率密度函数为

$$f(x) = \begin{cases} \lambda \mathrm{e}^{-\lambda x}, & x \geqslant 0, \\ 0, & x < 0, \end{cases} \tag{2.9}$$

则称 X 服从参数 λ 的指数分布，记作 $X \sim E(\lambda)$，其中参数 $\lambda > 0$．

若令 $\lambda = \dfrac{1}{\theta}$，则连续型随机变量 X 的概率密度函数还可以写为

$$f(x) = \begin{cases} \dfrac{1}{\theta} \mathrm{e}^{-\frac{x}{\theta}}, & x \geqslant 0, \\ 0, & x < 0, \end{cases} \tag{2.10}$$

则称 X 服从参数 θ 的指数分布，记作 $X \sim E(\theta)$，其中 $\theta > 0$．

显然，指数分布的概率密度函数 $f(x)$ 也具有以下的基本性质：

（1） $f(x) \geqslant 0$ ；

（2） $\int_{-\infty}^{+\infty} f(x)\mathrm{d}x = \int_{0}^{+\infty} \lambda \mathrm{e}^{-\lambda x}\mathrm{d}x = -\int_{0}^{+\infty} \mathrm{e}^{-\lambda x}\mathrm{d}(-\lambda x) = 1$ ．

由式（2.9）很容易得 X 的分布函数为

$$F(x) = \begin{cases} 1 - \mathrm{e}^{-\lambda x}, & x \geqslant 0, \\ 0, & x < 0. \end{cases}$$

在实践中，到某个特定事件发生所需的等待时间往往服从指数分布，如某种电子元件直到损坏所需的时间（即它的寿命）、电话通话时间、随机服务系统中的服务时间等．

指数分布的随机变量在描述某种事物的寿命时，应具有"**无记忆性**"，也就是要求这种事物无论何时应具有不衰老的特性，即要求已知事物在使用了时间 t 后，继续再使用一段时间 Δt 的概率仅仅与 Δt 有关而与 t 无关．

2.5　随机变量函数的分布

▌ 内容概要 ▐

1. 随机变量函数的概率密度函数

设连续型随机变量 X 的概率密度函数为 $f_X(x)$ ，$Y = g(X)$ ．若 $y = g(x)$ 严格单调，其反函数 $h(y)$ 有连续导函数，则 $Y = g(X)$ 的概率密度函数为

$$f_Y(y) = \begin{cases} f_X[h(y)]\,|\,h'(y)|, & a < y < b, \\ 0, & 其他, \end{cases}$$

其中 $a = \min\{g(-\infty), g(+\infty)\}$ ，$b = \max\{g(-\infty), g(+\infty)\}$ ．

2. 连续型随机变量函数的分布的求解方法

定义法、公式法．

3. 正态变量的线性变换

正态变量的线性变换仍为正态变量，即若 X 服从正态分布 $N(\mu, \sigma^2)$ ，则当 $a \neq 0$ 时，有 $Y = aX + b \sim N(a\mu + b, a^2\sigma^2)$ ．

在许多问题中，我们往往要考虑随机变量函数的分布问题．令 $y = g(x)$ 是定义在实数域上的函数，X 是一个随机变量，则 $Y = g(X)$ 也是一个随机变量．本节讨论如何由已知的随机变量 X 的分布来求它的函数 $g(X)$ 的分布问题．例如，假设空气分子的运动速度 V 是一个随机变量，已知它的分布，而我们要求它的动能的分布情况，即求随机变量 V 的函数 $\frac{1}{2}mV^2$ 的分布．

2.5.1　离散型随机变量函数的分布

离散型随机变量函数的分布比较容易求得. 设 X 是离散型随机变量, 其概率分布律如表 2-6 所示.

表 2-6

X	x_1	x_2	$\cdots$	x_k	$\cdots$
P	p_1	p_2	$\cdots$	p_k	$\cdots$

所以 $Y = g(X)$ 也是一个离散型随机变量, 此时 Y 的概率分布律可简单地表示为表 2-7.

表 2-7

Y	$g(x_1)$	$g(x_2)$	$\cdots$	$g(x_k)$	$\cdots$
P	p_1	p_2	$\cdots$	p_k	$\cdots$

当 $g(x_1), g(x_2), \cdots, g(x_k), \cdots$ 中有某些值相等时, 可把那些相等的值分别合并, 并将它们对应的概率相加即可.

> **例 2.11**　设随机变量 X 的概率分布律如表 2-8 所示, 求 $Y = X^2$ 的概率分布律.
>
> 表 2-8
>
> | X | -1 | 0 | 1 |
> |-----|------|-----|-----|
> | P | $\dfrac{1}{4}$ | $\dfrac{1}{2}$ | $\dfrac{1}{4}$ |
>
> **解**　Y 的所有可能取值为 $0, 1$.
> $$P(Y = 1) = P(X^2 = 1) = P(X = 1) + P(X = -1) = \frac{1}{4} + \frac{1}{4} = \frac{1}{2};$$
> $$P(Y = 0) = P(X^2 = 0) = P(X = 0) = \frac{1}{2},$$
>
> 即 Y 为 $p = \dfrac{1}{2}$ 的两点分布, 其概率分布律如表 2-9 所示.
>
> 表 2-9
>
> | Y | 0 | 1 |
> |-----|-----|-----|
> | P | $\dfrac{1}{2}$ | $\dfrac{1}{2}$ |

2.5.2　连续型随机变量函数的分布

连续型随机变量函数的分布的推导相对复杂一些, 下面我们分两种情形进行讨论.

1. 当 $g(x)$ 为严格单调函数的情形

对于 $Y = g(X)$，其中 $g(x)$ 是严格单调的特殊情况，下面给出一般的结果.

定理 2.4　设随机变量 X 的密度函数为 $f_X(x)$，函数 $g(x)$ 严格单调且可导，则 $Y = g(X)$ 的概率密度函数为

$$f_Y(y) = f_X[g^{-1}(y)] |[g^{-1}(y)]'|, \tag{2.11}$$

其中 $g^{-1}(y)$ 是 $g(x)$ 的反函数.

证　首先证 $g(x)$ 严格单调上升的情况. Y 的分布函数为

$$\begin{aligned} F_Y(y) &= P\{Y \leqslant y\} = P\{g(X) \leqslant y\} \\ &= P\{X \leqslant g^{-1}(y)\} \quad (y > 0) \\ &= F_X[g^{-1}(y)]. \end{aligned}$$

将 $F_Y(y)$ 对 y 求导，得 Y 的概率密度函数为

$$f_Y(y) = f_X[g^{-1}(y)][g^{-1}(y)]'.$$

当 $g(x)$ 严格单调下降时，同理可得

$$f_Y(y) = f_X[g^{-1}(y)]\{-[g^{-1}(y)]'\}.$$

所以有

$$f_Y(y) = f_X[g^{-1}(y)] |[g^{-1}(y)]'|.$$

利用以上结果可以得到定理 2.2 的结论，即若 $X \sim N(\mu, \sigma^2)$，则 $Y = \dfrac{X - \mu}{\sigma} \sim N(0,1)$.

证　$Y = \dfrac{X - \mu}{\sigma}$ 满足定理 2.4 的条件，

$$g^{-1}(y) = x = \sigma y + \mu, \quad [g^{-1}(y)]' = \sigma,$$

利用式（2.9）得 Y 的密度函数为

$$f_Y(y) = \frac{1}{\sqrt{2\pi}} e^{-\frac{1}{2}y^2}.$$

因此 $Y = \dfrac{X - \mu}{\sigma}$ 服从标准正态分布 $N(0,1)$.

线性变换 $\dfrac{X - \mu}{\sigma}$ 称为随机变量 X 的标准化，Y 称为标准化随机变量. 服从任一正态分布的随机变量必定可以标准化，使其服从标准正态分布 $N(0,1)$. 类似地，服从标准正态分布 $N(0,1)$ 的随机变量做了线性变换后仍服从正态分布.

进一步可以得到，若 $X \sim N(\mu, \sigma^2)$，则它的分布函数 $F(x)$ 可写成

$$\begin{aligned} F(x) &= P\{X \leqslant x\} \\ &= P\left\{\frac{X - \mu}{\sigma} \leqslant \frac{x - \mu}{\sigma}\right\} = \Phi\left(\frac{x - \mu}{\sigma}\right). \end{aligned}$$

此结果说明，一般形式的正态分布可以用标准正态分布来表示.

例 2.12　若 $X \sim N(0,1)$，求 $Y = -X$ 的分布.

解　（公式法）函数 $y = -x$ 满足定理 2.4 的条件，且

$$f_X(x) = \frac{1}{\sqrt{2\pi}} e^{-\frac{x^2}{2}} \quad (-\infty < x < \infty),$$

由定理 2.4，得

$$f_Y(y) = \frac{1}{\sqrt{2\pi}} e^{-\frac{(-y)^2}{2}} \times 1 = \frac{1}{\sqrt{2\pi}} e^{-\frac{y^2}{2}} \quad (-\infty < y < \infty),$$

因此，随机变量 $Y = -X$ 也服从标准正态分布.

例 2.13　若 $X \sim N(1, 2^2)$，求概率 $P\{0 \leqslant X \leqslant 1.6\}$.

解　由定理 2.2，得

$$P\{0 \leqslant X \leqslant 1.6\} = \Phi\left(\frac{1.6-1}{2}\right) - \Phi\left(\frac{0-1}{2}\right)$$

$$= \Phi(0.3) - \Phi(-0.5) = \Phi(0.3) - [1 - \Phi(0.5)]$$

$$= 0.6179 - 1 + 0.6915 = 0.3094.$$

因此，对于正态分布的概率求解问题，可以先化为标准正态分布，然后通过查标准正态分布表去求解，这就极大地简化了计算过程.

2. 当 $g(x)$ 为一般函数的情形

当 $g(x)$ 为不满足定理 2.4 的条件的一般函数情形时，我们可以先计算 $Y = g(X)$ 的分布函数，使其由 X 的分布函数表示出，然后用求导的方法求出 Y 的密度函数. 下面举例来说明此种方法.

例 2.14　若已知随机变量 X 服从指数分布，其概率密度函数为

$$f(x) = \begin{cases} e^{-x}, & x > 0, \\ 0, & x \leqslant 0, \end{cases}$$

求 $Y = X^2$ 的概率密度函数.

解　（定义法）因为

$$F_Y(y) = P\{Y \leqslant y\}$$

$$= P\{X^2 \leqslant y\} = P\{0 < X \leqslant \sqrt{y}\} \quad (y > 0)$$

$$= \int_0^{\sqrt{y}} e^{-x} dx,$$

所以当 $y>0$ 时，Y 的概率密度函数为

$$f_Y(y) = F'_Y(y) = e^{-\sqrt{y}} \frac{1}{2\sqrt{y}};$$

当 $y \leqslant 0$ 时，由 $F_Y(y)=0$，得

$$f_Y(y)=0.$$

故 $Y=X^2$ 的概率密度函数为

$$f_Y(y) = \begin{cases} \dfrac{e^{-\sqrt{y}}}{2\sqrt{y}}, & y>0, \\ 0, & y \leqslant 0. \end{cases}$$

例 2.15　设 X 服从正态分布 $N(0,1)$，求 $Y=X^2$ 的概率密度函数.

解　（定义法）因为

$$\begin{aligned} F_Y(y) = P\{Y \leqslant y\} &= P\{X^2 \leqslant y\} \\ &= P\{-\sqrt{y} \leqslant X \leqslant \sqrt{y}\} \\ &= F_X(\sqrt{y}) - F_X(-\sqrt{y}), \end{aligned}$$

所以当 $y>0$ 时，

$$\begin{aligned} f_Y(y) = F'_Y(y) &= \frac{1}{2\sqrt{y}}\left(\frac{1}{\sqrt{2\pi}} e^{-\frac{y}{2}} + \frac{1}{\sqrt{2\pi}} e^{-\frac{y}{2}}\right) \\ &= \frac{1}{\sqrt{2\pi}} y^{-\frac{1}{2}} e^{-\frac{y}{2}}, \end{aligned}$$

当 $y \leqslant 0$ 时，由 $F_Y(y)=0$，得

$$f_Y(y)=0.$$

因此，X^2 服从 $\Gamma\left(\dfrac{1}{2},\dfrac{1}{2}\right)$ 分布，或者是自由度为 1 的 χ^2 分布（第 6 章将重点介绍）.

 典型问题答疑解惑

问题 1　引入随机变量的分布函数的作用有哪些？

问题 2　离散型随机变量和连续型随机变量有什么区别？

问题 3　若随机变量 $X \sim b(n,p)$，则对于固定的 n,p，当 k 取何值时概率最大？

问题 4　若随机变量 X 服从参数 λ 的泊松分布，则当 k 取何值时概率最大？

问题 5　当满足一定的条件时，泊松分布可以作为超几何分布的逼近吗？

问题 6　如何理解指数分布和几何分布的"无记忆性"？

问题 7　在概率统计中均匀分布的地位和作用是什么？

问题 8　连续型随机变量的函数分布一定是连续型吗？

问题 9　随机变量的分布函数还有其他的定义吗？

问题 10　如何理解连续型随机变量的概率密度函数呢？

习题 2

一、单项选择题

1．设 $y = f(x)$ 为随机变量 X 的概率密度函数，则一定成立的是（　　）．

　　A．$f(x)$ 的定义域为 $[0, 1]$　　　　　　B．$f(x)$ 的值域为 $[0, 1]$

　　C．$f(x)$ 非负　　　　　　　　　　　　D．$f(x)$ 在 $(-\infty, +\infty)$ 内连续

2．设 $F(x)$ 为随机变量 X 的分布函数，则不一定成立的是（　　）．

　　A．$F(x)$ 为不减函数　　　　　　　　　B．$F(x)$ 取值在 $[0, 1]$ 内

　　C．$F(-\infty) = 0$　　　　　　　　　　D．$F(x)$ 为连续函数

3．若随机变量 X 的概率密度函数 $f(x)$ 为偶函数，$F(x)$ 是 X 的分布函数，则 $P\{|X| > 10\}$ 等于（　　）．

　　A．$2 - F(10)$　　　B．$2F(10) - 1$　　　C．$1 - 2F(10)$　　　D．$2[1 - F(10)]$

4．设随机变量 X 的分布函数为

$$F(x) = \begin{cases} 0, & x < 0, \\ 1 - 0.8e^{-0.8x}, & x \geq 0, \end{cases}$$

则 X 的随机变量类型为（　　）．

　　A．离散型　　　　　　　　　　　　　　B．连续型

　　C．既非离散型又非连续型　　　　　　　D．既是离散型又是连续型

5．设随机变量 X 的概率密度函数 $f(x) = \dfrac{1}{\sqrt{2\pi}} e^{-\frac{(x+3)^2}{4}}$（$-\infty < x < +\infty$），则服从标准正态分布 $N(0,1)$ 的随机变量是（　　）．

　　A．$\dfrac{X+3}{2}$　　　　B．$\dfrac{X+3}{\sqrt{2}}$　　　　C．$\dfrac{X-3}{2}$　　　　D．$\dfrac{X-3}{\sqrt{2}}$

6．若随机变量 X 与 Y 均服从正态分布：$X \sim N(\mu, 4^2)$，$Y \sim N(\mu, 5^2)$，又知 $p_1 = P\{X \leq \mu - 4\}$，$p_2 = P\{Y \geq \mu - 5\}$，则（　　）．

　　A．对任何实数 μ，都有 $p_1 = p_2$　　　　B．对任何实数 μ，都有 $p_1 < p_2$

　　C．只对 μ 的个别值才有 $p_1 = p_2$　　　D．对任何实数 μ，都有 $p_1 > p_2$

7．设 $X \sim N(\mu, \sigma^2)$ 则随着 σ 的增大，概率 $P\{|X - \mu| \leq \sigma\}$（　　）．

　　A．单调增大　　　B．单调减少　　　C．保持不变　　　D．增减不定

二、填空题

8. 设随机变量 $X \sim N(5,25)$，则 $P\{X \leqslant 5\} = \underline{\hspace{2cm}}$.

9. 设掷一枚不均匀的硬币出现正面的概率为 $p(0 < p < 1)$，X 为直至掷到正反面都出现为止所需要的次数，则 X 的概率分布律为 $\underline{\hspace{2cm}}$.

10. 设连续型随机变量 X 的概率密度函数为 $f(x) = \begin{cases} kx^2, & 0 \leqslant x \leqslant 1, \\ 0, & \text{其他}, \end{cases}$ 则常数 $k = \underline{\hspace{2cm}}$.

11. 设随机变量 X 的分布函数为 $F(x) = \begin{cases} 0, & x \leqslant 0, \\ 1 - a\cos x, & 0 < x < \dfrac{\pi}{2}, \\ 1, & x \geqslant \dfrac{\pi}{2}, \end{cases}$ 则 $a = \underline{\hspace{2cm}}$.

12. 设随机变量 X 服从二项分布 $b(3,0.4)$，且 $Y = \dfrac{X(3-X)}{2}$，则 $P\{Y=1\} = \underline{\hspace{2cm}}$.

13. 设随机变量 X 服从参数为 λ 的泊松分布，若 $P\{X=2\} = P\{X=3\}$，则 $\lambda = \underline{\hspace{2cm}}$.

14. 设随机变量 $X \sim N(2,\sigma^2)$，且 $P\{2 \leqslant X \leqslant 4\} = 0.3$，则 $P\{X \leqslant 0\} = \underline{\hspace{2cm}}$.

15. 设随机变量 X 服从均匀分布 $U(0,4)$，则对随机变量 X 独立观察两次，恰有一次 $X > 1$ 的概率为 $\underline{\hspace{2cm}}$.

16. 设 $\Phi(x)$ 是 $X \sim N(0,1)$ 的分布函数，则 $\Phi(-x) + \Phi(x) = \underline{\hspace{2cm}}$.

17. 设 $f(x)$ 是随机变量 X 的概率密度函数，则 $\int_{-\infty}^{+\infty} f(x)\mathrm{d}x = \underline{\hspace{2cm}}$.

18. 设 X 是连续型随机变量，C 为实常数，则 $P\{X=C\} = \underline{\hspace{2cm}}$.

19. 设 $X \sim N(0,1)$，且 $Y = \sigma X + \mu$，则 $Y \sim \underline{\hspace{2cm}}$.

20. 设 $X \sim N(\mu,\sigma^2)$，且 $Y = \dfrac{X-\mu}{\sigma}$，则 $Y \sim \underline{\hspace{2cm}}$.

三、解答题

21. 一袋中装有 5 只球，编号为 1, 2, 3, 4, 5，在袋中同时取 3 只，以 X 表示取出的 3 只球中的最大号码，写出随机变量 X 的概率分布律.

22. 将一枚骰子抛掷两次，以 X_1 表示两次所得点数之和，以 X_2 表示两次中得到的小点数，试分别求 X_1，X_2 的概率分布律.

23. 设在 15 件同类的零件中有两件次品，在其中取三次，每次任取一件，做不放回抽样. 以 X 表示取出的次品数，求 X 的概率分布律.

24. 进行重复独立试验，每次试验成功的概率为 p，失败的概率为 $q = 1-p(0 < 0 < 1)$.

（1）将试验进行到出现一次成功为止，以 X 表示所需的试验次数，求 X 的概率分布律（此时称 X 服从以 p 为参数的几何分布）；

（2）将试验进行到出现 r 次成功为止，以 Y 表示所需的试验次数，求 Y 的概率分布律（此时称 Y 服从以 r,p 为参数的帕斯卡分布）；

（3）某篮球运动员的投篮命中率为 45%，以 X 表示他首次投中时累计投篮的次数，写出 X 的概率分布律.

25．设随机变量 X 的概率分布律为

$$P\{X=k\}=a\frac{\lambda^k}{k!}(k=0,1,2,\cdots,\ \lambda>0\text{为常数}),$$

试确定常数 a．

26．在某指挥中心有 10 部电话，经调查表明在任一时刻 t，每部电话被呼叫的概率为 0.1，求在同一时刻：

（1）恰有 2 部电话被呼叫的概率；

（2）恰有 3 部电话被呼叫的概率.

27．设随机变量 X 的分布函数为

$$F_X(x)=\begin{cases}0,&x<1,\\\ln x,&1\leqslant x<\mathrm{e},\\1,&x\geqslant \mathrm{e}.\end{cases}$$

求：（1）$P\{X<2\}$，$P\{0<X\leqslant 3\}$，$P\left\{2<X<\dfrac{5}{2}\right\}$；

（2）X 的密度函数 $f_X(x)$．

28．设 K 在区间 $(0,5)$ 服从均匀分布，求 x 的方程 $4x^2+4Kx+K+2=0$ 有实根的概率.

29．设 $X\sim N(3,2^2)$．

（1）求 $P\{2<X\leqslant 5\}$，$P\{-4<X\leqslant 10\}$，$P\{|X|>2\}$，$P\{X>3\}$；

（2）确定 c，使得 $P\{X>c\}=P\{X\leqslant c\}$；

（3）设 d 满足 $P\{X>d\}\geqslant 0.9$，求 d 的最大值.

30．已知一工厂生产的某种元件的寿命 X（以小时计）服从参数为 $\mu=160$，$\sigma(\sigma>0)$ 的正态分布. 若要求 $P\{120<X\leqslant 200\}\geqslant 0.80$，则允许 σ 最大为多少？

31．设随机变量 X 的概率分布律如表 2-10 所示.

表 2-10

X	-2	-1	0	1	3
P	$\dfrac{1}{5}$	$\dfrac{1}{6}$	$\dfrac{1}{5}$	$\dfrac{1}{15}$	$\dfrac{11}{30}$

求 $Y=X^2$ 的概率分布律.

32．设 $X\sim N(0,1)$，求：

（1）$Y=\mathrm{e}^X$ 的概率密度函数；

（2）$Y=2X^2+1$ 的概率密度函数；

（3）$Y=|X|$ 的概率密度函数.

第3章 多维随机变量及其分布

第2章我们讨论了一维随机变量及其分布，但在实际问题中，随机试验的结果（或指标）有时需要两个或者两个以上随机变量来描述．例如，要研究某一城市儿童生长发育状况，重点考虑身高和体重、心率等指标，而这些指标之间是相互影响的，因此有必要将这些指标作为一个整体来研究．又如，研究炮弹的落地点或飞机在空中的位置，必须用二维和三维随机变量来描述．本章将讨论由两个或者两个以上随机变量构成的多维随机变量的分布，重点讨论二维离散型和二维连续型随机变量及其分布．

3.1 二维随机变量

内容概要

1. 二维随机变量(X,Y)的联合分布函数的基本性质

（1）**单调性** $F(X,Y)$分别对x或y是单调不减的．

（2）**有界性** 对任意的x和y，有$0 \leqslant F(X,Y) \leqslant 1$，且
$$F(-\infty, y) = F(x, -\infty) = 0, \quad F(+\infty, +\infty) = 1.$$

（3）**右连续性** 对每个变量都是右连续的，即
$$F(x+0, y) = F(x,y), \quad F(x, y+0) = F(x,y).$$

（4）**非负性** 对任意的$a < b$，$c < d$，有
$$P\{a < X \leqslant b, \ c < Y \leqslant d\} = F(b,d) - F(a,d) - F(b,c) + F(a,c) \geqslant 0.$$

2. 联合分布律的基本性质

（1）**非负性** $p_{ij} \geqslant 0$；

（2）**归一性** $\sum\limits_{i=1}^{+\infty} \sum\limits_{j=1}^{+\infty} p_{ij} = 1$．

3. 联合密度函数的基本性质

（1）**非负性** $f(x,y) \geqslant 0$；

（2）**归一性** $\int_{-\infty}^{+\infty} \int_{-\infty}^{+\infty} f(x,y) \mathrm{d}x\mathrm{d}y = 1$.

4. 几个结论

（1）在$F(X,Y)$偏导数存在的点上，有$f(x,y) = \dfrac{\partial^2}{\partial x \partial y} F(X,Y)$．

（2）若D为平面上的一个区域，则有$P\{(X,Y) \in D\} = \iint\limits_{D} f(x,y)\mathrm{d}x\mathrm{d}y$．

5. 重要分布

二维正态分布和二维均匀分布．

3.1.1 二维随机变量的分布函数

定义 3.1 设随机试验 E 的样本空间为 S，$X(\omega)$ 和 $Y(\omega)$ 是定义在同一样本空间 S 上的随机变量，称向量 $(X(\omega),Y(\omega))$ 是样本空间 S 上的**二维随机变量**（或**二元随机变量、二维随机向量**），简记为 (X,Y).

类似地，也可给出 n 维随机变量 $(X_1,X_2,\cdots,X_n)$ 的定义.

我们首先研究二维随机变量的分布函数.

定义 3.2 设 (X,Y) 为二维随机变量，对于任意的实数 x,y，二元函数
$$F(x,y)=P\{\{X\leqslant x\}\cap\{Y\leqslant y\}\}=P\{X\leqslant x,\ Y\leqslant y\} \qquad (3.1)$$
称为二维随机变量 (X,Y) 的**联合分布函数**，简称为**分布函数**.

分布函数的概率含义：如果将二维随机变量 (X,Y) 看成平面上随机点的坐标，那么分布函数 $F(x,y)$ 在点 (x,y) 处的函数值就是随机点 (X,Y) 落在以 (x,y) 为顶点且位于顶点左下方的广义矩形区域内的概率.

利用分布函数 $F(x,y)$，我们可以计算出二维随机变量 (X,Y) 落在如图 3-1 所示的矩形区域内（阴影部分）的概率为
$$P\{x_1<X\leqslant x_2,y_1<Y\leqslant y_2\}=F(x_2,y_2)-F(x_1,y_2)-F(x_2,y_1)+F(x_1,y_1). \qquad (3.2)$$

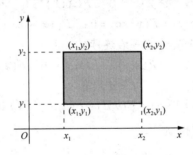

图 3-1

二维随机变量 (X,Y) 的分布函数 $F(x,y)$ 具有以下基本性质：

（1） $0\leqslant F(x,y)\leqslant 1$，且对任意固定的 y，有
$$F(-\infty,y)\overset{\Delta}{=}\lim_{x\to-\infty}F(x,y)=0;$$
对任意固定的 x，有
$$F(x,-\infty)\overset{\Delta}{=}\lim_{y\to-\infty}F(x,y)=0,$$
$$F(-\infty,-\infty)\overset{\Delta}{=}\lim_{\substack{x\to-\infty\\y\to-\infty}}F(x,y)=0,$$
$$F(+\infty,+\infty)\overset{\Delta}{=}\lim_{\substack{x\to+\infty\\y\to+\infty}}F(x,y)=1.$$

（2） $F(x,y)$ 关于 x,y 均为单调不减函数，即当 y 固定不变时，对任意的 $x_1<x_2$，有

$$F(x_1, y) \leqslant F(x_2, y) ;$$

当 x 固定不变时, 对任意的 $y_1 < y_2$, 有

$$F(x, y_1) \leqslant F(x, y_2) .$$

（3）$F(x, y)$ 关于 x, y 均为右连续函数, 即

$$F(x+0, y) = F(x, y) , \quad F(x, y+0) = F(x, y) .$$

（4）对任意的 $x_1 < x_2$, $y_1 < y_2$, 有

$$F(x_2, y_2) - F(x_1, y_2) - F(x_2, y_1) + F(x_1, y_1) \geqslant 0 .$$

性质（1）～（3）的证明是明显的, 性质（4）由式（3.2）可得.

反过来还可证明: 任一具有上述四个性质的二元函数, 必定可以作为某二维随机变量的分布函数.

例 3.1　设二维随机变量 (X, Y) 的分布函数为

$$F(x, y) = A(B + \arctan x)(C + \arctan y) \quad (-\infty < x < +\infty, -\infty < y < +\infty) .$$

求: （1）常数 A, B, C;　　　　（2）$P\{X > 1\}$.

解　（1）利用分布函数的性质, 得

$$F(+\infty, +\infty) = A\left(B + \frac{\pi}{2}\right)\left(C + \frac{\pi}{2}\right) = 1 ,$$

$$F(-\infty, y) = A\left(B - \frac{\pi}{2}\right)(C + \arctan y) = 0 ,$$

$$F(x, -\infty) = A(B + \arctan x)\left(C - \frac{\pi}{2}\right) = 0 .$$

由此可得

$$A = \frac{1}{\pi^2} , \quad B = \frac{\pi}{2} , \quad C = \frac{\pi}{2} .$$

于是 (X, Y) 的分布函数为

$$F(x, y) = \frac{1}{\pi^2}\left(\frac{\pi}{2} + \arctan x\right)\left(\frac{\pi}{2} + \arctan y\right)(-\infty < x < +\infty, -\infty < y < +\infty) .$$

（2）$P\{X > 1\} = 1 - P\{X \leqslant 1\} = 1 - P\{X \leqslant 1, Y < +\infty\}$

$$= 1 - F(1, +\infty) = 1 - \frac{1}{\pi^2} \times \left(\frac{\pi}{2} + \frac{\pi}{4}\right) \times \left(\frac{\pi}{2} + \frac{\pi}{2}\right) = \frac{1}{4} .$$

例 3.2　设 $F(x, y) = \begin{cases} 0, & x + y < 1, \\ 1, & x + y \geqslant 1, \end{cases}$ 问: $F(x, y)$ 能否成为某个二维随机变量的分布函数?

解 容易验证 $F(x,y)$ 满足分布函数的性质（1）～（3），但不满足分布函数的性质（4），这是因为，若取 $x_1 = 0$，$x_2 = 2$，$y_1 = 0$，$y_2 = 2$，则
$$F(2,2) - F(0,2) - F(2,0) + F(0,0) = -1 < 0，$$
所以 $F(x,y)$ 不能成为某个二维随机变量的分布函数.

3.1.2 二维离散型随机变量及其联合分布律

定义 3.3 设 (X,Y) 为二维随机变量，若 (X,Y) 的所有可能取值为有限对或可列无限对，则称 (X,Y) 为**二维离散型随机变量**.

同描述一维离散型随机变量的想法类似，我们可以通过列出二维随机变量 (X,Y) 的所有可能取值及它取相应值的概率来描述二维离散型随机变量 (X,Y) 的整体性质.

定义 3.4 设 (X,Y) 所有可能的取值为 (x_i, y_j)，$i,j = 1,2,\cdots$，则称

$$p_{ij} = P\{X = x_i, Y = y_j\}, \ i,j = 1,2,\cdots \tag{3.3}$$

为二维随机变量 (X,Y) 的**联合分布律**（或**联合概率分布**），简称**概率分布**.

利用二维随机变量的联合分布律，我们可求出 (X,Y) 在任意平面点集内取值的概率. 因此，二维随机变量的联合概率分布完全描述了 (X,Y) 的整体性质.

二维随机变量的联合分布律也可用直观性较强的表格的形式来表示，如表 3-1 所示.

表 3-1

X	Y				
	y_1	y_2	$\cdots$	y_j	$\cdots$
x_1	p_{11}	p_{12}	$\cdots$	p_{1j}	$\cdots$
x_2	p_{21}	p_{22}	$\cdots$	p_{2j}	$\cdots$
$\vdots$	$\vdots$	$\vdots$		$\vdots$	
x_i	p_{i1}	p_{i2}	$\cdots$	p_{ij}	$\cdots$
				$\vdots$	

随机变量的联合分布律满足如下性质：

（1） $p_{ij} \geq 0$；

（2） $\displaystyle\sum_{i=1}^{\infty} \sum_{j=1}^{\infty} p_{ij} = 1$.

二维离散型随机变量 (X,Y) 的联合分布函数为

$$F(x,y) = P\{X \leq x, \ Y \leq y\} = \sum_{x_i \leq x} \sum_{y_j \leq y} p_{ij}. \tag{3.4}$$

这里的和式是对一切满足 $x_i \leq x$，$y_j \leq y$ 的 i,j 来求和的.

例 3.3 箱内有大小相同的 6 个球，其中红、白、黑球的个数分别为 1, 2, 3 个. 现从箱中随机地取出 2 个球，记 X 为取出的红球个数，Y 为取出的白球个数，求随机变量 (X,Y) 的联合分布律.

解　X 的所有可能取值为 0, 1，Y 的所有可能取值为 0, 1, 2，则

$$P\{X=0,Y=0\}=\frac{C_3^2}{C_6^2}=\frac{1}{5}, \quad P\{X=0,Y=1\}=\frac{C_2^1 C_3^1}{C_6^2}=\frac{2}{5},$$

$$P\{X=0,Y=2\}=\frac{C_2^2}{C_6^2}=\frac{1}{15}, \quad P\{X=1,Y=0\}=\frac{C_1^1 C_3^1}{C_6^2}=\frac{1}{5},$$

$$P\{X=1,Y=1\}=\frac{C_1^1 C_2^1}{C_6^2}=\frac{2}{15}, \quad P\{X=1,Y=2\}=0.$$

所以 (X,Y) 的概率分布律如表 3-2 所示.

表 3-2

X	Y		
	0	1	2
0	$\frac{1}{5}$	$\frac{2}{5}$	$\frac{1}{15}$
1	$\frac{1}{5}$	$\frac{2}{15}$	0

3.1.3　二维连续型随机变量及其联合概率密度函数

在二维非离散型随机变量中，我们重点介绍二维连续型随机变量，下面我们给出二维连续型随机变量的概念.

定义 3.5　设 (X,Y) 为二维随机变量，$F(x,y)$ 为 (X,Y) 的分布函数，若存在非负可积函数 $f(x,y)$，使得对任意实数 x,y，有

$$F(x,y)=\int_{-\infty}^{x}\int_{-\infty}^{y}f(u,v)\mathrm{d}v\mathrm{d}u \tag{3.5}$$

则称 (X,Y) 为**二维连续型随机变量**，$f(x,y)$ 为 (X,Y) 的**联合概率密度函数**，简称**概率密度函数**或**概率密度**.

由定义 3.5 可知，$f(x,y)$ 具有以下性质：

（1）$f(x,y)\geqslant 0$；

（2）$\displaystyle\int_{-\infty}^{+\infty}\int_{-\infty}^{+\infty}f(x,y)\mathrm{d}x\mathrm{d}y=1$.

可以证明：若二元函数 $f(x,y)$ 满足性质（1）和性质（2），则 $f(x,y)$ 必可成为某个二维连续型随机变量的概率密度函数.

（3）设 D 为 xOy 平面上的一个区域，则 (X,Y) 落在 D 内的概率为

$$P\{(X,Y) \in D\} = \iint\limits_{D} f(x,y)\mathrm{d}x\mathrm{d}y. \tag{3.6}$$

在几何上，随机变量 (X,Y) 落在区域 D 内的概率是以 D 为底、以曲面 $z=f(x,y)$ 为顶的一个曲顶柱体的体积.

（4）在 $f(x,y)$ 的连续点 (x,y) 处，有

$$\frac{\partial F(x,y)}{\partial x \partial y} = f(x,y). \tag{3.7}$$

例 3.4 设二维随机变量 (X,Y) 的概率密度函数为

$$f(x,y) = \begin{cases} k\mathrm{e}^{-3x-4y}, & x>0,\ y>0, \\ 0, & 其他. \end{cases}$$

求：（1）常数 k；　　　　（2）分布函数 $F(x,y)$；

（3）$P\{0<X<1,\ 0<Y<2\}$；　　　　（4）$P\{Y=X^2\}$.

解　（1）由概率密度函数的性质，得

$$\int_0^\infty \int_0^\infty k\mathrm{e}^{-3x-4y}\mathrm{d}x\mathrm{d}y = \frac{k}{4}\int_0^\infty \mathrm{e}^{-3x}\mathrm{d}x = \frac{k}{12} = 1,$$

所以 $k=12$.

（2）当 $x \le 0$ 或 $y \le 0$ 时，$F(x,y)=0$；

当 $x>0$，$y>0$ 时，

$$F(x,y) = \int_0^x \left(\int_0^y 12\mathrm{e}^{-3t-4s}\mathrm{d}s\right)\mathrm{d}t$$

$$= 12\left(\int_0^x \mathrm{e}^{-3t}\mathrm{d}t\right)\left(\int_0^y \mathrm{e}^{-4s}\mathrm{d}s\right)$$

$$= (1-\mathrm{e}^{-3x})(1-\mathrm{e}^{-4y}).$$

所以 (X,Y) 的分布函数为

$$F(x,y) = \begin{cases} (1-\mathrm{e}^{-3x})(1-\mathrm{e}^{-4y}), & x>0,\ y>0, \\ 0, & 其他. \end{cases}$$

（3）$P\{0<X<1,\ 0<Y<2\} = F(1,2)-F(0,2)-F(1,0)+F(0,0)$

$$= (1-\mathrm{e}^{-3})(1-\mathrm{e}^{-8}) = 1-\mathrm{e}^{-3}-\mathrm{e}^{-8}+\mathrm{e}^{-11}.$$

（4）$P\{Y=X^2\} = \iint\limits_{y=x^2} f(x,y)\mathrm{d}x\mathrm{d}y = 0$.

3.1.4　两种重要的二维连续型随机变量的分布

1. 二维均匀分布

定义 3.6　设 D 为平面上的一个有界区域，其面积记为 $S(D)$，若二元随机变量

(X,Y) 的联合概率密度函数为

$$f(x,y)=\begin{cases}\dfrac{1}{S(D)}, & (x,y)\in D,\\[2mm]0, & \text{其他}.\end{cases}\tag{3.8}$$

则称 (X,Y) 在区域 D 上服从**均匀分布**.

若 (X,Y) 服从区域 D 上的均匀分布, 则对于任意一个平面区域 G, 有

$$P\{(X,Y)\in G\}=\iint_G f(x,y)\mathrm{d}x\mathrm{d}y=\iint_{G\cap D}\frac{1}{S(D)}\mathrm{d}x\mathrm{d}y=\frac{S(G\cap D)}{S(D)}.$$

这也说明, 在有界区域 D 上服从均匀分布的随机变量 (X,Y) 落入区域 D 的任何部分内的概率只与这部分的面积大小有关, 而与其位置和形状无关. 有界区域 D 经常称为 (X,Y) 的 "**非零区域**"（支撑集）, (X,Y) 在区域 D 上的均匀分布主要因 "**非零区域**" 的不同而不同.

2. 二维正态分布

定义 3.7　若 (X,Y) 的概率密度函数为

$$f(x,y)=\frac{1}{2\pi\sigma_1\sigma_2\sqrt{1-\rho^2}}\exp\left\{-\frac{1}{2(1-\rho^2)}\left[\frac{(x-\mu_1)^2}{\sigma_1^2}-\frac{2\rho(x-\mu_1)(y-\mu_2)}{\sigma_1\sigma_2}+\frac{(y-\mu_2)^2}{\sigma_2^2}\right]\right\},\tag{3.9}$$

其中 $\mu_1,\mu_2,\sigma_1,\sigma_2,\rho(\sigma_1>0,\sigma_2>0,-1<\rho<1)$ 皆为常数, 则称 (X,Y) 服从参数为 $\mu_1,\mu_2,\sigma_1,\sigma_2,\rho$ 的**二维正态分布**, 记作 $(X,Y)\sim N(\mu_1,\mu_2,\sigma_1^2,\sigma_2^2,\rho)$.

注　这里的 $\exp\{*\}$ 是表示指数函数 $\mathrm{e}^{\{*\}}$, 如 $\exp\{x^2+1\}=\mathrm{e}^{x^2+1}$.

二维正态分布是一种重要的多维分布, 它在概率论、数理统计、随机过程中都占有重要的地位, 后面我们将逐步介绍其概率密度函数中 5 个参数 $\mu_1,\mu_2,\sigma_1,\sigma_2,\rho$ 的意义及它的许多重要性质.

3.2　边缘分布与条件分布

∥ 内容概要 ∥

1. 边缘分布律

若二维离散随机变量 (X,Y) 的联合分布律为 $\{p_{ij}\}$, 则称 $p_{i\cdot}=\sum_{j=1}^{+\infty}p_{ij}$ $(i=1,2,\cdots)$ 为 X 的边缘分布律, 称 $p_{\cdot j}=\sum_{i=1}^{+\infty}p_{ij}$ $(j=1,2,\cdots)$ 为 Y 的边缘分布律.

2. 边缘概率密度函数

若二维连续随机变量 (X,Y) 的联合密度函数为 $f(x,y)$, 则

$$f_X(x)=\int_{-\infty}^{+\infty}f(x,y)\mathrm{d}y,\quad f_Y(y)=\int_{-\infty}^{+\infty}f(x,y)\mathrm{d}x.$$

称 $f_X(x)$，$f_Y(y)$ 分别为 (X,Y) 关于 X 和 Y 的边缘概率密度函数，简称边缘密度函数.

3. 条件分布

对固定的 j，若 $P\{Y = y_j\} > 0$，则称

$$P\{X = x_i \mid Y = y_j\} = \frac{P\{X = x_i, Y = y_j\}}{P\{Y = y_j\}} = \frac{p_{ij}}{p_{\cdot j}}, \quad i = 1, 2, \cdots$$

为在 $Y = y_j$ 的条件下 X 的**条件分布律**.

同样地，对固定的 i，若 $P\{X = x_i\} > 0$，则称

$$P\{Y = y_j \mid X = x_i\} = \frac{P\{X = x_i, Y = y_j\}}{P\{X = x_i\}} = \frac{p_{ij}}{p_{i\cdot}}, \quad j = 1, 2, \cdots$$

为在 $X = x_i$ 的条件下 Y 的**条件分布律**.

3.2.1 边缘分布

1. 边缘分布函数

当我们将随机变量 (X,Y) 作为一个整体来研究时，可以用联合分布函数 $F(x,y)$ 来描述此二维随机变量的整体性质，而二维随机变量 (X,Y) 中的 X 和 Y 都是一维随机变量，也有各自的分布函数，记 X，Y 的分布函数分别为 $F_X(x)$，$F_Y(y)$，则

$$F_X(x) = P\{X \leqslant x\} = P\{X \leqslant x, Y < +\infty\} = F(x, +\infty), \tag{3.10}$$

同理，

$$F_Y(y) = F(+\infty, y). \tag{3.11}$$

我们称 $F_X(x)$，$F_Y(y)$ 分别为 (X,Y) 关于 X 和 Y 的**边缘分布函数**.

由此可以看出，联合分布函数完全确定了边缘分布函数.

对于离散型随机变量来说，若 (X,Y) 的联合分布律为

$$p_{ij} = P\{X = x_i, Y = y_j\} \quad (i, j = 1, 2, \cdots),$$

则

$$F_X(x) = \sum_{x_i \leqslant x} \sum_{j=1}^{\infty} p_{ij}, \quad F_Y(y) = \sum_{y_j \leqslant y} \sum_{i=1}^{\infty} p_{ij}.$$

对于连续型随机变量来说，若 (X,Y) 的概率密度函数为 $f(x,y)$，则

$$F_X(x) = F(x, +\infty) = \int_{-\infty}^{x} \left[\int_{-\infty}^{+\infty} f(u, v) \mathrm{d}v \right] \mathrm{d}u, \tag{3.12}$$

$$F_Y(y) = F(+\infty, y) = \int_{-\infty}^{y} \left[\int_{-\infty}^{+\infty} f(u, v) \mathrm{d}u \right] \mathrm{d}v. \tag{3.13}$$

2. 二维离散型随机变量的边缘分布律

定义 3.8 设 (X,Y) 是二维离散型随机变量，其概率分布函数为

$$p_{ij} = P\{X = x_i, Y = y_j\} \quad (i, j = 1, 2, \cdots),$$

则 X 的联合分布律为

$$P\{X = x_i\} = P\{X = x_i, -\infty < Y < +\infty\}$$

$$= \sum_{j=1}^{\infty} P\{X = x_i, \ Y = y_j\} = \sum_{j=1}^{\infty} p_{ij} \quad (i = 1, 2, \cdots). \tag{3.14}$$

记 $p_{i.} = \sum_{j=1}^{\infty} p_{ij} = P\{X = x_i\}$ $(i = 1, 2, \cdots)$，则称 $p_{i.}(i = 1, 2, \cdots)$ 为 (X, Y) 关于 X 的**边缘分布律**（或**边缘概率分布**）.

同理，

$$P\{Y = y_j\} = P\{-\infty < X < +\infty, \ Y = y_j\}$$

$$= \sum_{i=1}^{\infty} P\{X = x_i, Y = y_j\} = \sum_{i=1}^{\infty} p_{ij}, \quad j = 1, 2, \cdots. \tag{3.15}$$

记 $p_{.j} = \sum_{i=1}^{\infty} p_{ij} = P\{Y = y_j\}$ $(j = 1, 2, \cdots)$，则称 $p_{.j}(j = 1, 2, \cdots)$ 为 (X, Y) 关于 Y 的**边缘分布律**（或**边缘概率分布**）.

边缘分布可用表 3-3 所示的表格形式表示，我们通常将边缘概率分布写在联合分布的边缘上，这也是边缘分布名称的由来.

表 3-3

X	Y						$p_{i.}$
	y_1	y_2	$\cdots$	y_j	$\cdots$		$p_{i.}$
x_1	p_{11}	p_{12}	$\cdots$	p_{1j}	$\cdots$		$p_{1.}$
x_2	p_{21}	p_{22}	$\cdots$	p_{2j}	$\cdots$		$p_{2.}$
$\vdots$	$\vdots$	$\vdots$		$\vdots$			$\vdots$
x_i	p_{i1}	p_{i2}	$\cdots$	p_{ij}	$\cdots$		$p_{i.}$
$\vdots$	$\vdots$	$\vdots$		$\vdots$			$\vdots$
$p_{.j}$	$p_{.1}$	$p_{.2}$	$\cdots$	$p_{.j}$	$\cdots$		1

3. 二维连续型随机变量的边缘概率密度函数

定义 3.9　设 (X, Y) 是二维连续型随机变量，其联合概率密度函数为 $f(x, y)$，由式（3.12）和式（3.13）可以看出，X 和 Y 均为一维连续型随机变量，且它们的概率密度函数分别为

$$f_X(x) = F_X'(x) = \int_{-\infty}^{+\infty} f(x, y)\mathrm{d}y,$$
$$f_Y(y) = F_Y'(y) = \int_{-\infty}^{+\infty} f(x, y)\mathrm{d}x. \tag{3.16}$$

称 $f_X(x), f_Y(y)$ 分别为 (X, Y) 关于 X 和 Y 的**边缘概率密度函数**，简称为**边缘密度函数**.

例 3.5 已知袋中装有 2 只白球和 3 只黑球，从中摸球两次，每次摸一球，定义下列随机变量：

$$X = \begin{cases} 1, & \text{第1次摸出白球}, \\ 0, & \text{第1次摸出黑球}. \end{cases}$$

$$Y = \begin{cases} 1, & \text{第2次摸出白球}, \\ 0, & \text{第2次摸出黑球}. \end{cases}$$

（1）若摸球是有放回的，求 (X,Y) 的联合分布律及边缘分布律；

（2）若摸球是不放回的，求 (X,Y) 的联合分布律及边缘分布律.

解 （1）当摸球是有放回时，(X,Y) 的联合分布律及边缘分布律如表 3-4 所示.

表 3-4

Y	X		$p_{\cdot j}$
	0	1	
0	$\dfrac{3}{5} \times \dfrac{3}{5} = \dfrac{9}{25}$	$\dfrac{2}{5} \times \dfrac{3}{5} = \dfrac{6}{25}$	$\dfrac{3}{5}$
1	$\dfrac{3}{5} \times \dfrac{2}{5} = \dfrac{6}{25}$	$\dfrac{2}{5} \times \dfrac{2}{5} = \dfrac{4}{25}$	$\dfrac{2}{5}$
$p_{i\cdot}$	$\dfrac{3}{5}$	$\dfrac{2}{5}$	1

（2）当摸球是不放回时，(X,Y) 的联合分布律及边缘分布律如表 3-5 所示.

表 3-5

Y	X		$p_{\cdot j}$
	0	1	
0	$\dfrac{3}{5} \times \dfrac{2}{4} = \dfrac{3}{10}$	$\dfrac{2}{5} \times \dfrac{3}{4} = \dfrac{3}{10}$	$\dfrac{3}{5}$
1	$\dfrac{3}{5} \times \dfrac{2}{4} = \dfrac{3}{10}$	$\dfrac{2}{5} \times \dfrac{1}{4} = \dfrac{1}{10}$	$\dfrac{2}{5}$
$p_{i\cdot}$	$\dfrac{3}{5}$	$\dfrac{2}{5}$	1

例 3.5 中，在两种不同的摸球方式下，(X,Y) 关于 X 和 Y 的边缘分布律都是相同的，但 (X,Y) 的联合分布律完全不同. 这说明联合分布律可以确定边缘分布律，但边缘分布律并不能确定联合分布律.

例 3.6 设 (X,Y) 服从区域 D 上的均匀分布，其中区域 D 由直线 $y=x$ 与曲线 $y=x^2$ 所围成，求边缘概率密度函数 $f_X(x)$，$f_Y(y)$.

解　直线 $y=x$ 与曲线 $y=x^2$ 所围成的区域 D 为如图3-2所示的阴影部分,区域 D 的面积为

$$S(D)=\int_0^1\mathrm{d}x\int_{x^2}^x\mathrm{d}y=\frac{1}{6}.$$

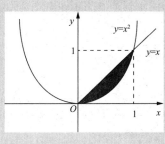

图 3-2

所以 (X,Y) 的联合概率密度函数为

$$f(x,y)=\begin{cases}6, & x^2\leqslant y\leqslant x,\\ 0, & \text{其他}.\end{cases}$$

当 $x<0$ 或 $x>1$ 时,

$$f_X(x)=\int_{-\infty}^{+\infty}f(x,y)\mathrm{d}y=0;$$

当 $0\leqslant x\leqslant1$ 时,

$$f_X(x)=\int_{-\infty}^{+\infty}f(x,y)\mathrm{d}y=\int_{x^2}^x6\mathrm{d}y=6(x-x^2).$$

所以有

$$f_X(x)=\begin{cases}6(x-x^2), & 0\leqslant x\leqslant1,\\ 0, & \text{其他}.\end{cases}$$

同理,可得

$$f_Y(y)=\int_{-\infty}^{+\infty}f(x,y)\mathrm{d}x=\begin{cases}\int_y^{\sqrt{y}}6\mathrm{d}x, & 0\leqslant y\leqslant1,\\ 0, & \text{其他}.\end{cases}$$

$$=\begin{cases}6(\sqrt{y}-y), & 0\leqslant y\leqslant1,\\ 0, & \text{其他}.\end{cases}$$

例 3.7　若 $(X,Y)\sim N(\mu_1,\mu_2,\sigma_1^2,\sigma_2^2,\rho)$,求 (X,Y) 关于 X 和 Y 的边缘概率密度函数 $f_X(x)$ 和 $f_Y(y)$.

解　令 $s=\dfrac{x-\mu_1}{\sigma_1}$,　$t=\dfrac{y-\mu_2}{\sigma_2}$,则

$$f_X(x) = \int_{-\infty}^{+\infty} f(x,y)\mathrm{d}y = \int_{-\infty}^{+\infty} \frac{1}{2\pi\sigma_1\sigma_2\sqrt{1-\rho^2}} \mathrm{e}^{-\frac{1}{2(1-\rho^2)}(s^2-2\rho st+t^2)} \sigma_2 \mathrm{d}t$$

$$= \frac{\sigma_2\mathrm{e}^{-\frac{s^2}{2}}}{2\pi\sigma_1\sigma_2\sqrt{1-\rho^2}} \int_{-\infty}^{+\infty} \mathrm{e}^{-\frac{(t-\rho s)^2}{2(1-\rho^2)}}\mathrm{d}t = \frac{\mathrm{e}^{-\frac{s^2}{2}}}{\sqrt{2\pi}\sigma_1} \int_{-\infty}^{+\infty} \frac{1}{\sqrt{2\pi}\sqrt{1-\rho^2}} \mathrm{e}^{-\frac{(t-\rho s)^2}{2(1-\rho^2)}}\mathrm{d}t$$

$$= \frac{1}{\sqrt{2\pi}\sigma_1}\mathrm{e}^{-\frac{s^2}{2}} = \frac{1}{\sqrt{2\pi}\sigma_1}\mathrm{e}^{-\frac{(x-\mu_1)^2}{2\sigma_1^2}} \quad (-\infty < x < +\infty).$$

同理，可得

$$f_Y(y) = \frac{1}{\sqrt{2\pi}\sigma_2}\mathrm{e}^{-\frac{(y-\mu_2)^2}{2\sigma_2^2}} \quad (-\infty < y < +\infty).$$

由例 3.7 可知，$X \sim N(\mu_1,\sigma_1^2)$，$Y \sim N(\mu_2,\sigma_2^2)$，即**二维正态分布的边缘分布是一维正态分布**.

此例中，边缘概率密度函数 $f_X(x)$ 和 $f_Y(y)$ 中均不含联合概率密度函数 $f(x,y)$ 中的参数 ρ，这也说明边缘分布一般来说是不能确定联合分布的.

同理，若 $(X,Y) \sim N(0,0,1,1,\rho)$，则 (X,Y) 关于 X 和 Y 的边缘概率密度函数 $f_X(x)$ 和 $f_Y(y)$ 分别为

$$f_X(x) = \frac{1}{\sqrt{2\pi}}\mathrm{e}^{-\frac{x^2}{2}}, \quad f_Y(y) = \frac{1}{\sqrt{2\pi}}\mathrm{e}^{-\frac{y^2}{2}}.$$

3.2.2 条件分布

设一个班级的学生身高（单位：cm）是服从正态分布的，其中男生的身高服从正态分布 $N(170,9)$，女生的身高服从正态分布 $N(162,9)$. 用 X 表示该班级学生的身高，定义随机变量 Y 为

$$Y = \begin{cases} 0, & \text{若为男生}, \\ 1, & \text{若为女生}. \end{cases}$$

显然，随机变量 Y 的取值会对事件 $\{X \leqslant x\}$ 发生的概率产生影响. 例如，当 $Y = 0$ 时，$X \sim N(170,9)$，所以

$$P\{X \leqslant x \,|\, Y = 0\} = \int_{-\infty}^{x} \frac{1}{3\sqrt{2\pi}}\mathrm{e}^{-\frac{(\mu-170)^2}{2\times 9}}\mathrm{d}\mu,$$

此时称 $P\{X \leqslant x \,|\, Y = 0\}$ 为在 $Y = 0$ 的条件下 X 的**条件分布函数**.

1. 二维离散型随机变量的条件分布律

定义 3.10 设 (X,Y) 是二维离散型随机变量，其联合分布律为

$$p_{ij} = P\{X = x_i, Y = y_j\} \quad (i,j = 1,2,\cdots).$$

(X,Y) 关于 X 和 Y 的边缘分布律分别为

$$P\{X = x_i\} = p_{i.} = \sum_{j=1}^{\infty} p_{ij} \quad (i = 1, 2, \cdots) ;$$

$$P\{Y = y_i\} = p_{.j} = \sum_{i=1}^{\infty} p_{ij} \quad (j = 1, 2, \cdots) .$$

对固定的 j，若 $P\{Y = y_j\} > 0$，则称

$$P\{X = x_i \mid Y = y_j\} = \frac{P\{X = x_i, Y = y_j\}}{P\{Y = y_j\}} = \frac{p_{ij}}{p_{.j}} \quad (i = 1, 2, \cdots) \tag{3.17}$$

为在 $Y = y_j$ 的条件下 X 的**条件分布律**.

同样地，对固定的 i，若 $P\{X = x_i\} > 0$，则称

$$P\{Y = y_j \mid X = x_i\} = \frac{P\{X = x_i, Y = y_j\}}{P\{X = x_i\}} = \frac{p_{ij}}{p_{i.}} \quad (j = 1, 2, \cdots) \tag{3.18}$$

为在 $X = x_i$ 的条件下 Y 的**条件分布律**.

易知 $P\{X = x_i \mid Y = y_j\} = \dfrac{p_{ij}}{p_{.j}}$ $(i = 1, 2, \cdots)$ 满足分布律的两个性质，即

（1） $P\{X = x_i \mid Y = y_j\} \geqslant 0$;

（2） $\displaystyle\sum_{i=1}^{\infty} P\{X = x_i \mid Y = y_j\} = 1$.

同样地， $P\{Y = y_j \mid X = x_i\} = \dfrac{p_{ij}}{p_{i.}}$ $(j = 1, 2, \cdots)$ 也满足分布律的两个性质.

若 $P\{Y = y_j\} > 0$，在 $Y = y_j (j = 1, 2, \cdots)$ 的条件下， X 的条件分布函数为

$$P\{X \leqslant x \mid Y = Y_j\} = \frac{P\{X \leqslant x, Y = y_j\}}{P\{Y = y_j\}} = \frac{\displaystyle\sum_{x_i \leqslant x} p_{ij}}{p_{.j}} . \tag{3.19}$$

若 $P\{X = x_i\} > 0$，在 $X = x_i (i = 1, 2, \cdots)$ 的条件下， Y 的条件分布函数为

$$P\{Y \leqslant y \mid X = x_i\} = \frac{P\{X = x_i, Y \leqslant y\}}{P\{X = x_i\}} = \frac{\displaystyle\sum_{y_j \leqslant y} p_{ij}}{p_{i.}} . \tag{3.20}$$

例 3.8 设 (X, Y) 的联合分布律由如表 3-6 所示.

表 3-6

X	Y			$p_{i.}$
	0	1	2	
0	0.1	0.2	0	0.3
1	0.3	0.05	0.1	0.45
2	0.15	0	0.1	0.25
$p_{.j}$	0.55	0.25	0.2	1

求：（1）在 $X=1$ 的条件下 Y 的条件分布律；

（2）在 $Y=0$ 的条件下 X 的条件分布律.

解　（1）在 $X=1$ 的条件下，Y 的条件分布律如表 3-7 所示.

表 3-7

$Y=k$	0	1	2
$P\{Y=k\,|\,X=1\}$	$\dfrac{2}{3}$	$\dfrac{1}{9}$	$\dfrac{2}{9}$

（2）在 $Y=0$ 的条件下，X 的条件分布律如表 3-8 所示.

表 3-8

$X=k$	0	1	2
$P\{X=k\,|\,Y=0\}$	$\dfrac{2}{11}$	$\dfrac{6}{11}$	$\dfrac{3}{11}$

2. 二维连续型随机变量的条件概率密度函数

对于二维连续型随机变量 (X,Y) 来说，由于对任意给定的 x，有 $P\{X=x\}=0$，所以不能直接利用条件概率公式来引入条件分布函数 $P\{Y\leqslant y\,|\,X=x\}$. 这时我们可以考虑用 $P\{Y\leqslant y\,|\,X=x\}=\lim\limits_{\Delta x\to 0^+}P\{Y\leqslant y\,|\,x-\Delta x<X\leqslant x\}$ 来定义条件分布函数 $P\{Y\leqslant y\,|\,X=x\}$.

当 (X,Y) 的联合概率密度函数和边缘概率密度函数均为连续函数时，有

$$
\begin{aligned}
P\{Y\leqslant y\,|\,X=x\} &= \lim_{\Delta x\to 0^+}P\{Y\leqslant y\,|\,x-\Delta x<X\leqslant x\} \\
&= \lim_{\Delta x\to 0^+}\frac{P\{x-\Delta x<X\leqslant x,Y\leqslant y\}}{P\{x-\Delta x<X\leqslant x\}} \\
&= \lim_{\Delta x\to 0^+}\frac{\displaystyle\int_{x-\Delta x}^{x}\mathrm{d}u\int_{-\infty}^{y}f(u,v)\mathrm{d}v}{\displaystyle\int_{x-\Delta x}^{x}f_X(u)\mathrm{d}u}.
\end{aligned}
$$

当 $f_X(x)>0$ 时，利用积分中值定理，有

$$
P\{Y\leqslant y\,|\,X=x\}=\frac{\displaystyle\int_{-\infty}^{y}f(x,v)\mathrm{d}v}{f_X(x)}=\int_{-\infty}^{y}\frac{f(x,v)}{f_X(x)}\mathrm{d}v.
$$

类比一维随机变量的分布函数与密度函数之间的关系，我们给出以下定义.

定义 3.11　设二维连续型随机变量 (X,Y) 的概率密度函数为 $f(x,y)$，(X,Y) 关于 X

和 Y 的边缘概率密度函数分别为 $f_X(x)$，$f_Y(y)$，若对固定的 x，$f_X(x)>0$，则称 $\dfrac{f(x,y)}{f_X(x)}$ 为

在给定 $X = x$ 的条件下 Y 的**条件概率密度函数**（或**条件概率密度**），记为 $f_{Y|X}(y|x)$，即

$$f_{Y|X}(y|x) = \frac{f(x, y)}{f_X(x)}. \tag{3.21}$$

在给定 $X = x$ 的条件下，Y 的条件分布函数为

$$P\{Y \leqslant y | X = x\} \overset{\Delta}{=} F_{Y|X}(y|x) = \int_{-\infty}^{y} f_{Y|X}(v|x)\mathrm{d}v. \tag{3.22}$$

类似地，若对固定的 y，$f_Y(y) > 0$，则定义在给定 $Y = y$ 的条件下，X 的**条件概率密度函数**（或**条件概率密度**）为

$$f_{X|Y}(x|y) = \frac{f(x, y)}{f_Y(y)}. \tag{3.23}$$

在给定 $Y = y$ 的条件下，X 的条件分布函数为

$$P\{X \leqslant x | Y = y\} \overset{\Delta}{=} F_{X|Y}(x|y) = \int_{-\infty}^{x} f_{X|Y}(u|y)\mathrm{d}u. \tag{3.24}$$

容易验证，条件概率密度函数 $f_{Y|X}(y|x)$ 满足以下性质：

（1）$f_{Y|X}(y|x) \geqslant 0$；

（2）$\int_{-\infty}^{+\infty} f_{Y|X}(y|x)\mathrm{d}y = 1$；

（3）在 $f_{Y|X}(y|x)$ 的连续点 y 处，有 $F'_{Y|X}(y|x) = f_{Y|X}(y|x)$；

（4）对任意的 $a < b$，有

$$P\{a < Y \leqslant b | X = x\} = F_{Y|X}(b|x) - F_{Y|X}(a|x) = \int_a^b f_{Y|X}(y|x)\mathrm{d}y.$$

同样地，条件概率密度函数 $f_{X|Y}(x|y)$ 也有以上类似的性质．

例 3.9 设二维随机变量 (X, Y) 在区域 $D = \{(X, Y) | x^2 + y^2 \leqslant 1\}$ 上服从均匀分布，

求：（1）$f_{Y|X}(y|x)$； （2）$f_{X|Y}(x|y)$； （3）$P\left\{Y \leqslant \dfrac{1}{2} \middle| X = \dfrac{1}{2}\right\}$．

解 （1）(X, Y) 的概率密度函数为

$$f(x, y) = \begin{cases} \dfrac{1}{\pi}, & x^2 + y^2 \leqslant 1, \\ 0, & \text{其他}. \end{cases}$$

于是其边缘概率密度函数为

$$f_X(x) = \int_{-\infty}^{+\infty} f(x, y)\mathrm{d}y = \begin{cases} \displaystyle\int_{-\sqrt{1-x^2}}^{\sqrt{1-x^2}} \dfrac{1}{\pi}\mathrm{d}y, & -1 \leqslant x \leqslant 1, \\ 0, & \text{其他}; \end{cases}$$

$$= \begin{cases} \dfrac{2}{\pi}\sqrt{1-x^2}, & -1 \leqslant x \leqslant 1, \\ 0, & \text{其他}; \end{cases}$$

$$f_Y(x) = \int_{-\infty}^{+\infty} f(x,y)\mathrm{d}x = \begin{cases} \dfrac{2}{\pi}\sqrt{1-y^2}, & -1 \leqslant y \leqslant 1, \\ 0, & \text{其他.} \end{cases}$$

当 $-1 < x < 1$ 时，$f_X(x) > 0$，此时

$$f_{Y|X}(y\,|\,x) = \frac{f(x,y)}{f_X(x)} = \begin{cases} \dfrac{1}{2\sqrt{1-x^2}}, & -\sqrt{1-x^2} \leqslant y \leqslant \sqrt{1-x^2}, \\ 0, & \text{其他.} \end{cases}$$

（2）当 $-1 < y < 1$ 时，$f_Y(y) > 0$，此时

$$f_{X|Y}(x\,|\,y) = \frac{f(x,y)}{f_Y(y)} = \begin{cases} \dfrac{1}{2\sqrt{1-y^2}}, & -\sqrt{1-y^2} \leqslant x \leqslant \sqrt{1-y^2}, \\ 0, & \text{其他.} \end{cases}$$

（3）由（1）知

$$f_{Y|X}\left(y\,\middle|\,\frac{1}{2}\right) = \begin{cases} \dfrac{1}{2\sqrt{1-\left(\dfrac{1}{2}\right)^2}}, & -\sqrt{1-\left(\dfrac{1}{2}\right)^2} \leqslant y \leqslant \sqrt{1-\left(\dfrac{1}{2}\right)^2}, \\ 0, & \text{其他}; \end{cases}$$

$$= \begin{cases} \dfrac{\sqrt{3}}{3}, & -\dfrac{\sqrt{3}}{2} \leqslant y \leqslant \dfrac{\sqrt{3}}{2}, \\ 0, & \text{其他.} \end{cases}$$

于是所求的概率为

$$P\left\{Y \leqslant \frac{1}{2}\,\middle|\,X = \frac{1}{2}\right\} = \int_{-\infty}^{\frac{1}{2}} f_{Y|X}\left(y\,\middle|\,\frac{1}{2}\right)\mathrm{d}y = \int_{-\frac{\sqrt{3}}{2}}^{\frac{1}{2}} \frac{\sqrt{3}}{3}\,\mathrm{d}y = \frac{3+\sqrt{3}}{6}.$$

例3.10 设随机变量 $X \sim U(0,1)$，当给定 $X = x(0 < x < 1)$ 时，随机变量 Y 的条件概率密度函数为

$$f_{Y|X}(y\,|\,x) = \begin{cases} x, & 0 < y < \dfrac{1}{x}, \\ 0, & \text{其他.} \end{cases}$$

求：（1）(X,Y) 的联合概率密度函数 $f(x,y)$；

（2）边缘概率密度函数 $f_Y(y)$.

解 （1）因为 $X \sim U(0,1)$，所以 X 的概率密度函数为

$$f_X(x) = \begin{cases} 1, & 0 < x < 1, \\ 0, & \text{其他.} \end{cases}$$

于是，(X,Y) 的联合概率密度函数为

$$f(x,y)=f_{Y|X}(y\,|\,x)\cdot f_X(x)=\begin{cases} x, & 0<y<\dfrac{1}{x},0<x<1, \\ 0, & \text{其他.} \end{cases}$$

（2）(X,Y) 关于 Y 的边缘概率密度函数为

$$f_Y(y)=\int_{-\infty}^{+\infty} f(x,y)\mathrm{d}x,$$

$$=\begin{cases} 0, & y\leqslant 0, \\ \displaystyle\int_0^1 x\mathrm{d}x, & 0<y<1, \\ \displaystyle\int_0^{1/y} x\mathrm{d}x, & y\geqslant 1; \end{cases}$$

$$=\begin{cases} 0, & y\leqslant 0, \\ \dfrac{1}{2}, & 0<y<1, \\ \dfrac{1}{2y^2}, & y\geqslant 1. \end{cases}$$

3.3　随机变量的独立性

▌ **内容概要** ▐

（1）设 n 维随机变量 $(X_1,X_2,\cdots,X_n)$ 的联合分布函数为 $F(x_1,x_2,\cdots,x_n)$，且 $F_{X_i}(x_i)$ 为 X_i 的边缘分布函数. 如果对任意 n 个实数 $x_1,x_2,\cdots,x_n$，有

$$F(x_1,x_2,\cdots,x_n)=\prod_{i=1}^{n} F_{X_i},$$

则称 $X_1,X_2,\cdots,X_n$ 相互独立；否则称 $X_1,X_2,\cdots,X_n$ 不相互独立.

（2）设 n 维离散型随机变量 $(X_1,X_2,\cdots,X_n)$ 的联合分布律为

$$P\{X_1=x_1,X_2=x_2,\cdots,X_n=x_n\},$$

且 $P\{X_i=x_i\}$ 为 X_i 的边缘分布律 $(i=1,2,\cdots,n)$. 如果对任意 n 个取值 $x_1,x_2,\cdots,x_n$，有

$$P\{X_1=x_1,X_2=x_2,\cdots,X_n=x_n\}=\prod_{i=1}^{n} P\{X_i=x_i\},$$

则称 $X_1,X_2,\cdots,X_n$ 相互独立；否则称 $X_1,X_2,\cdots,X_n$ 不相互独立.

（3）设 n 维连续型随机变量 $(X_1,X_2,\cdots,X_n)$ 的联合概率密度函数为 $f(x_1,x_2,\cdots,x_n)$，且 $f_{X_i}(x_i)$ 为 X_i 的边际概率密度函数. 如果对于任意 n 个实数 $x_1,x_2,\cdots,x_n$，有

$$f(x_1, x_2, \cdots, x_n) = \prod_{i=1}^{n} f_{X_i}(x_i),$$

则称 $X_1, X_2, \cdots, X_n$ 相互独立；否则称 $X_1, X_2, \cdots, X_n$ 不相互独立.

3.3.1 两个随机变量相互独立的定义

在第 1 章里我们介绍了随机事件独立性的概念，因为随机变量是用来描述随机事件的，所以我们猜想随机变量也应有类似的概念. 注意到事件 A 和 B 相互独立等价于 $P(AB) = P(A)P(B)$. 受此启发，我们给出两个随机变量相互独立的概念，这是一个十分重要的概念，它在概率论中有非常重要的地位.

定义 3.12 设 $F(x, y)$ 为 (X, Y) 的分布函数，X, Y 的边缘分布函数分别为 $F_X(x)$，$F_Y(y)$，若对任意的实数 x, y，有

$$P\{\{X \leqslant x\} \cap \{Y = y\}\} = P\{X \leqslant x\}P\{Y \leqslant y\}, \tag{3.25}$$

即

$$F(x, y) = F_X(x)F_Y(y), \tag{3.26}$$

则称随机变量 X 与 Y 是**相互独立的**.

在前一节的讨论中，我们知道联合分布律可以确定边缘分布律，但边缘分布律一般来说是不能确定联合分布律的. 由独立性的定义我们可以看出，当随机变量 X 与 Y 相互独立时，由边缘分布律也可以确定联合分布律.

例 3.11 证明：若随机变量 X 只取一个值 c，即 $P\{X = c\} = 1$，则 X 与任意的随机变量 Y 独立（即退化的随机变量与任意随机变量独立）.

证 X 的分布函数为

$$F_X(x) = \begin{cases} 0, & x < c, \\ 1, & x \geqslant c. \end{cases}$$

设 Y 的分布函数为 $F_Y(y)$，(X, Y) 的联合分布函数为 $F(x, y)$. 当 $x < c$ 时，

$$F(x, y) = P\{X \leqslant x, Y \leqslant y\} = 0 = F_X(x)F_Y(y);$$

当 $x \geqslant c$ 时，

$$F(x, y) = P\{X \leqslant x, Y \leqslant y\} = P\{Y \leqslant y\} = F_X(x)F_Y(y).$$

所以对任意实数 x, y，都有

$$F(x, y) = F_X(x)F_Y(y),$$

故 X 与 Y 相互独立.

例 3.12 设 $X \sim N(0, 1)$，$Y = |X|$，证明 X 与 Y 不相互独立.

证 因为

$$P\{X \leqslant 1, \ Y \leqslant 1\} = P\{X \leqslant 1, |X| \leqslant 1\}$$
$$= P\{X \leqslant 1, -1 \leqslant X \leqslant 1\} = P\{|X| \leqslant 1\},$$

又因为 $0 < P\{X \leqslant 1\} < 1$，所以

$$P\{X \leqslant 1, \ Y \leqslant 1\} \neq P\{X \leqslant 1\}P\{Y \leqslant 1\},$$

即随机变量 X 与 Y 不相互独立.

3.3.2 独立性的判别定理

对于离散型随机变量 (X, Y) 来说，其联合分布函数与联合分布律可以相互唯一确定，于是我们有以下结论.

定理 3.1 若 (X, Y) 是离散型随机变量，则 X 与 Y 相互独立的充要条件是，对于 (X, Y) 所有可能的取值 (x_i, y_j)，有

$$P\{X = x_i, \ Y = y_j\} = P\{X = x_i\}P\{Y = y_j\}, \tag{3.27}$$

或

$$p_{ij} = p_i.p._j \quad (i, j = 1, 2, \cdots). \tag{3.28}$$

在实际中，由于离散型随机变量 (X, Y) 的联合分布函数不容易得到，因此，使用式（3.27）或式（3.28）来判别 X 与 Y 的独立性要比使用式（3.26）方便些.

例 3.13 例 3.5 中的随机变量 X 与 Y 是否相互独立？

解 当摸球是有放回时，(X, Y) 联合分布律及边缘分布律如表 3-4 所示.

从表 3-4 中可以得到

$$P\{X = i, \ Y = j\} = P\{X = i\}P\{Y = j\} \quad (i, j = 0, 1),$$

此时，随机变量 X 与 Y 是相互独立的.

当摸球是不放回时，(X, Y) 的联合分布律及边缘分布律如表 3-5 所示.

由于 $P\{X = 0, \ Y = 0\} = \dfrac{3}{5} \times \dfrac{2}{4} = \dfrac{3}{10} \neq P\{X = 0\}P\{Y = 0\} = \dfrac{9}{25}$，所以随机变量 X 与 Y 不是相互独立的.

对于连续型随机变量，我们不加证明地给出下面独立性的判别定理.

定理 3.2 若 (X, Y) 是连续型随机变量，则 X 与 Y 相互独立的充要条件是等式

$$f(x, y) = f_X(x)f_Y(y) \tag{3.29}$$

在平面上几乎处处成立.

定理 3.2 中，"**几乎处处**"的含义：在平面上除去"面积"为零的集合以外处处成立.
特别地，若 X 与 Y 相互独立，则在 $f(x,y)$，$f_X(x)$ 及 $f_Y(y)$ 的连续点 (x,y) 处，有

$$f(x,y) = f_X(x)f_Y(y).$$

例 3.14　设 (X,Y) 的概率密度函数为

$$f(x,y) = \begin{cases} 6e^{-(2x+3y)}, & x>0, y>0, \\ 0, & \text{其他}. \end{cases}$$

问：随机变量 X 与 Y 是否相互独立？

　解　(X,Y) 关于 X 和 Y 的边缘概率密度函数分别为

$$f_X(x) = \int_{-\infty}^{+\infty} f(x,y)\mathrm{d}y = \begin{cases} 2e^{-2x}, & x>0, \\ 0, & \text{其他}. \end{cases}$$

$$f_Y(y) = \int_{-\infty}^{+\infty} f(x,y)\mathrm{d}x = \begin{cases} 3e^{-3y}, & y>0, \\ 0, & \text{其他}. \end{cases}$$

显然，对任意的 x,y，有

$$f(x,y) = f_X(x)f_Y(y),$$

因此，X 与 Y 是相互独立的.

例 3.15　设二维随机变量 (X,Y) 在区域 $D = \{(X,Y) \mid x^2 + y^2 \leqslant 1\}$ 上服从均匀分布，

问：随机变量 X 与 Y 是否相互独立？

　解　(X,Y) 的概率密度函数为

$$f(x,y) = \begin{cases} \dfrac{1}{\pi}, & x^2 + y^2 \leqslant 1, \\ 0, & \text{其他}. \end{cases}$$

于是其边缘概率密度函数为

$$f_X(x) = \begin{cases} \dfrac{2}{\pi}\sqrt{1-x^2}, & -1 \leqslant x \leqslant 1, \\ 0, & \text{其他}. \end{cases}$$

$$f_Y(x) = \begin{cases} \dfrac{2}{\pi}\sqrt{1-y^2}, & -1 \leqslant y \leqslant 1, \\ 0, & \text{其他}. \end{cases}$$

显然，

$$f(x,y) \neq f_X(x)f_Y(y),$$

因此，随机变量 X 与 Y 不相互独立.

例 3.16 若 $(X, Y) \sim N(\mu_1, \mu_2, \sigma_1^2, \sigma_2^2, \rho)$，证明：随机变量 X 与 Y 相互独立的充要条件是 $\rho = 0$.

证 （**必要性**）若随机变量 X 与 Y 相互独立，由于 $f(x, y)$，$f_X(x)$，$f_Y(y)$ 均为连续函数，所以对于任意的 x, y，有

$$f(x, y) = f_X(x) f_Y(y).$$

特别地，应有

$$f(\mu_1, \mu_2) = f_X(\mu_1) f_Y(\mu_2),$$

即

$$\frac{1}{2\pi\sigma_1\sigma_2\sqrt{1-\rho^2}} = \frac{1}{2\pi\sigma_1\sigma_2}.$$

由此得到 $\rho = 0$.

（**充分性**）如果 $\rho = 0$，则对于任意的 x, y，有

$$f(x, y) = \frac{1}{2\pi\sigma_1\sigma_2} e^{-\frac{1}{2}\left[\frac{(x-\mu_1)^2}{\sigma_1^2} + \frac{(y-\mu_2)^2}{\sigma_2^2}\right]} = f_X(x) f_X(y),$$

所以随机变量 X 与 Y 相互独立.

下面我们不加证明地给出一个结论，它在判别随机变量独立性时很有用.

定理 3.3 如果随机变量 X 与 Y 相互独立，$g(x)$，$h(y)$ 是两个任意函数，则随机变量 $g(X)$ 与 $h(Y)$ 相互独立.

例如，若随机变量 X 与 Y 相互独立，则 X^2 与 Y^2 也相互独立. 若 X^2 与 Y^2 不相互独立，则 X 与 Y 一定不相互独立. 但要注意，若 X^2 与 Y^2 相互独立，则 X 与 Y 并不一定相互独立.

3.3.3 n 个随机变量的相互独立性

定义 3.13 设 $(X_1, X_2, \cdots, X_n)$ 为 n 维随机变量，$x_1, x_2, \cdots, x_n$ 为任意实数，则 n 元函数

$$F(x_1, x_2, \cdots, x_n) = P\{X_1 \leqslant x_1, X_2 \leqslant x_2, \cdots, X_n \leqslant x_n\} \tag{3.30}$$

称为 n 维随机变量 $(X_1, X_2, \cdots, X_n)$ 的**联合分布函数**，简称为**分布函数**.

定义 3.14 设 $(X_1, X_2, \cdots, X_n)$ 为 n 维随机变量，其联合分布函数为 $F(x_1, x_2, \cdots, x_n)$，边缘分布函数为 $F_{X_i}(x_i)$ $(i = 1, 2, \cdots, n)$，如果对任意的实数 $x_1, x_2, \cdots, x_n$，恒有

$$F(x_1, x_2, , x_n) = F_{X_1}(x_1) F_{X_2}(x_2) \cdots F_{X_n}(x_n), \tag{3.31}$$

则称随机变量 $X_1, X_2, \cdots, X_n$ 是相互独立的，其中 $F_{X_i}(x_i) = F(+\infty, \cdots, +\infty, x_i, +\infty, \cdots, +\infty)$，$i = 1, 2, \cdots, n$.

由定义 3.14 可知，若随机变量 $X_1, X_2, \cdots, X_n$ 是相互独立的，则 $X_1, X_2, \cdots, X_n$ 一定是

两两独立的. 但是, 如果 $X_1, X_2, \cdots, X_n$ 两两独立, 则 $X_1, X_2, \cdots, X_n$ 不一定是相互独立的.

定义 3.15 设随机变量 $(X_1, X_2, \cdots, X_n)$ 的分布函数为 $F(x_1, x_2, \cdots, x_n)$, 随机变量 $(Y_1, Y_2, \cdots, Y_n)$ 的分布函数为 $F_2(y_1, y_2, \cdots, y_n)$, 随机变量 $(X_1, X_2, \cdots, X_n, Y_1, Y_2, \cdots, Y_n)$ 的分布函数为 $F(x_1, x_2, \cdots, x_n, y_1, y_2, \cdots, y_n)$, 若对所有的 $x_1, x_2, \cdots, x_n, y_1, y_2, \cdots, y_n$, 有

$$F(x_1, x_2, \cdots, x_n, y_1, y_2, \cdots, y_n) = F_1(x_1, x_2, \cdots, x_n) F_2(y_1, y_2, \cdots, y_n),$$

则称随机变量 $(X_1, X_2, \cdots, X_n)$ 和 $(Y_1, Y_2, \cdots, Y_n)$ 是相互独立的.

定理 3.4 设 $(X_1, X_2, \cdots, X_n)$ 和 $(Y_1, Y_2, \cdots, Y_n)$ 相互独立, h, g 是两个连续函数, 则有:
(1) $X_i(i = 1, 2, \cdots, n)$ 和 $Y_j(j = 1, 2, \cdots, n)$ 相互独立;
(2) $h(X_1, X_2, \cdots, X_n)$ 和 $g(Y_1, Y_2, \cdots, Y_n)$ 相互独立.

定理 3.4 的证明略.

3.4 二维随机变量函数的分布

▌ 内容概要 ▐

1. 最大值、最小值分布

设 $(X_1, X_2, \cdots, X_n)$ 是相互独立、同分布的 n 维连续型随机变量, 其共同的概率密度函数和分布函数分别为 $f(x)$ 和 $F(x)$, 记

$$Y = \min\{X_1, X_2, \cdots, X_n\}, \quad Z = \max\{X_1, X_2, \cdots, X_n\}.$$

则

$$F_Y(y) = 1 - [1 - F(y)]^n, \quad f_Y(y) = n[1 - F(y)]^{n-1} f(y);$$

$$F_Z(z) = [F(z)]^n, \quad f_Z(z) = n[F(z)]^{n-1} f(z).$$

2. 分布的可加性

一些常用的分布具有可加性.

(1) **二项分布** 若 $X \sim b(n, p)$, $Y \sim b(m, p)$, 且 X 与 Y 相互独立, 则 $Z = X + Y \sim b(n + m, p)$.

(2) **泊松分布** 若 $X \sim P(\lambda_1)$, $Y \sim P(\lambda_2)$, 且 X 与 Y 相互独立, 则 $Z = X + Y \sim P(\lambda_1 + \lambda_2)$.

(3) **正态分布** 若 $X \sim N(\mu_1, \sigma_1^2)$, $Y \sim N(\mu_2, \sigma_2^2)$, 且 X 与 Y 相互独立, 则 $Z = X + Y \sim N(\mu_1 + \mu_2, \sigma_1^2 + \sigma_2^2)$.

若 (X, Y) 是二维随机变量, $g(x, y)$ 是一个二元函数, 则 $Z = g(X, Y)$ 是一维随机变量. 在函数 $g(x, y)$ 表达式已知的条件下, 本节将介绍如何利用二维随机变量 (X, Y) 的分

布求得 $Z = g(X, Y)$ 的分布.

3.4.1　二维离散型随机变量函数的分布

设 (X, Y) 是二维离散型随机变量，其联合分布律为

$$P\{X = x_i, Y = y_j\} = p_{ij}, \ i, j = 1, 2, \cdots.$$

记 $z_k(k = 1, 2, \cdots)$ 为 $Z = g(X, Y)$ 的所有可能取值，则 Z 的概率分布律为

$$P\{Z = z_k\} = P\{g(X, Y) = z_k\} = \sum_{g(x_i, y_j) = z_k} P\{X = x_i, Y = y_j\}, \ k = 1, 2, \cdots.$$

例 3.17　设随机变量 X 与 Y 相互独立，且

$$P\{X = -1\} = P\{Y = -1\} = \frac{1}{2}, \ P\{X = 1\} = P\{Y = 1\} = \frac{1}{2}.$$

（1）求 $U = X + Y$ 的概率分布律；

（2）求 $V = XY$ 的概率分布律；

（3）求 $Z = \max\{X, Y\}$ 的概率分布律.

解　（1）U 的所有可能取值为 -2，0，2，其概率分布律为

$$P\{U = -2\} = P\{X = -1, \ Y = -1\} = P\{X = -1\}P\{Y = -1\} = \frac{1}{4},$$

$$P\{U = 0\} = P\{X = -1, \ Y = 1\} + P\{X = 1, Y = -1\} = \frac{1}{2},$$

$$P\{U = 2\} = P\{X = 1, \ Y = 1\} = \frac{1}{4}.$$

（2）V 的所有可能取值为 -1，1，其概率分布律为

$$P\{V = -1\} = P\{X = -1, \ Y = 1\} + P\{X = 1, \ Y = -1\} = \frac{1}{2},$$

$$P\{V = 1\} = P\{X = -1, \ Y = -1\} + P\{X = 1, \ Y = 1\} = \frac{1}{2}.$$

（3）$Z = \max\{X, Y\}$ 的所有可能取值为 -1，1，其概率分布律为

$$P\{Z = -1\} = P\{\max\{X, Y\} = -1\} = P\{X = -1, \ Y = -1\} = \frac{1}{4},$$

$$P\{Z = 1\} = 1 - P\{Z = -1\} = \frac{3}{4}.$$

例 3.18　设 $X \sim P(\lambda_1)$，$Y \sim P(\lambda_2)$，且 X 与 y 相互独立，证明 $Z = X + Y \sim$

$P(\lambda_1 + \lambda_2)$.

证　Z 的可能取值为 $0, 1, 2, \cdots$，对任意的自然数 k，有

$$P\{Z = k\} = P\{X + Y = k\} = \sum_{i=1}^{k} P\{X = i, \ Y = k - i\}$$

$$= \sum_{i=0}^{k} P\{X = i\} P\{Y = k - i\} = \sum_{i=0}^{k} \frac{\lambda_1^i}{i!} e^{-\lambda_1} \frac{\lambda_2^{k-i}}{(k-i)!} e^{-\lambda_2}$$

$$= \frac{e^{-(\lambda_1 + \lambda_2)}}{k!} \sum_{i=0}^{k} \frac{k!}{i!(k-i)!} \lambda_1^i \lambda_2^{k-i} = \frac{(\lambda_1 + \lambda_2)^k}{k!} e^{-(\lambda_1 + \lambda_2)} \quad (k = 0, 1, 2, \cdots).$$

所以 $Z = X + Y \sim P(\lambda_1 + \lambda_2)$.

3.4.2 二维连续型随机变量函数的分布

设 (X, Y) 是二维连续型随机变量，其概率密度函数为 $f(x, y)$，一般地，可用分布函数法求得 $Z = g(X, Y)$ 概率密度函数.

分布函数法的具体步骤如下:

（1）求出分布函数 $F_Z(z)$:

$$F_Z(z) = P\{Z \leqslant z\} = P\{g(X, Y) \leqslant z\} = P\{(X, Y) \in D_z\} = \iint\limits_{D_z} f(x, y) \mathrm{d}x \mathrm{d}y ,$$

其中 $D_z = \{(x, y) \mid g(x, y) \leqslant z\}$.

（2）求概率密度函数: 在概率密度函数 $f_Z(z)$ 的连续点处，有

$$f_Z(z) = F_Z'(z) .$$

下面讨论几种常见的二维连续型随机变量函数的分布.

1. $Z = X + Y$ 的分布

定理 3.5 设二维连续型随机变量 (X, Y) 的概率密度函数为 $f(x, y)$，则 $Z = X + Y$ 的概率密度函数为

$$f_Z(z) = \int_{-\infty}^{+\infty} f(z - y, y) \mathrm{d}y \tag{3.32}$$

或

$$f_Z(z) = \int_{-\infty}^{+\infty} f(x, z - x) \mathrm{d}x \tag{3.33}$$

特别地，若 X 和 Y 相互独立，(X, Y) 关于 X, Y 的边缘概率密度函数分别为 $f_X(x)$，$f_Y(x)$，则式（3.32）与式（3.33）可分别化为

$$f_Z(z) = \int_{-\infty}^{+\infty} f_X(z - y) f_Y(y) \mathrm{d}y \tag{3.34}$$

和

$$f_Z(z) = \int_{-\infty}^{+\infty} f_X(x) f_Y(z - x) \mathrm{d}x \tag{3.35}$$

式（3.34）通常称为函数 $f_X(x)$ 和 $f_Y(y)$ 的**卷积**，记为 $f_X * f_Y(z)$，即

$$f_X * f_Y(z) = \int_{-\infty}^{+\infty} f_X(z - y) f_Y(y) \mathrm{d}y .$$

式（3.35）可以看出 $f_X * f_Y(z) = f_Y * f_X(z)$. 我们把式（3.34）和式（3.35）称为**卷积公式**.

证 $Z = X + Y$ 的分布函数为

$$F_Z(z) = P\{Z \leqslant z\} = \iint\limits_{x+y \leqslant z} f(x, y) \mathrm{d}x \mathrm{d}y .$$

其中积分区域 $x + y \leqslant z$ 是一半平面，如图 3-3 所示，将此积分变为累次积分，得

$$F_Z(z) = \int_{-\infty}^{+\infty} \left[\int_{-\infty}^{z-y} f(x, y) \mathrm{d}x \right] \mathrm{d}y .$$

对于积分 $\int_{-\infty}^{z-y} f(x, y) \mathrm{d}x$ ，做变量替换 $x = u - y$ ，有

$$\int_{-\infty}^{z-y} f(x, y) \mathrm{d}x = \int_{-\infty}^{z} f(u - y, y) \mathrm{d}u ,$$

因此，

$$F_Z(z) = \int_{-\infty}^{+\infty} \left[\int_{-\infty}^{z-y} f(x, y) \mathrm{d}x \right] \mathrm{d}y = \int_{-\infty}^{+\infty} \left[\int_{-\infty}^{z} f(u - y, y) \mathrm{d}u \right] \mathrm{d}y = \int_{-\infty}^{z} \left[\int_{-\infty}^{+\infty} f(u - y, y) \mathrm{d}y \right] \mathrm{d}u .$$

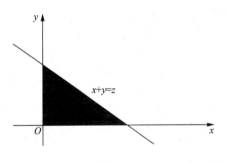

图 3-3

所以 Z 的概率密度函数为

$$f_Z(z) = F_Z'(z) = \int_{-\infty}^{+\infty} f(z - y, y) \mathrm{d}y .$$

类似可证式（3.35）.

例 3.19 设随机变量 (X, Y) 的概率密度函数为

$$f(x, y) = \begin{cases} 3(x + y), & 0 \leqslant x \leqslant 1, 0 \leqslant y \leqslant 1 - x, \\ 0, & \text{其他}. \end{cases}$$

求 $Z = X + Y$ 的概率密度函数.

解 由式（3.33），得 Z 的概率密度函数为

$$f_Z(z) = \int_{-\infty}^{+\infty} f(x, z - x) \mathrm{d}x .$$

易知，当 $\begin{cases} 0 \leqslant x \leqslant 1, \\ 0 \leqslant z - x \leqslant 1 - x, \end{cases}$ 即 $\begin{cases} 0 \leqslant x \leqslant 1, \\ x \leqslant z \leqslant 1 \end{cases}$ 时，上述积分的被积函数 $f(x, z - x)$ 不

等于零，参考图 3-4 可确定 x 在 z 的不同区间上的积分限.

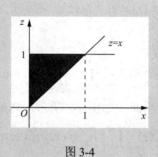

图 3-4

当 $z < 0$ 或 $z > 1$ 时,

$$f_Z(z) = \int_{-\infty}^{+\infty} f(x, z - x) \mathrm{d}x = \int_{-\infty}^{+\infty} 0 \mathrm{d}x = 0 ;$$

当 $0 \leqslant z \leqslant 1$ 时,

$$f_Z(z) = \int_{-\infty}^{+\infty} f(x, z - x) \mathrm{d}x = \int_0^z 3(x + z - x) \mathrm{d}x = 3z^2 .$$

所以 $Z = X + Y$ 的概率密度函数为

$$f_Z(z) = \begin{cases} 3z^2, & 0 \leqslant z \leqslant 1, \\ 0, & \text{其他}. \end{cases}$$

例 3.20 设 X, Y 相互独立且都服从 $N(0, 1)$,证明 $Z = X + Y \sim N(0, 2)$.

证 由卷积公式(3.35),有

$$f_Z(z) = \int_{-\infty}^{+\infty} f_X(x) f_Y(z - x) \mathrm{d}x = \frac{1}{2\pi} \int_{-\infty}^{+\infty} \mathrm{e}^{-\frac{x^2}{2}} \mathrm{e}^{-\frac{(z-x)^2}{2}} \mathrm{d}x$$

$$= \frac{1}{2\pi} \mathrm{e}^{-\frac{z^2}{4}} \int_{-\infty}^{+\infty} \mathrm{e}^{-\left(x - \frac{z}{2}\right)^2} \mathrm{d}x$$

$$= \frac{1}{2\pi} \mathrm{e}^{-\frac{z^2}{4}} \int_{-\infty}^{+\infty} \mathrm{e}^{-t^2} \mathrm{d}t \left(\diamondsuit\, t = x - \frac{z}{2}\right)$$

$$= \frac{1}{2\pi} \mathrm{e}^{-\frac{z^2}{4}} \sqrt{\pi} = \frac{1}{\sqrt{2\pi}\sqrt{2}} \mathrm{e}^{-\frac{z^2}{2(\sqrt{2})^2}} .$$

所以 $Z \sim N(0, 2)$.

利用卷积公式我们可以进一步证明:若 X, Y 相互独立, $X \sim N(\mu_1, \sigma_1^2)$, $Y \sim N(\mu_2, \sigma_2^2)$,则 $X + Y \sim N(\mu_1 + \mu_2, \sigma_1^2 + \sigma_2^2)$. 一般地,有如下重要结论.

定理 3.6 设 n 个随机变量 $X_1, X_2, \cdots, X_n$ 相互独立, $X_i \sim N(\mu_i, \sigma_i^2)$ $(i = 1, 2, \cdots, n)$, $k_1, k_2, \cdots, k_n$ 为不全为零的任意实数,则 $k_1 X_1 + k_2 X_2 + \cdots + k_n X_n$ 仍服从正态分布,且

$$k_1X_1 + k_2X_2 + \cdots + k_nX_n \sim N\left(\sum_{i=1}^{n} k_i\mu_i , \ \sum_{i=1}^{n} k_i^2\sigma_i^2\right).$$

若 $X \sim N(\mu_1, \sigma_1^2)$，$Y \sim N(\mu_2, \sigma_2^2)$，当 X, Y 不相互独立时，则 $X + Y$ 不一定服从正态分布，但是我们有以下结论.

定理 3.7　若二维随机变量 $(X, Y) \sim N(\mu_1, \mu_2, \sigma_1^2, \sigma_2^2, \rho)$，则

（1）$aX + bY \sim N(a\mu_1 + b\mu_2, a^2\sigma_1^2 + b^2\sigma_2^2 + 2ab\rho\sigma_1\sigma_2)$，其中 a, b 为不全为零常数；

（2）令 $U = aX + bY$（a, b 不全为零），$V = cX + dY$（c, d 不全为零），则 (U, V) 服从二维正态分布.

定理 3.7 的证明超出了本书的范围，我们略去其证明过程.

2. $Z = \dfrac{Y}{X}$ 与 $Z = XY$ 的分布

定理 3.8　设二维连续型随机变量 (X, Y) 的概率密度函数为 $f(x, y)$，则 $Z = \dfrac{Y}{X}$，$Z = XY$ 的概率密度函数为

$$f_{Y/X}(z) = \int_{-\infty}^{+\infty} |x| f(x, xz)\mathrm{d}x , \tag{3.36}$$

$$f_{XY}(z) = \int_{-\infty}^{+\infty} \frac{1}{|x|} f\left(x, \frac{z}{x}\right)\mathrm{d}x . \tag{3.37}$$

特别地，若 X 和 Y 相互独立，(X, Y) 关于 X，Y 的边缘概率密度函数分别为 $f_X(x)$，$f_Y(y)$，则式（3.36）和式（3.37）可分别化为

$$f_{Y/X}(z) = \int_{-\infty}^{+\infty} |x| f_X(x) f_Y(xz)\mathrm{d}x , \tag{3.38}$$

$$f_{XY}(z) = \int_{-\infty}^{+\infty} \frac{1}{|x|} f_X(x) f_Y\left(\frac{z}{x}\right)\mathrm{d}x . \tag{3.39}$$

利用分布函数法可以证明式（3.36）和式（3.37），其证明过程留给读者作为练习.

3. $M = \max\{X, Y\}$ 与 $N = \min\{X, Y\}$ 的分布

定理 3.9　设 X 和 Y 是两个相互独立的随机变量，它们的分布函数分别为 $F_X(x)$ 和 $F_Y(y)$，则 $M = \max\{X, Y\}$ 的分布函数为

$$F_M(z) = F_X(z)F_Y(z) , \tag{3.40}$$

$N = \min\{X, Y\}$ 的分布函数为

$$F_N(z) = 1 - [1 - F_X(z)][1 - F_Y(z)] . \tag{3.41}$$

证　$F_M(z) = P\{M \leqslant z\} = P\{\max\{X, Y\} \leqslant z\} = P\{X \leqslant z, \ Y \leqslant z\}$

$\qquad\qquad = P\{X \leqslant z\}P\{Y \leqslant z\} = F_X(z)F_Y(z)$，

$$F_N(z) = P\{N \leqslant z\} = P\{\min\{X,Y\} \leqslant z\} = 1 - P\{\min\{X,Y\} > z\}$$
$$= 1 - P\{X > z,\ Y > z\} = 1 - P\{X > z\}P\{Y > z\}$$
$$= 1 - [1 - P\{X \leqslant z\}][1 - P\{Y \leqslant z\}]$$
$$= 1 - [1 - F_X(z)][1 - F_Y(z)].$$

以上结果容易推广到 n 个相互独立随机变量的情况. 设 n 个随机变量 $X_1, X_2, \cdots, X_n$ 相互独立，它们的分布函数分别为 $F_{X_i}(x_i)$ $(i = 1, 2, \cdots, n)$，则 $M = \max\{X_1, X_2, \cdots, X_n\}$ 和 $\min\{X_1, X_2, \cdots, X_n\}$ 分布函数分别为

$$F_M(z) = F_{X_1}(z) F_{X_2}(z) \cdots F_{X_n}(z), \tag{3.42}$$

$$F_N(z) = 1 - [1 - F_{X_1}(z)][1 - F_{X_2}(z)] \cdots [1 - F_{X_n}(z)]. \tag{3.43}$$

特别地，若 $X_1, X_2, \cdots, X_n$ 是 n 个相互独立且同分布的连续型随机变量，它们的分布函数为 $F(x)$，且 $F'(x) = f(x)$，则 $M = \max\{X_1, X_2, \cdots, X_n\}$ 的分布函数为

$$F_M(z) = [F(z)]^n,$$

$M = \max\{X_1, X_2, \cdots, X_n\}$ 的概率密度函数为

$$f_M(z) = F_M'(z) = n[F(z)]^{n-1} f(z);$$

$N = \min\{X_1, X_2, \cdots, X_n\}$ 分布函数为

$$F_N(z) = 1 - [1 - F(z)]^n,$$

$N = \min\{X_1, X_2, \cdots, X_n\}$ 概率密度函数为

$$f_N(z) = F_N'(z) = n[F(z)]^{n-1} f(z).$$

例 3.21　设系统 L 由相互独立的子系统 L_1, L_2, L_3 连接而成，其连接方式如图 3-5 所示，假设每个子系统的寿命都服从参数为 λ 的指数分布，求系统 L 的寿命 Z 的概率密度函数.

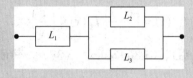

图 3-5

解　设系统 L_1, L_2, L_3 的寿命分别为 X_1, X_2, X_3，则 X_1, X_2, X_3 相互独立且都服从参数为 λ 的指数分布，它们的分布函数为

$$F(x) = \begin{cases} 1 - \mathrm{e}^{-\lambda x}, & x \geqslant 0, \\ 0, & x < 0. \end{cases}$$

$$1 - F(x) = \begin{cases} \mathrm{e}^{-\lambda x}, & x \geqslant 0, \\ 1, & x < 0. \end{cases}$$

记 $M = \max\{X_2, X_3\}$，则 X_1 与 M 相互独立，并记 $Z = \min\{X_1, M\}$，由式（3.40）知 M 的分布函数为

$$F_M(z) = [F(z)]^2 = \begin{cases} (1-\mathrm{e}^{-\lambda z})^2, & z \geqslant 0, \\ 0, & z < 0, \end{cases}$$

$$1 - F_M(z) = \begin{cases} 1-(1-\mathrm{e}^{-\lambda z})^2, & z \geqslant 0, \\ 1, & z < 0. \end{cases}$$

再由式（3.41）知 $Z = \min\{X_1, M\}$ 的分布函数为

$$F_Z(z) = 1 - [1 - F(z)][1 - F_M(z)]$$

$$= \begin{cases} 1-2\mathrm{e}^{-2\lambda x}+\mathrm{e}^{-3\lambda z}, & z \geqslant 0, \\ 0, & z < 0. \end{cases}$$

所以 $Z = \min\{X_1, M\}$ 的概率密度函数为

$$f_Z(z) = F_Z'(z) = \begin{cases} 4\lambda\mathrm{e}^{-2\lambda z}-3\lambda\mathrm{e}^{-3\lambda z}, & z \geqslant 0, \\ 0, & z < 0. \end{cases}$$

 典型问题答疑解惑

问题 1 如何判断一个二元函数为二维随机变量的联合分布函数？

问题 2 二元函数为联合概率密度函数应如何判断？

问题 3 设二维随机变量 (X, Y) 的概率密度函数为 $f(x, y)$，若其定义域是矩形区域，则 X 与 Y 相互独立的充要条件是存在可积函数 $g(x)$，$h(y)$，使 $f(x, y) = g(x)h(y)$ 成立，这一说法是否正确？

问题 4 若随机变量 X 与 Y 相互独立，则函数 $f(X)$ 与 $g(Y)$ 也相互独立．那么，若随机变量 X 与 Y 不相互独立，则函数 $f(X)$ 与 $g(Y)$ 也不相互独立吗？

问题 5 若随机变量 X 与 Y 独立同分布，则 $X = Y$ 对吗？

问题 6 已知二维连续型随机变量 (X, Y) 的概率密度函数为 $f(x, y)$，那么如何求和函数 $Z = X + Y$ 的概率密度函数？

问题 7 正态随机变量的和仍是正态随机变量吗？

问题 8 什么是分布函数的**再生性**（或**可加性**）？哪些随机变量分布函数具有再生性？

 习题 3

一、单项选择题

1. 设随机变量 X 与 Y 相互独立，且 $X \sim N(3, \sigma^2)$，$Y \sim N(-1, \sigma^2)$，则下列式子中正确的是（　　）.

　　A. $P\{X+Y \leqslant -2\} = \dfrac{1}{2}$ 　　　　　　　　B. $P\{X+Y \leqslant 2\} = \dfrac{1}{2}$

C. $P\{X-Y \leqslant -2\} = \dfrac{1}{2}$ 　　　　　　D. $P\{X-Y \leqslant 2\} = \dfrac{1}{2}$

2. 设随机变量 X 与 Y 独立同分布：$P\{X=-1\} = P\{Y=-1\} = \dfrac{1}{2}$，$P\{X=1\} = P\{Y=1\} = \dfrac{1}{2}$，则下列式子中成立的是（　　　）.

A. $P\{X=Y\} = \dfrac{1}{2}$ 　　　　　　B. $P\{X=Y\} = 1$

C. $P\{X+Y=0\} = \dfrac{1}{4}$ 　　　　　D. $P\{XY=1\} = \dfrac{1}{4}$

3. 下列二元函数中，不能作为二维随机变量 (X,Y) 的分布函数的是（　　　）.

A. $F(x,y) = \begin{cases} (1-\mathrm{e}^{-x})(1-\mathrm{e}^{-y}), & 0 < x < +\infty, 0 < y < +\infty, \\ 0, & \text{其他} \end{cases}$

B. $F(x,y) = \dfrac{1}{\pi^2}\left(\dfrac{\pi}{2} + \arctan\dfrac{x}{2}\right)\left(\dfrac{\pi}{2} + \arctan\dfrac{x}{3}\right)$

C. $F(x,y) = \begin{cases} 1, & x+2y \geqslant 1, \\ 0, & x+2y < 1 \end{cases}$

D. $F(x,y) = \begin{cases} 1 - 2^{-x} - 2^{-y} + 2^{-x-y}, & x > 0, y > 0, \\ 0, & \text{其他} \end{cases}$

4. 设 X_1, X_2 是任意两个相互独立的连续型随机变量，它们的概率密度函数分别为 $f_1(x), f_2(x)$，分布函数分别是 $F_1(x), F_2(x)$，则下列结论正确的是（　　　）.

A. $f_1(x) + f_2(x)$ 必为某随机变量的概率密度函数

B. $f_1(x)f_2(x)$ 必为某随机变量的概率密度函数

C. $F_1(x) + F_2(x)$ 必为某随机变量的分布函数

D. $F_1(x)F_2(x)$ 必为某随机变量的分布函数

5. 已知二维随机变量 $(X,Y) \sim N(1,2,3,4,\rho)$，则随机变量 X 和 Y（　　　）.

A. 一定相互独立 　　　　　　B. 不一定相互独立

C. 一定都服从正态分布 　　　D. 不一定都服从正态分布

6. 二维随机变量 $(X,Y) \sim N(1,2,3,4,\rho)$，则 $\rho = 0$ 是随机变量 X 和 Y 相互独立的（　　　）.

A. 充分条件 　　　　　　　　B. 必要条件

C. 充要条件 　　　　　　　　D. 既不充分也不必要条件

二、填空题

7. 设随机变量 X 与 Y 相互独立，其分布函数分别是 $F_X(x)$，$F_Y(y)$，则 $Z = \min\{X, Y\} - 1$ 的分布函数 $F_Z(z) = $ _____ .

8. 设随机变量 X 与 Y 相互独立，$X \sim b(2,p)$，$Y \sim b(3,p)$，且 $P\{X \geqslant 1\} = \dfrac{5}{9}$，则

概率 $P\{X+Y=1\}=$ _____ .

9. 设 X 和 Y 为两个随机变量，且 $P\{X\geqslant 0,Y\geqslant 0\}=\dfrac{2}{5}$ ，$P\{X\geqslant 0\}=P\{Y\geqslant 0\}=\dfrac{3}{5}$ ，则 $P\{\max\{X,Y\}\geqslant 0\}=$ _____ .

10. 设二维随机变量 (X,Y) 的联合概率密度函数为 $f(x,y)=\begin{cases}6x, & 0\leqslant x\leqslant y\leqslant 1,\\ 0, & \text{其他},\end{cases}$ 则概率 $P\{X+Y\leqslant 1\}=$ _____ .

11. 设二维随机变量 (X,Y) 服从区域 $G=\{(X,Y)\,|\,0\leqslant X\leqslant 1,0\leqslant Y\leqslant 2\}$ 上的均匀分布，令 $Z=\max\{X,Y\}$ ，则 $P\left\{Z>\dfrac{1}{2}\right\}=$ _____ .

12. 已知二维随机变量 $(X,Y)\sim N(1,2,2,4,0)$. 若随机变量 $Z=2X+Y-3$ ，则 Z 的概率密度函数 $f_Z(z)=$ _____ .

13. 已知二维随机变量 $(X,Y)\sim N(1,2,3,4,\rho)$ ，则 $X\sim$ _____ ，$Y\sim$ _____ .

14. 已知 (X,Y) 服从二维正态分布，则随机变量 X 和 Y 相互独立的充要条件是 $\rho=$ _____ .

三、解答题

15. 设 A,B 为两个随机事件，且 $P(A)=\dfrac{1}{4}$ ，$P(B\,|\,A)=\dfrac{1}{3}$ ，$P(A\,|\,B)=\dfrac{1}{2}$ ，令
$$X=\begin{cases}1, & A\text{发生},\\ 0, & A\text{不发生},\end{cases}\qquad Y=\begin{cases}1, & B\text{发生},\\ 0, & B\text{不发生}.\end{cases}$$
求二维随机变量 (X,Y) 的概率分布律.

16. 设一袋中有 3 个黑球，2 个白球，2 个红球，现从中任意取球 4 只，记 X 为取到的黑球的只数，Y 为取到的红球的只数，求：
（1）(X,Y) 的联合分布律；
（2）$P\{X>Y\}$ ，$P\{X+Y=3\}$.

17. 设随机变量 X 在 $1,2,3,4$ 四个整数中等可能地取一个值，另一个随机变量 Y 在 $1\sim X$ 中等可能地取一个整数值，求 (X,Y) 的联合分布律.

18. 设二维连续型随机变量 (X,Y) 的概率密度函数为
$$f(x,y)=\begin{cases}k\mathrm{e}^{-2x}\mathrm{e}^{-y}, & x>0,y>0,\\ 0, & \text{其他}.\end{cases}$$
（1）确定常数 k 的值；
（2）计算 $P\{-1<X<1,-1<Y<1\}$ ；
（3）计算 $P\{X+Y\leqslant 1\}$.

19. 设随机变量 (X,Y) 的概率密度函数为
$$f(x,y)=\begin{cases}k(6-x-y), & 0<x<2,2<y<4,\\ 0, & \text{其他}.\end{cases}$$

（1）确定常数 k ;

（2）计算 $P\{X<1,Y<3\}$;

（3）计算 $P\{X<1.5\}$;

（4）计算 $P\{X+Y\leqslant 4\}$.

20. 设随机变量 (X,Y) 的概率密度函数为

$$f(x,y)=\begin{cases}k\mathrm{e}^{-y}, & 0<x<y,\\ 0, & 其他.\end{cases}$$

（1）确定常数 k ;

（2）计算 $P\{X+Y\geqslant 1\}$.

21. 设随机变量 (X,Y) 的概率密度函数为

$$f(x,y)=k\mathrm{e}^{-\frac{1}{2}(x^2+y^2)} \quad (-\infty<x<+\infty,-\infty<y<+\infty).$$

（1）确定常数 k ;

（2）计算 $P\{1\leqslant X^2+Y^2\leqslant 4\}$.

22. 设 (X,Y) 服从 $D=\{(X,Y)|0\leqslant x\leqslant 1,\ 0\leqslant y\leqslant 1\}$ 上的均匀分布，求关于 x 的方程 $x^2+2Xx+Y=0$ 有实根的概率.

23. 已知随机变量 X 和 Y 的联合概率密度函数为

$$f(x,y)=\begin{cases}kxy, & 0\leqslant x\leqslant 1,\ 0\leqslant y\leqslant 1,\\ 0, & 其他.\end{cases}$$

（1）确定常数 k ;

（2）计算 $P\{Y\leqslant X\}$.

24. 将一枚硬币掷 3 次，以 X 表示前 2 次中出现正面的次数，以 Y 表示 3 次中出现正面的次数，求 (X,Y) 的联合分布律及边缘分布律.

25. 一射手进行射击，每次击中目标的概率为 $p(0<p<1)$ ，射击至击中目标两次为止，以 X 表示首次击中目标时进行的射击次数，以 Y 表示射击的总次数，求 (X,Y) 的联合分布律及 (X,Y) 关于 X,Y 的边缘分布律.

26. 设二维连续型随机变量 (X,Y) 的概率密度函数为

$$f(x,y)=\begin{cases}1, & 0<x<1,\ 0<y<2x,\\ 0, & 其他.\end{cases}$$

求：（1）(X,Y) 的边缘概率密度函数 $f_X(x)$, $f_Y(y)$;

（2）$P\left\{Y\leqslant \dfrac{1}{2}\middle| X\leqslant \dfrac{1}{2}\right\}$.

27. 设二维随机变量 (X,Y) 的概率密度函数为

$$f(x,y)=\begin{cases}kx^2y, & x^2\leqslant y\leqslant 1,\\ 0, & 其他.\end{cases}$$

（1）确定常数 k ;

（2）求边缘概率密度函数 $f_X(x)$, $f_Y(x)$;

（3）求条件概率密度函数 $f_{X|Y}(x|y)$，$f_{Y|X}(y|x)$．

28．设二维离散型随机变量 (X,Y) 的联合分布律如表 3-9 所示．

表 3-9

X	Y	
	-1	1
0	0.1	0.2
1	0.3	0.4

证明：随机变量 X 与 Y 不相互独立，但是随机变量 X^2 与 Y^2 相互独立．

29．在下列 (X,Y) 的联合概率密度函数下，讨论 X,Y 是否相互独立．

（1）$f_1(x,y)=\begin{cases}4xy, & 0<x<1,\ 0<y<1,\\ 0, & 其他；\end{cases}$

（2）$f_3(x,y)=\begin{cases}\dfrac{1}{\pi}, & x^2+y^2\leqslant 1,\\ 0, & 其他．\end{cases}$

30．设随机变量 (X,Y) 的分布函数为

$$F(x,y)=\begin{cases}(1-e^{-x})y, & x\geqslant 0,\ 0\leqslant y\leqslant 1,\\ 1-e^{-x}, & x\geqslant 0,\ y\geqslant 1,\\ 0, & 其他．\end{cases}$$

证明随机变量 X,Y 相互独立．

31．设 X 与 Y 相互独立，且同分布，它们的概率分布律为

$$P\{X=k\}=P\{Y=k\}=\frac{1}{2^k}\quad (k=1,2,\cdots)．$$

求 $Z=X+Y$ 的概率分布律．

32．设随机变量 X 在 $1\sim 4$ 四个整数中等可能地取值，另一个随机变量 Y 在 $1\sim X$ 中等可能地取整数值，求 $Z=X+Y$ 概率分布律．

33．设 X 与 Y 相互独立，且同分布，它们的概率分布律为

$$P\{X=-1\}=P\{Y=-1\}=\frac{1}{2},\ P\{X=1\}=P\{Y=1\}=\frac{1}{2}．$$

定义 $Z=XY$，证明 X,Y,Z 两两独立，但不相互独立．

34．已知随机变量 X 与 Y 相互独立，且其概率密度函数分别为

$$f_X(x)=\begin{cases}e^{-x}, & x>0,\\ 0, & x\leqslant 0,\end{cases}\quad f_Y(y)=\begin{cases}1, & 0\leqslant y\leqslant 1,\\ 0, & 其他．\end{cases}$$

求 $Z=X+Y$ 的概率密度函数．

35．设 $X\sim N(\mu_1,\sigma_1^2)$，$Y\sim N(\mu_2,\sigma_2^2)$，且 X 与 Y 相互独立，试证：

$$Z=X+Y\sim N(\mu_1+\mu_2,\sigma_1^2+\sigma_2^2)．$$

36．设 (X,Y) 的联合分布律如表 3-10 所示．

表 3-10

X	Y		
	1	2	3
−1	$\frac{1}{8}$	$\frac{1}{8}$	$\frac{1}{8}$
0	$\frac{1}{8}$	0	$\frac{1}{8}$
1	$\frac{1}{8}$	$\frac{1}{8}$	$\frac{1}{8}$

求：（1）$Z = X + Y$ 的概率分布律；

（2）$U = \max(X, Y)$ 及 $V = \min(X, Y)$ 的概率分布律.

第4章 随机变量的数字特征

与随机变量有关的某些重要数值（实数），虽然不能完整地描述随机变量，但能描述随机变量在某些方面的重要特征. 实际问题中的概率分布是较难确定的，但是它的某些数字特征却比较容易估计出来，对这些数字特征的研究无论是理论上还是实际中都具有重要意义. 例如，在评定某一地区的粮食产量水平时，在许多场合只要知道该地区的平均产量即可；在研究水稻品种的优劣时，通常是关心稻穗的平均稻谷粒数；检查一批棉花的质量时，既需要注意纤维的平均长度，又需要注意纤维长度与平均长度的偏离程度，平均长度较大、偏离程度较小，质量就较好. 本章将重点介绍随机变量常用的几个数字特征：**数学期望（均值）、方差、协方差和相关系数**等.

4.1 数 学 期 望

内容概要

1. 数学期望的计算（以下均假定有关的期望存在）

（1）设离散型的随机变量 X 的概率分布律为 $P\{X=x_k\}=p_k$ $(k=1,2,\cdots)$ ，则

$$E(X)=\sum_{k=1}^{\infty}x_k p_k .$$

（2）设连续型随机变量的概率密度函数为 $f(x)$ ，则 $E(X)=\int_{-\infty}^{\infty}xf(x)\mathrm{d}x$.

若 X 为随机变量，g 为连续函数，则 $Y=g(X)$ ，$Z=g(X,Y)$ 为随机变量 X 的函数.

（3）当 X 为离散型随机变量时，有 $E(Y)=E[g(X)]=\sum_{k=1}^{\infty}g(x_k)p_k$ ，其中 p_k 为 X 的概率分布律.

（4）当 X 为连续型随机变量时，有 $E(Y)=E[g(X)]=\int_{-\infty}^{\infty}g(x)f(x)\mathrm{d}x$ ，其中 $f(x)$ 为 X 概率密度函数.

（5）若 $Z=g(X,Y)$ 为离散型随机变量，则 $E(Z)=E[g(X,Y)]=\sum_{j=1}^{\infty}\sum_{i=1}^{\infty}g(x_i,y_i)p_{ij}$.

（6）若 $Z=g(X,Y)$ 为连续型随机变量，则

$$E(Z)=E[g(X,Y)]=\int_{-\infty}^{+\infty}\int_{-\infty}^{+\infty}g(x,y)\,f(x,y)\mathrm{d}x\mathrm{d}y .$$

2. 数学期望的性质

（1）设 C 是常数，则有 $E(C)=C$.

（2）设 X 是一个随机变量，C 是常数，则有 $E(CX)=CE(X)$.

（3）设 X,Y 是两个随机变量，则有 $E(X+Y)=E(X)+E(Y)$. 进一步，设 $X_1,X_2,\cdots,X_n$ 为随机变量，则有 $E(X_1+X_2+\cdots+X_n)=E(X_1)+E(X_2)+\cdots+E(X_n)$.

（4）设 X,Y 是两个独立的随机变量，则有 $E(XY)=E(X)E(Y)$. 进一步，设 $X_1,X_2,\cdots,X_n$ 为相互独立随机变量，则有 $E(X_1X_2\cdots X_n)=E(X_1)E(X_2)\cdots E(X_n)$.

算数平均值是日常生活中最常用的一个简单数字特征，下面将其推广为加权平均值（期望），我们首先看一个例子.

引例　对某班 12 名学生的数学成绩进行抽考，其中 60 分和 74 分的各有 3 名，65 分、85 分和 93 分各有 2 名，求他们的平均成绩.

解　由题意，得

$$平均成绩=(60\times3+65\times2+74\times3+85\times2+93\times2)/12=74 （分）.$$

其中，$\dfrac{3}{12},\dfrac{2}{12}$ 是相应考分的频率，不是概率.

注　这里的平均值 74 不是简单的算数平均数，即

$$(60+65+74+85+93)/5=75.4 （分），$$

而是一个加权平均数.

若 $\dfrac{1}{N}\sum\limits_{i=1}^{k}a_in_i=\sum\limits_{i=1}^{k}a_i\dfrac{n_i}{N}$，用 X 表示成绩，则

$$P\{X=a_i\}\approx\frac{n_i}{N}，\quad \sum_{i=1}^{k}a_i\cdot\frac{n_i}{N}\approx\sum_{i=1}^{k}a_i\cdot P\{X=a_i\}.$$

例 4.1　甲、乙两人进行射击，所得分数分别记为 X,Y，它们的概率分布律分别如表 4-1 和表 4-2 所示.

表 4-1

X	0	1	2
p_i	0.4	0.1	0.5

表 4-2

Y	0	1	2
p_i	0.4	0.6	0.3

试评定他们的射击技术水平的高低.

解　由题意，得

$$E(X)=0\times0.4+1\times0.1+2\times0.5=1.1，$$
$$E(Y)=0\times0.1+1\times0.6+2\times0.3=1.2.$$

因此，从平均分数上看，乙的射击水平要比甲的好.

下面我们给出数学期望的定义.

定义 4.1　设离散型的随机变量 X 的概率分布律为

$$P\{X = x_k\} = p_k \quad (k = 1, 2, \cdots),$$

若级数 $\sum\limits_{k=1}^{\infty} |x_k| p_k$ 收敛，则称级数 $\sum\limits_{k=1}^{\infty} x_k p_k$ 为随机变量 X 的**数学期望**，简称**期望**（expectation），记为 $E(X)$，也可记为 EX，即 $E(X) = \sum\limits_{k=1}^{\infty} x_k p_k$.

$\sum\limits_{k=1}^{\infty} |x_k| p_k$ 收敛也可以改为 $\sum\limits_{k=1}^{\infty} x_k p_k$ 绝对收敛. 类似地，可以定义连续型随机变量的数学期望.

定义 4.2　设连续型随机变量 X 的概率密度函数为 $f(x)$，若积分 $\int_{-\infty}^{+\infty} |x| f(x) \mathrm{d}x$ 收敛，则称积分 $\int_{-\infty}^{+\infty} xf(x)\mathrm{d}x$ 的值为随机变量 X 的**数学期望**，记为 $E(X)$，即 $E(X) = \int_{-\infty}^{+\infty} xf(x)\mathrm{d}x$.

数学期望又称为**均值**，它实际上是一种加权平均值，其权为概率密度或分布律的概率.

求随机变量的数学期望要特别注意"分布律的概率之和为 1"或"概率密度的积分为 1"，充分运用这个已知条件，可以简化很多分布族的数学期望的计算，包括下一节中介绍的方差的计算.

注　由于 X 的数学期是随机变量 X 的加权平均值（常数），所以只有当级数 $\sum\limits_{k=1}^{\infty} x_k p_k$ 绝对收敛时，才能保证级数 $\sum\limits_{k=1}^{\infty} x_k p_k$ 的和与其求和顺序无关.

例 4.2　某人每次射击命中目标的概率为 p，现连续向目标射击，直到第一次命中目标为止，求射击次数的数学期望.

解　设 X 为第一次命中目标时所进行的试验次数，则 X 取值为 1，2，$\cdots$，事件 $\{X = k\}$ 表示前 $k-1$ 次射击未命中目标，而第 k 次射击命中目标. 其概率为

$$P\{X = k\} = q^{k-1} p \quad (k = 1, 2, \cdots, \ q = 1 - p).$$

所以

$$E(X) = \sum_{k=1}^{\infty} kpq^{k-1} = p \sum_{k=1}^{\infty} (q^k)' = p \left(\sum_{k=1}^{\infty} q^k \right)' = p \left(\frac{q}{1-q} \right)' = \frac{1}{p}.$$

例 4.3 设随机变量 X 服从参数为 $\lambda(\lambda>0)$ 的指数分布,求 X 的数学期望 $E(X)$.

解 由题意,得 X 的概率密度函数为

$$f(x)=\begin{cases} \lambda\mathrm{e}^{-\lambda x}, & x>0, \\ 0, & x\leqslant 0. \end{cases}$$

所以

$$E(X)=\int_{-\infty}^{+\infty}xf(x)\mathrm{d}x=\int_0^{+\infty}\lambda x\mathrm{e}^{-\lambda x}\mathrm{d}x=-x\mathrm{e}^{-\lambda x}\big|_0^{+\infty}+\int_0^{+\infty}\mathrm{e}^{-\lambda x}\mathrm{d}x=\frac{1}{\lambda}.$$

例 4.4 设随机变量 X 的概率密度函数为

$$f(x)=\frac{1}{\pi(x^2+1)} \quad (-\infty<x<\infty),$$

求 $E(X)$.

解 因为反常积分 $\displaystyle\int_{-\infty}^{+\infty}\frac{|x|}{x^2+1}\mathrm{d}x$ 不收敛,所以 $E(X)=\displaystyle\int_{-\infty}^{+\infty}\frac{x}{\pi(x^2+1)}\mathrm{d}x$ 不存在.

例 4.5 求下列离散型随机变量的数学期望.

(1) 设随机变量 X 服从两点分布:
$$P\{X=0\}=1-p, \quad P\{X=1\}=p;$$

(2) 设 $X\sim b(n,p)$:
$$P\{X=k\}=\mathrm{C}_n^k p^k(1-p)^{n-k};$$

(3) 设 $X\sim P(\lambda)$:
$$P\{X=k\}=\frac{\lambda^k}{k!}\mathrm{e}^{-\lambda} \quad (k=0,1,\cdots).$$

解 令 $q=1-p$.

(1) $E(X)=0\cdot q+1\cdot p=p$.

(2) $\displaystyle E(X)=\sum_{k=0}^n k\cdot\mathrm{C}_n^k p^k q^{n-k}=np\sum_{k=1}^n\mathrm{C}_{n-1}^{k-1}p^{k-1}q^{n-k}$

$\displaystyle\quad\quad\quad=np\sum_{k=0}^{n-1}\mathrm{C}_{n-1}^k p^k q^{n-1-k}=np(p+q)^{n-1}$

$\quad\quad\quad=np.$

(3) $\displaystyle E(X)=\sum_{k=0}^{\infty}k\cdot\frac{\lambda^k}{k!}\mathrm{e}^{-\lambda}=\lambda\sum_{k=1}^{\infty}\frac{\lambda^{k-1}}{(k-1)!}\mathrm{e}^{-\lambda}=\lambda.$

例 4.6　求下列连续型随机变量的数学期望.

（1）设随机变量 X 的概率密度函数为

$$f(x)=\begin{cases} \dfrac{1}{b-a}, & a<x<b, \\ 0, & \text{其他}; \end{cases}$$

（2）设 $X \sim N(\mu,\sigma^2)$，其概率密度函数为

$$f(x)=\frac{1}{\sqrt{2\pi}\sigma}\mathrm{e}^{-\frac{(x-\mu)^2}{2\sigma^2}} \quad (-\infty<x<\infty);$$

（3）设 X 服从参数为 λ 的指数分布，概率密度函数为

$$f(x)=\begin{cases} \lambda\mathrm{e}^{-\lambda x}, & x>0, \\ 0, & \text{其他}. \end{cases}$$

解　（1）$E(X)=\displaystyle\int_{-\infty}^{+\infty}xf(x)\mathrm{d}x=\int_a^b\frac{x}{b-a}\mathrm{d}x$

$$=\frac{1}{b-a}\cdot\frac{b^2-a^2}{2}=\frac{a+b}{2}.$$

（2）$E(X)=\displaystyle\int_{-\infty}^{+\infty}x\frac{1}{\sqrt{2\pi}\sigma}\mathrm{e}^{-\frac{(x-\mu)^2}{2\sigma^2}}\mathrm{d}x\left(\diamondsuit t=\frac{x-\mu}{\sigma}\right)$

$$=\frac{1}{\sqrt{2\pi}}\int_{-\infty}^{+\infty}(\sigma t+\mu)\mathrm{e}^{-\frac{t^2}{2}}\mathrm{d}t$$

$$=\frac{\mu}{\sqrt{2\pi}}\int_{-\infty}^{+\infty}\mathrm{e}^{-\frac{t^2}{2}}\mathrm{d}t=\mu.$$

（3）$E(X)=\displaystyle\int_{-\infty}^{+\infty}xf(x)\mathrm{d}x=\int_0^{+\infty}x\lambda\mathrm{e}^{-\lambda x}\mathrm{d}x=\frac{1}{\lambda}.$

由例 4.6 可以看出，服从正态分布的随机变量 X 的概率密度函数中的参数 μ 就是 X 的数学期望.

定理 4.1　令 X 为随机变量，g 为函数，于是 $g(X)$ 为随机变量的函数.

（1）当 X 为离散型随机变量时，有 $E[g(X)]=\displaystyle\sum_{k=1}^{\infty}g(x_k)p_k$，其中 $p_k(k=1,2,\cdots)$ 为 X 的概率分布律；

（2）当 X 为连续型随机变量时，有 $E[g(X)]=\displaystyle\int_{-\infty}^{+\infty}g(x)f(x)\mathrm{d}x$，其中 $f(x)$ 为随机变量 X 的概率密度函数.

定理 4.1 表明，可以直接通过 X 的概率分布律或概率密度函数来求 $E[g(X)]$ 的数学

期望，而不必求 $g(X)$ 的概率分布律或概率密度函数，这给计算带来了极大的方便．定理 4.1 可以推广到二维以上的情形．

定理 4.2 设 Z 是随机变量 X，Y 的函数，$Z = g(X, Y)$．

（1）若 (X, Y) 为离散型随机变量，联合分布律为 $P(X = x_i,\ Y = y_j) = p_{ij} (i, j = 1, 2 \cdots)$，则有

$$E(Z) = E[g(X, Y)] = \sum_{j=1}^{\infty} \sum_{i=1}^{\infty} g(x_i, y_i) p_{ij}, \tag{4.1}$$

这里设式（4.1）右端的级数绝对收敛．

（2）若 (X, Y) 为连续型随机变量，概率密度函数为 $f(x, y)$，则有

$$E(Z) = E[g(X, Y)] = \int_{-\infty}^{+\infty} \int_{-\infty}^{+\infty} g(x, y) f(x, y) \mathrm{d}x \mathrm{d}y,$$

这里设等式右端的积分绝对收敛．

下面我们给出数学期望的几个重要性质．

（1）设 C 是常数，则有 $E(C) = C$．

（2）设 X 是一随机变量，C 是常数，则有 $E(CX) = CE(X)$．进一步，设 A 和 B 为常数，则有

$$E(AX + B) = AE(X) + B.$$

（3）设 X, Y 是两个随机变量，则有 $E(X + Y) = E(X) + E(Y)$．进一步，设 $X_1, X_2, \cdots, X_n$ 为随机变量，则有

$$E(X_1 + X_2 + \cdots + X_n) = E(X_1) + E(X_2) + \cdots + E(X_n).$$

（4）设 X, Y 是两个独立的随机变量，则有 $E(XY) = E(X)E(Y)$．进一步，设 $X_1, X_2, \cdots, X_n$ 为相互独立的随机变量，则有

$$E(X_1 X_2 \cdots X_n) = E(X_1)E(X_2) \cdots E(X_n).$$

我们仅对连续型随机变量给出性质（3）、（4）的证明，性质（1）、（2）的证明留给读者．

证 设二维随机变量 (X, Y) 的概率密度函数为 $f(x, y)$，边缘概率密度函数为 $f_X(x)$，$f_Y(y)$．

（3）由定理 4.2，有

$$\begin{aligned}
E(X + Y) &= \int_{-\infty}^{+\infty} \int_{-\infty}^{+\infty} (x + y) f(x, y) \mathrm{d}x \mathrm{d}y \\
&= \int_{-\infty}^{+\infty} \int_{-\infty}^{+\infty} x f(x, y) \mathrm{d}x \mathrm{d}y + \int_{-\infty}^{+\infty} \int_{-\infty}^{+\infty} y f(x, y) \mathrm{d}x \mathrm{d}y \\
&= E(X) + E(Y).
\end{aligned}$$

（4）因为 X 与 Y 相互独立，则 $f(x, y) = f_X(x) f_Y(y)$，所以有

$$
\begin{aligned}
E(XY) &= \int_{-\infty}^{+\infty} \int_{-\infty}^{+\infty} xy f(x, y) \mathrm{d}x \mathrm{d}y \\
&= \int_{-\infty}^{+\infty} \int_{-\infty}^{+\infty} xy f_X(x) f_Y(y) \mathrm{d}x \mathrm{d}y \\
&= \left[\int_{-\infty}^{+\infty} x f_X(x) \mathrm{d}x \right]\left[\int_{-\infty}^{+\infty} y f_Y(y) \mathrm{d}y \right] \\
&= E(X) E(Y).
\end{aligned}
$$

例 4.7　设随机变量 X 在 $\left(0, \dfrac{\pi}{2}\right)$ 上服从均匀分布，求 $E(\sin X)$.

解　$E(\sin X) = \dfrac{2}{\pi} \int_0^{\frac{\pi}{2}} \sin x \mathrm{d}x = \dfrac{2}{\pi}$.

下面我们用数学期望的性质（3）来计算服从二项分布的随机变量的数学期望. 这里要阐述一种解题技巧：将一个随机变量用一些随机变量的和来代替，从而将求未知随机变量的数学期望转化为求已知随机变量的和的数学期望，这种分解技术应用较为广泛.

例 4.8　设 X 表示在 n 次伯努利试验中事件 A 发生的次数，即 $X \sim b(n, p)$，其中 p 表示每次试验中 A 发生的概率，求 $E(X)$.

解　引入随机变量

$$
X_i = \begin{cases} 1, & \text{第 } i \text{ 次试验 } A \text{ 发生,} \\ 0, & \text{第 } i \text{ 次试验 } A \text{ 不发生.} \end{cases}
$$

易见

$$
X = X_1 + X_2 + \cdots + X_n,
$$

我们知道 X_i 服从两点分布，所以 $E(X_i) = p$. 由数学期望的性质（3），得

$$
\begin{aligned}
E(X) &= E(X_1 + X_2 + \cdots + X_n) \\
&= E(X_1) + E(X_2) + \cdots + E(X_n) \\
&= p + p + \cdots + p = np.
\end{aligned}
$$

由例 4.8 可知，我们可将服从二项分布 $b(n, p)$ 的随机变量分解为 n 个相互独立同分布（两点分布）的随机变量之和，显然利用分解后的形式解题既容易理解又容易记忆，其他的分布如 χ^2 分布、Γ 分布等都具有这种性质，请读者在日后的学习中理解并记忆这些特点.

为了便于理解，我们来看一个更加简单的例子.

例 4.9　一个人站在数轴原点，他用投掷硬币的方式决定其行走，规定：硬币正面向上，则该人向数轴的正方向行进一步，即一个单位距离；反之则站在原地不动. 现在该人将上述步骤进行 100 次，问：该人此时距离原点最可能的距离有多远？

解　依题意，我们可以将其每一次行走看成一个随机变量 X_i，$P(X_i = 0) = \dfrac{1}{2}$，$P(X_i = 1) = \dfrac{1}{2}$，$i = 1, 2, \cdots$，不难算得 $E(X_i) = \dfrac{1}{2}$. 该人所处的位置也是一个随机变量 Y_n，显然，$Y_n = \sum_{i=1}^{n} X_i$，于是

$$E(Y_n) = E\left(\sum_{i=1}^{n} X_i\right) = \sum_{i=1}^{n} E(X_i) = nE(X_1) = \frac{n}{2},$$

所以 100 次后，该人距离原点最可能是 50 步.

这类问题无论是在物理中（布朗运动），还是在电子工程（信号传输）等多项领域中都有着广泛的实例.

4.2　方　　差

内容概要

1. 方差的定义

设 X 是一随机变量，若 $E[X - E(X)]^2$ 存在，则称 $E[X - E(X)]^2$ 为 X 的**方差**（variance），记为 $D(X)$ 或 $\mathrm{Var}(X)$，即

$$D(X) = \mathrm{Var}(X) = E[X - E(X)]^2.$$

2. 方差的计算

（1）定义法；

（2）公式法：$D(X) = E(X^2) - [E(X)]^2$.

3. 方差的性质

（1）设 X 是一随机变量，则 $D(X) = E(X^2) - [E(X)]^2$，进而 $E(X^2) \geqslant [E(X)]^2$.

（2）若 C 是常数，则 $D(C) = 0$.

（3）设 X 为随机变量，C 为常数，则 $D(CX) = C^2 D(X)$.

（4）设 X,Y 是独立的随机变量，则 $D(X+Y)=D(X)+D(Y)$．进一步，设 $X_1,X_2,\cdots,$ X_n 是相互独立的随机变量，于是 $D(X_1+X_2+\cdots+X_n)=D(X_1)+D(X_2)+\cdots+D(X_n)$．

（5）设 X 为随机变量，函数 $f(x)=E[(X-x)^2]$，当 $x=E(X)$ 时，$f(x)$ 达到最小值，其最小值为 $D(X)$．

数学期望体现的是随机变量的均值，而本节要研究的是随机变量与其均值的偏离程度，即方差．例如，有一批灯泡，已知其平均寿命 $E(X)=1000\,h$，仅由这一个指标我们还不能判定这批灯泡的质量好坏，因为有可能其中绝大部分灯泡的寿命为 950～1050h，也可能其中绝大部分灯泡的寿命为 800～1200h，还可能其中绝大部分灯泡的寿命为 300～1700h，可见，与数学期望的偏离程度越大，寿命越不稳定，进而可认为质量越不好，也就是说，我们还需要考察灯泡的寿命 X 与其数学期望 $[\,E(X)=1000\,]$ 的偏离程度．若偏离程度越小，则表示质量越稳定．从这个意义上说，我们认为质量越好．由此可见，研究随机变量与其数学期望的偏离程度是十分必要的．那么，用怎样的量去度量这个偏离程度呢？容易看到 $E(|X-E(X)|)$ 能够度量随机变量与其数学期望 $E(X)$ 的偏离程度．但由于带有绝对值，会给运算带来不便，所以通常用 $E[X-E(X)]^2$ 来度量随机变量 X 与其数学期望 $E(X)$ 的偏离程度．下面给出方差的定义．

定义 4.3 设 X 是一随机变量，若 $E[X-E(X)]^2$ 存在，则称 $E[X-E(X)]^2$ 为 X 的**方差**，记为 $D(X)$ 或 $\mathrm{Var}(X)$，即 $D(X)=\mathrm{Var}(X)=E[X-E(X)]^2$．

由定义 4.3 可以看出，随机变量 X 的方差表达了 X 的取值与其数学期望的偏离程度．若 X 取值比较集中，则 $D(X)$ 较小；反之，若 X 取值比较离散，则 $D(X)$ 较大．所以，$D(X)$ 刻画了 X 取值的离散程度，是衡量 X 取值的离散程度的尺度．

实际上，方差就是随机变量 X 的函数 $g(X)=[X-E(X)]^2$ 的数学期望．对于离散型随机变量，有

$$D(X)=\sum_{k=1}^{\infty}[x_k-E(X)]^2 p_k,$$

其中 $P\{X=x_k\}=p_k\,(k=1,2,\cdots)$ 是 X 的概率分布律．

对于连续型随机变量，有

$$D(X)=\int_{-\infty}^{\infty}[x-E(X)]^2 f(x)\mathrm{d}x,$$

其中 $f(x)$ 是 X 的概率密度函数．

现在给出方差的几个重要性质（设下面所遇到的方差均存在）．

（1）设 X 是一随机变量，则 $D(X)=E(X^2)-[E(X)]^2$，进而 $E(X^2)\geqslant[E(X)]^2$；

（2）若 C 是常数，则 $D(C)=0$；

（3）设 X 为随机变量，C 为常数，则 $D(CX) = C^2 D(X)$；

（4）设 X, Y 是独立的随机变量，则 $D(X + Y) = D(X) + D(Y)$，进一步，设 $X_1, X_2, \cdots, X_n$ 是相互独立的随机变量，于是

$$D(X_1 + X_2 + \cdots + X_n) = D(X_1) + D(X_2) + + D(X_n);$$

（5）设 X 为随机变量，函数 $f(x) = E[(X - x)^2]$，当 $x = E(X)$ 时，$f(x)$ 达到最小值，其最小值为 $D(X)$.

证 （1）由数学期望的性质，得

$$\begin{aligned} D(X) &= E[X - E(X)]^2 = E\{X^2 - 2XE(X) + [E(X)]^2\} \\ &= E(X^2) - 2E(X)E(X) + [E(X)]^2 \\ &= E(X^2) - [E(X)]^2. \end{aligned}$$

根据方差的定义知方差非负，故由 $E(X^2) - [E(X)]^2 = D(X) \geqslant 0$，得 $E(X^2) \geqslant [E(X)]^2$.

（2）$D(C) = E[C - E(C)]^2 = E(C - C)^2 = 0$.

（3）$\begin{aligned} D(CX) &= E(CX)^2 - [E(CX)]^2 \\ &= C^2 E(X^2) - C^2 [E(X)]^2 \\ &= C^2 \{E(X^2) - [E(X)]^2\} \\ &= C^2 D(X). \end{aligned}$

（4）$\begin{aligned} D(X + Y) &= E[(X + Y) - E(X + Y)]^2 \\ &= E\{[X - E(X)] + [Y + E(Y)]\}^2 \\ &= E[X - E(X)]^2 + E[Y - E(Y)]^2 + 2E[X - E(X)][Y - E(Y)] \\ &= D(X) + D(Y) + 2E[X - E(X)][Y - E(Y)]. \end{aligned}$

由于 X, Y 相互独立，所以 $X - E(X)$ 与 $Y - E(Y)$ 也相互独立，于是由数学期望性质，得

$$E[X - E(X)][Y - E(Y)] = E[X - E(X)]E[Y - E(Y)] = 0,$$

故有

$$D(X + Y) = D(X) + D(Y).$$

（5）显然

$$f(x) = E[(X - x)^2] = E(X^2) - 2xE(X) + x^2,$$

求导后，有

$$f'(x) = 2x - 2E(X),$$

令 $f'(x) = 0$，知 $x = E(X)$ 是 $f(x)$ 的驻点. 再由 $f''(x) = 2 > 0$，知 $f(x)$ 在点 $x = E(X)$ 处达到最小值，并且其最小值为

$$f[E(X)] = E[X - E(X)]^2 = D(X).$$

该性质说明，随机变量对于数学期望的偏离程度比它关于其他值的偏离程度都小.

在理论研究和实际应用中，为了计算方便或证明简化，往往需要对随机变量"标准化"，即设随机变量 X 的数学期望和方差都存在，令

$$Y = \frac{X - E(X)}{\sqrt{D(X)}},$$

则称 $Y = \dfrac{X - E(X)}{\sqrt{D(X)}}$ 为随机变量 X 的标准化随机变量. 由数学期望和方差的性质，得

$$E(Y) = \frac{1}{\sqrt{D(X)}}[E(X) - E(X)] = 0,$$

$$D(Y) = \frac{1}{D(X)} D(X) = 1.$$

例如，若随机变量 $X \sim N(\mu, \sigma^2)$，而 $E(X) = \mu$，$D(X) = \sigma^2$，则 X 的标准化随机变量为 $Y = \dfrac{X - \mu}{\sigma}$. 又因为 Y 仍然服从正态分布，且 $E(Y) = 0$，$D(Y) = 1$，所以 $Y \sim N(0,1)$. 将随机变量标准化，是研究随机变量过程中常用的基本方法之一.

例 4.10　继续求解例 4.5 中的离散型随机变量的方差.

解　（1）（两点分布）由 $E(X) = p$，有 $E(X^2) = 0^2 \cdot (1-p) + 1^2 \cdot p = p$，进而有
$$D(X) = E(X^2) - [E(X)]^2 = p - p^2 = p(1-p).$$

（2）（二项分布）服从二项分布 $b(n, p)$ 的随机变量 X 可分解为 n 个相互独立同分布的两点分布的随机变量之和，即令 $X = X_1 + X_2 + \cdots + X_n$，其中 X_i 服从两点分布，且 $X_1, X_2, \cdots, X_n$ 相互独立. 又知两点分布的方差为 $D(X_i) = p(1-p)$，所以由方差的性质，得

$$\begin{aligned} D(X) &= D(X_1 + X_2 + \cdots + X_n) \\ &= D(X_1) + D(X_2) + \cdots + D(X_n) \\ &= p(1-p) + p(1-p) + \cdots + p(1-p) = np(1-p). \end{aligned}$$

（3）（泊松分布）由 $E(X) = \lambda$，得

$$\begin{aligned} E(X^2) &= E[X(X-1) + X] = E[X(X-1)] + E(X) \\ &= \sum_{k=1}^{\infty} k(k-1) \frac{\lambda^k}{k!} \mathrm{e}^{-\lambda} + \lambda \\ &= \lambda^2 \mathrm{e}^{-\lambda} \sum_{k=2}^{\infty} \frac{\lambda^{k-2}}{(k-2)!} + \lambda \\ &= \lambda^2 \mathrm{e}^{-\lambda} \mathrm{e}^{\lambda} + \lambda = \lambda^2 + \lambda. \end{aligned}$$

所以方差为

$$D(X) = E(X^2) - [E(X)]^2 = \lambda.$$

由此看出，服从泊松分布的随机变量的数学期望和方差相等，都是参数 λ，因此知道它的数学期望或方差都能完全确定它的分布.

例 4.11 继续求解例 4.6 中的连续型随机变量的方差.

解 （1）（均匀分布） $D(X) = E(X^2) - [E(X)]^2$

$$= \int_a^b x^2 \frac{1}{b-a} \mathrm{d}x - [E(X)]^2$$

$$= \int_a^b x^2 \frac{1}{b-a} \mathrm{d}x - \left(\frac{a+b}{2}\right)^2 = \frac{(b-a)^2}{12}.$$

（2）（正态分布） $D(X) = \int_{-\infty}^{\infty} (x-\mu)^2 \frac{1}{\sqrt{2\pi}\sigma} \mathrm{e}^{-\frac{(x-\mu)^2}{2\sigma^2}} \mathrm{d}x \left(\text{令} t = \frac{x-\mu}{\sigma}\right)$

$$= \frac{\sigma^2}{\sqrt{2\pi}} \int_{-\infty}^{+\infty} t^2 \mathrm{e}^{-\frac{t^2}{2}} \mathrm{d}t$$

$$= \frac{\sigma^2}{\sqrt{2\pi}} \sqrt{2\pi} = \sigma^2.$$

由此看出，服从正态分布的随机变量 X 的概率密度函数中的参数 μ 就是 X 的数学期望， σ^2 是 X 的方差. 因而服从正态分布的随机变量的分布完全由它的两个参数 μ, σ^2 所确定.

（3）（指数分布）因为

$$E(X^2) = \int_{-\infty}^{+\infty} x^2 f(x) \mathrm{d}x = \int_0^{\infty} x^2 \lambda \mathrm{e}^{-\lambda x} \mathrm{d}x = \frac{2}{\lambda^2},$$

所以有

$$D(X) = E(X^2) - [E(X)]^2 = \frac{2}{\lambda^2} - \frac{1}{\lambda^2} = \frac{1}{\lambda^2}.$$

例 4.12 设二维正态随机变量 $(X, Y) \sim N(\mu_1, \mu_2, \sigma_1^2, \sigma_2^2, \rho)$，求 $E(3X - 6Y - 2)$.

解 因为 $(X, Y) \sim N(\mu_1, \mu_2, \sigma_1^2, \sigma_2^2, \rho)$，利用第 3 章边缘密度函数的计算，知

$$X \sim N(\mu_1, \sigma_1^2), \quad Y \sim N(\mu_2, \sigma_2^2).$$

由数学期望的性质，得

$$E(3X - 6Y - 2) = 3E(X) - 6E(Y) - 2 = 3\mu_1 - 6\mu_2 - 2.$$

表 4-3 列出了常见分布的数学期望与方差.

表 4-3

分布类型	参数	分布律或概率密度函数	数学期望	方差
0-1 分布	$0 < p < 1$	$P\{X = k\} = p^k(1-p)^{1-k},\ k = 0,1$	p	$p(1-p)$
二项分布	$0 < p < 1$	$P\{X = k\} = C_n^k p^k(1-p)^{n-k},\ k = 0,1,\cdots,n$	np	$np(1-p)$
泊松分布	$\lambda > 0$	$P\{X = k\} = \dfrac{\lambda^k e^{-\lambda}}{k!},\ k = 0,1,\cdots$	λ	λ
几何分布	$0 < p < 1$	$P\{X = k\} = p(1-p)^{k-1},\ k = 1,2,\cdots$	$\dfrac{1}{p}$	$\dfrac{1-p}{p^2}$
超几何分布	N,M,n $(n \leqslant M)$	$P\{X = k\} = \dfrac{C_M^k C_{N-M}^{n-k}}{C_N^n}$	$\dfrac{nM}{N}$	$\dfrac{nM}{N}\left(1 - \dfrac{M}{N}\right)\left(\dfrac{N-n}{N-1}\right)$
均匀分布	$a < b$	$f(x) = \begin{cases} \dfrac{1}{b-a}, & a \leqslant x \leqslant b \\ 0, & \text{其他} \end{cases}$	$\dfrac{a+b}{2}$	$\dfrac{(b-a)^2}{12}$
正态分布	$\mu \in \mathbf{R}$ $\sigma > 0$	$f(x) = \dfrac{1}{\sqrt{2\pi}\sigma} e^{-\frac{(x-\mu)^2}{2\sigma^2}}$	μ	σ^2
指数分布	$\lambda > 0$	$f(x) = \begin{cases} \lambda e^{-\lambda x}, & x > 0 \\ 0, & \text{其他} \end{cases}$	$\dfrac{1}{\lambda}$	$\dfrac{1}{\lambda^2}$

4.3　矩、协方差

内容概要

1. 矩与切比雪夫不等式

（1）设 X 为随机变量，若 $E|X|^k < \infty$，则称 $v_k = E(X^k)$ 为 X 的 k 阶原点矩.

（2）设 $E(X)$ 存在，且 $E[|X - E(X)|^k] < \infty$，则称 $\mu_k = E[X - E(X)]^k$ 为 X 的 k 阶中心矩.

（3）若随机变量 X 的方差 $D(X)$ 存在，则对任意的 $\varepsilon > 0$，有 $P\{|X - E(X)| \geqslant \varepsilon\} \leqslant \dfrac{D(X)}{\varepsilon^2}$.

2. 协方差

若 $E\{[X - E(X)][Y - E(Y)]\}$ 存在，则记 $\text{Cov}(X,Y) = E\{[X - E(X)][Y - E(Y)]\}$.

3. 协方差的性质

（1）$\text{Cov}(X,X) = D(X)$；

（2）$\text{Cov}(X,Y) = \text{Cov}(Y,X)$；

（3）$\text{Cov}(X,Y) = E(XY) - E(X)E(Y)$；

（4）若 X 与 Y 相互独立，则 $\mathrm{Cov}(X,Y)=0$，反之不然；

（5）对任意的常数 a,b，有 $\mathrm{Cov}(aX,bY)=ab\mathrm{Cov}(X,Y)$；

（6）$\mathrm{Cov}(X+Y,Z)=\mathrm{Cov}(X,Z)+\mathrm{Cov}(Y,Z)$；

（7）对任意二维随机变量 (X,Y)，有 $D(X\pm Y)=D(X)+D(Y)\pm2\mathrm{Cov}(X,Y)$.

本节首先介绍随机变量的原点矩和中心矩等，然后介绍协方差.

1. 矩与切比雪夫不等式

定义 4.4 （1）设 X 为随机变量，若 $E|X|^k<\infty$，令

$$\nu_k=E(X^k)\,,$$

则称 ν_k 为 X 的 k 阶**原点矩**.

（2）设 $E(X)$ 存在，且 $E[|X-E(X)|^k]<\infty$，令

$$\mu_k=E[X-E(X)]^k\,,$$

则称 μ_k 为 X 的 k 阶**中心矩**.

显然，有

$$\nu_0=1\,,\quad \nu_1=E(X)\,,\quad \mu_0=1\,,\quad \mu_2=D(X)\,.$$

原点矩和中心矩有如下关系：

$$\mu_n=E[X-E(X)]^n=\sum_{k=0}^{n}\mathrm{C}_n^k(-1)^{n-k}E(X^k)[E(X)]^{n-k}$$

$$=\sum_{k=0}^{n}(-1)^{n-k}\mathrm{C}_n^k(\nu_1)^{n-k}\nu_k\,.$$

显然，原点矩是特殊的中心距（当 $E(X)=0$ 时），若原点矩存在，则中心矩存在，反之亦然. 下面先给出二阶矩存在时的一个重要不等式，然后给出高阶矩存在时的重要不等式.

定理 4.3 （切比雪夫不等式）若随机变量 X 的方差 $D(X)$ 存在，则对任意的 $\varepsilon>0$，有

$$P\{|X-E(X)|\geqslant\varepsilon\}\leqslant\frac{D(X)}{\varepsilon^2}\ \text{或}\ P\{|X-E(X)|<\varepsilon\}\geqslant1-\frac{D(x)}{\varepsilon^2}\,.$$

证 设连续型随机变量 X 的分布函数为 $F(x)$，则

$$P\{|X-E(X)\geqslant\varepsilon|\}=\int_{|x-E(X)|\geqslant\varepsilon}\mathrm{d}F(x)$$

$$\leqslant\int_{|x-E(X)|\geqslant\varepsilon}\frac{[x-E(X)]^2}{\varepsilon^2}\mathrm{d}F(x)$$

$$\leqslant\frac{1}{\varepsilon^2}\int_{-\infty}^{+\infty}[x-E(X)]^2\mathrm{d}F(x)=\frac{D(X)}{\varepsilon^2}\,.$$

定理 4.3 说明，若 X 的方差小，则事件 $\{|X-E(X)|\geqslant\varepsilon\}$ 发生的概率就小，即事件 $\{|X-E(X)|<\varepsilon\}$ 发生的概率就大，也就是说随机变量 X 的取值基本集中于 $E(X)$ 附

近. 这实际上给出了随机变量 X 与 $E(X)$ 的偏差不小于 ε 的概率估计式. 形象地说, 切比雪夫不等式给出的估计是一种粗糙的估计, 一种只需要知道方差而不需要知道分布函数的估计. 由于不需要知道分布函数, 故这种估计比较粗糙, 但其适用面较为广泛, 在第 5 章大数定律的证明中我们还要用到该不等式.

例 4.13　已知某班某门课程的平均成绩为 80 分, 标准差为 10 分, 试用切比雪夫不等式估计该班这门课程的及格率.

解　设 X 表示 "任意抽取一名学生的成绩", 则

$$P\{60 \leqslant X \leqslant 100\} = P\{|X-80| \leqslant 20\} \geqslant P\{|X-80| < 20\} \geqslant 1 - \frac{10^2}{20^2} = 75\%.$$

所以该班这门课程的及格率不低于 75%.

推论　若 $D(X) = 0$, 则 $P\{X = E(X)\} = 1$.

证明略.

该推论说明, 当方差为 0 时, 随机变量 X 以概率为 1 地等于它的数学期望, 这实际上意味着该事件几乎必然发生.

与一维随机变量的情况类似, 我们可以定义多维随机变量的数学期望和方差.

定义 4.5　设 n 维随机变量 $X = (X_1, X_2, \cdots, X_n)$, 则称 $E(X) = (E(X_1),\ E(X_2), \cdots, E(X_n))$ 为 n 维随机变量 $X = (X_1, X_2, \cdots, X_n)$ 的数学期望.

2. 协方差

随机变量 X 的数学期望和方差反映了单个随机变量 X 的特征, 那么对于两个随机变量 X, Y, 怎样衡量它们之间的关系呢? 为此我们引入协方差的概念.

定义 4.6　设 $(X_1, X_2, \cdots, X_n)$ 为 n 维随机变量, 并且假定以下遇到的数学期望都存在, 令

$$c_{ij} = E\{[X_i - E(X_i)][X_j - E(X_j)]\} \quad (i, j = 1, 2, \cdots, n)$$

当 $i \neq j$ 时, 称 c_{ij} 为随机变量 X_i 与 X_j 的**二阶混合中心矩**, 不论 i, j 相等与否, 统称 c_{ij} 为**协方差**, 记为 $\mathrm{Cov}(X_i, X_j)$.

设下面出现的随机变量的数学期望、方差、协方差均有意义, 下面给出协方差的性质.

定义 4.7　若 $E\{[X - E(X)][Y - E(Y)]\}$ 存在, 则称 $\mathrm{Cov}(X, Y) = E\{[X - E(X)][Y - E(Y)]\}$ 为随机变量 X 与 Y 的协方差, 记为 $\mathrm{Cov}(X, Y)$.

由定义 4.7 易知以下性质显然成立, 证明较容易, 在此从略.

3. 协方差的性质

协方差的性质如下：

（1）$\mathrm{Cov}(X,X)=D(X)$；

（2）$\mathrm{Cov}(X,Y)=\mathrm{Cov}(Y,X)$；

（3）$\mathrm{Cov}(X,Y)=E(XY)-E(X)E(Y)$；

（4）若 X 与 Y 相互独立，则 $\mathrm{Cov}(X,Y)=0$，反之不然；

（5）对任意常数 a,b，有 $\mathrm{Cov}(aX,bY)=ab\mathrm{Cov}(X,Y)$；

（6）$\mathrm{Cov}(X+Y,Z)=\mathrm{Cov}(X,Z)+\mathrm{Cov}(Y,Z)$；

（7）对任意二维随机变量 (X,Y)，有

$$D(X\pm Y)=D(X)+D(Y)\pm 2\mathrm{Cov}(X,Y).$$

令

$$C=\begin{pmatrix} c_{11} & c_{12} & \cdots & c_{1n} \\ c_{21} & c_{22} & \cdots & c_{2n} \\ \vdots & \vdots & & \vdots \\ c_{n1} & c_{n2} & \cdots & c_{nn} \end{pmatrix},$$

其中 $c_{ij}=\mathrm{Cov}(X_i,X_j)$，则称 C 为 n 维随机变量 $(X_1,X_2,\cdots,X_n)$ 的**协方差阵**（covariance matrix）. 协方差阵中的元素 c_{ij} 有以下性质：

（1）$c_{kk}=D(X_k)$ $(k=1,2,\cdots,n)$；

（2）$c_{ij}=c_{ji}$ $(i,j=1,2,\cdots,n)$；

（3）$c_{ij}^2 \leqslant c_{ii}c_{jj}$ $(i,j=1,2,\cdots,n)$；

（4）协方差阵 C 是非负定的，即对任意的实向量 $T'=(t_1,t_2,\cdots,t_n)$，有 $T'CT \geqslant 0$，其中 T' 是对 T 的转置.

证明略.

例 4.14　（二维均匀分布）设 (X,Y) 的概率密度函数为

$$f(x,y)=\begin{cases} \dfrac{1}{(b_1-a_1)(b_2-a_2)}, & a_1<x<b_1,a_2<y<b_2, \\ 0, & 其他, \end{cases}$$

求 (X,Y) 的数学期望和协方差阵.

解　容易计算，关于 X 和 Y 的边缘概率密度函数分别为

$$f_X(x)=\begin{cases} \dfrac{1}{b_1-a_1}, & a_1<x<b_1, \\ 0, & 其他, \end{cases}$$

$$f_Y(y)=\begin{cases} \dfrac{1}{b_2-a_2}, & a_2<y<b_2, \\ 0, & 其他, \end{cases}$$

则 $f(x,y) = f_X(x)f_Y(y)$，所以 X 与 Y 相互独立，那么有

$$E(X) = \frac{a_1 + b_1}{2}, \quad E(Y) = \frac{a_2 + b_2}{2},$$

又因为

$$c_{11} = D(X) = \frac{(b_1 - a_1)^2}{12}, \quad c_{22} = D(Y) = \frac{(b_2 - a_2)^2}{12},$$

$$c_{12} = c_{21} = E\{[X - E(X)][Y - E(Y)]\} = 0,$$

所以 (X, Y) 的协方差阵为

$$C = \begin{pmatrix} \dfrac{(b_1 - a_1)^2}{12} & 0 \\ 0 & \dfrac{(b_2 - a_2)^2}{12} \end{pmatrix}.$$

例 4.15 设二维正态随机变量 $(X, Y) \sim N(\mu_1, \mu_2, \sigma_1^2, \sigma_2^2, \rho)$，求 (X, Y) 的数学期望和协方差阵.

解 我们知道 $X \sim N(\mu_1, \sigma_1^2)$，$Y \sim N(\mu_2, \sigma_2^2)$，所以

$$E(X) = \mu_1, \quad E(Y) = \mu_2, \quad D(X) = \sigma_1^2, \quad D(Y) = \sigma_2^2.$$

又因为

$$c_{12} = c_{21} = \int_{-\infty}^{+\infty} \int_{-\infty}^{+\infty} (x - \mu_1)(y - \mu_2) \frac{1}{2\pi\sigma_1\sigma_2\sqrt{1-\rho^2}}$$

$$\cdot \exp\left\{ \frac{-1}{2(1-\rho^2)} \left[\frac{(x-\mu_1)^2}{\sigma_1^2} - 2\rho\frac{(x-\mu_1)(y-\mu_2)}{\sigma_1\sigma_2} + \frac{(y-\mu_2)^2}{\sigma_2^2} \right] \right\} dx dy$$

$$= \frac{1}{2\pi\sigma_1\sigma_2\sqrt{1-\rho^2}} \int_{-\infty}^{+\infty} e^{-\frac{(y-\mu_2)^2}{2\sigma_2^2}} dy \int_{-\infty}^{+\infty} (x-\mu_1)(y-\mu_2) \exp\left\{ \frac{-1}{2(1-\rho^2)} \left(\frac{x-\mu_1}{\sigma_1} - \rho\frac{y-\mu_2}{\sigma_2} \right) \right\} dx$$

$$= \rho\sigma_1\sigma_2,$$

所以 (X, Y) 的数学期望和协方差阵分别为

$$[E(X), E(Y)] = (\mu_1, \mu_2), \quad C = \begin{pmatrix} \sigma_1^2 & \rho\sigma_1\sigma_2 \\ \rho\sigma_1\sigma_2 & \sigma_2^2 \end{pmatrix}.$$

因此，类似于一维情形，二维正态分布完全由它的数学期望与协方差阵唯一确定，即它的五个参数 $\mu_1, \mu_2, \sigma_1^2, \sigma_2^2, \rho$ 完全由 $E(X), E(Y), D(X), D(Y), c_{12}$ 这五个数唯一确定.

下面我们引入 n 维正态分布的概率密度函数的定义. 我们先将二维正态随机变量的概率密度函数改写成另一种形式，以便将它推广到 n 维随机变量的情形中. 二维正态随

机变量 (X_1, X_2) 的概率密度函数为

$$f(x_1, x_2) = \frac{1}{2\pi\sigma_1\sigma_2\sqrt{1-\rho^2}} \cdot \exp\left\{\frac{-1}{2(1-\rho^2)}\left[\frac{(x_1-\mu_1)^2}{\sigma_1^2} - 2\rho\frac{(x_1-\mu_1)}{\sigma_1\sigma_2} + \frac{(x_2-\mu_2)^2}{\sigma_2^2}\right]\right\}.$$

令

$$X = \begin{pmatrix} x_1 \\ x_2 \end{pmatrix}, \quad \mu = \begin{pmatrix} \mu_1 \\ \mu_2 \end{pmatrix},$$

则 (X_1, X_2) 的协方差阵为

$$C = \begin{pmatrix} c_{11} & c_{12} \\ c_{21} & c_{22} \end{pmatrix} = \begin{pmatrix} \sigma_1^2 & \rho\sigma_1\sigma_2 \\ \rho\sigma_1\sigma_2 & \sigma_2^2 \end{pmatrix},$$

它的行列式为 $|C| = \sigma_1^2\sigma_2^2(1-\rho^2)$ ，C 的逆矩阵为

$$C^{-1} = \frac{1}{|C|}\begin{pmatrix} \sigma_2^2 & -\rho\sigma_1\sigma_2 \\ -\rho\sigma_1\sigma_2 & \sigma_1^2 \end{pmatrix},$$

那么，有

$$(X-\mu)'C^{-1}(X-\mu)$$
$$= \frac{-1}{1-\rho^2}\left[\frac{(x_1-\mu_1)^2}{\sigma_1^2} - 2p\frac{(x_1-\mu_1)(x_2-\mu_2)}{\sigma_1\sigma_2} + \frac{(x_2-\mu_2)^2}{\sigma_2^2}\right],$$

于是 (X_1, X_2) 的概率密度函数可写成

$$f(x_1, x_2) = \frac{1}{(2\pi)^{\frac{2}{2}}|C|^{\frac{1}{2}}}e^{-\frac{1}{2}(X-\mu)'C^{-1}(X-\mu)}$$

其中 $(X-\mu)'$ 是对 $(X-\mu)$ 的转置. 现引入 n 维正态分布的概率密度函数如下.

定义 4.8 设 n 维随机变量 $(X_1, X_2, \cdots, X_n)$ 的概率密度函数为

$$f(x_1, \cdots, x_n) = \frac{1}{(2\pi)^{\frac{n}{2}}|C|^{\frac{1}{2}}}e^{-\frac{1}{2}(X-\mu)'C^{-1}(X-\mu)} \quad (-\infty < x_i < \infty, i = 1, 2, \cdots, n),$$

其中，C 为对称正定矩阵，$|C|$ 为 C 的行列式，且

$$C = \begin{pmatrix} c_{11} & c_{12} & \cdots & c_{1n} \\ c_{21} & c_{22} & \cdots & c_{2n} \\ \vdots & \vdots & & \vdots \\ c_{n1} & c_{n2} & \cdots & c_{nn} \end{pmatrix}, \quad \mu = \begin{pmatrix} \mu_1 \\ \mu_2 \\ \vdots \\ \mu_n \end{pmatrix}, \quad x = \begin{pmatrix} x_1 \\ x_2 \\ \vdots \\ x_n \end{pmatrix},$$

则称 $(X_1, X_2, \cdots, X_n)$ 服从 n 维正态分布.

可以证明，

$$E(X_i) = \mu_i(i = 1, \cdots, n), \quad E\{[X_i - E(X_i)][X_j - E(X_j)]\} = c_{ij} \quad (i, j = 1, 2, \cdots, n),$$

证明略.

4.4　相 关 系 数

内容概要

1．相关系数的定义

若 $D(X) > 0$，$D(Y) > 0$，则 X 与 Y 的相关系数

$$\rho_{XY} = \frac{E\{[X - E(X)][Y - E(Y)]\}}{\sqrt{D(X)D(Y)}} = \frac{\mathrm{Cov}(X,Y)}{\sqrt{D(X)D(Y)}}.$$

2．相关系数的性质

（1）$|\rho_{XY}| \leqslant 1$；

（2）$|\rho_{XY}| = 1$ 的充要条件是，存在常数 a,b，使得 $P\{Y = a + bX\} = 1$；

（3）若随机变量 X, Y 服从二维正态分布 $N(\mu_1, \sigma_1^2; \mu_2, \sigma_2^2; \rho)$，则 X 与 Y 相互独立的充要条件为相关系数 $\rho_{XY} = 0$．

定义 4.9　设随机变量 X, Y 的方差 $D(X), D(Y)$ 存在且均大于 0，令

$$\rho_{XY} = \frac{E\{[X - E(X)][Y - E(Y)]\}}{\sqrt{D(X)D(Y)}} = \frac{\mathrm{Cov}(X,Y)}{\sqrt{D(X)D(Y)}},$$

则称 ρ_{XY} 为 X 与 Y 的**相关系数**（coefficient of correlated），也可简记为 ρ．

下面我们来推导 ρ_{XY} 的两条重要性质，并说明 ρ_{XY} 的含义．

考察以 X 的线性函数 $a + bX$ 来近似表示 Y．我们以均方误差

$$e = E(Y - a - bX)^2 = E(Y^2) + b^2 E(X^2) + a^2 + 2bE(XY) + 2abE(X) - 2aE(Y)$$

来衡量用 $a + bX$ 来近似表达 Y 的好坏程度．e 的值越小，则表示 $a + bX$ 与 Y 的近似程度越好．这样，我们就取 a, b 使 e 取得最小．下面用求偏导数的方式来求最佳近似式 $a + bX$ 中的 a, b．

为此，将 e 分别关于 a, b 求偏导数，并令它们等于零，然后用 a_0, b_0 代替 a, b，作为 e 达到最小值时的 a, b 的取值，即令

$$\begin{cases} \dfrac{\partial e}{\partial a} = 2a + 2bE(X) - 2E(Y) = 0, \\ \dfrac{\partial e}{\partial b} = 2bE(X^2) + 2E(XY) + 2aE(X) = 0. \end{cases}$$

解得

$$\begin{cases} b_0 = \dfrac{\mathrm{Cov}(X,Y)}{D(X)}, \\[3mm] a_0 = E(Y) - b_0 E(X) = E(Y) - E(X)\dfrac{\mathrm{Cov}(X,Y)}{D(X)}. \end{cases}$$

于是 e 的最小值为

$$\min_{a,b} E(Y - a - bx)^2 = E(Y - a_0 - b_0 X)^2 = (1 - \rho_{XY}^2)D(Y).$$

有了线性函数最小均方误差的表达式就不难得到下述性质.

设 ρ_{XY} 为随机变量 X, Y 的相关系数，则

（1）$|\rho_{XY}| \leqslant 1$；

（2）$|\rho_{XY}| = 1$ 的充要条件是，存在常数 a, b，使得 $P\{Y = a + bX\} = 1$；

（3）若随机变量 X, Y 服从二维正态分布 $N(\mu_1, \sigma_1^2; \mu_2, \sigma_2^2; \rho)$，则 X 与 Y 相互独立的充要条件为相关系数 $\rho_{XY} = 0$.

证　（1）由等式 $E[(Y - a_0 - b_0 X)^2] = (1 - \rho_{XY}^2)D(Y)$ 两端的非负性，可知 $1 - \rho_{XY}^2 \geqslant 0$，亦即 $|\rho_{XY}| \leqslant 1$.

（2）若 $|\rho_{XY}| = 1$，则 $E[(Y - a_0 - b_0 X)^2] = (1 - \rho_{XY}^2)D(Y) = 0$，从而

$$0 = E[(Y - a_0 - b_0 X)^2] = D(Y - a_0 - b_0 X) + [E(Y - a_0 - b_0 X)]^2,$$

故有 $D(Y - a_0 - b_0 X) = 0$，$E(Y - a_0 - b_0 X) = 0$. 再由方差的性质，知

$$P\{Y - a_0 - b_0 X = 0\} = 1,$$

即

$$P\{Y = a_0 + b_0 X\} = 1.$$

反之，若存在常数 a^*, b^* 使 $P\{Y = a^* + b^* X\} = 1$，即

$$P\{Y - a^* - b^* X = 0\} = 1.$$

于是 $P\{(Y - a^* - b^* X)^2 = 0\} = 1$，即得 $E[(Y - a^* - b^* X)^2] = 0$，故有

$$0 = E[(Y - a^* - b^* X)^2] \geqslant \min_{a,b} E[(Y - a - bX)^2]$$
$$= E[(Y - a_0 - b_0 X)^2] = (1 - \rho_{XY}^2)D(Y).$$

即得 $|\rho_{XY}| = 1$.

（3）当 X 与 Y 相互独立时，由数学期望的性质知 $\mathrm{Cov}(X,Y) = 0$，从而 $\rho_{XY} = 0$，即 X, Y 不相关；反之，由 $\rho_{XY} = 0$，有 $\mathrm{Cov}(X,Y) = 0$，于是二维正态分布的概率密度函数表达式中的 $\rho = 0$，从而概率密度函数表达式可以分解为关于 x 的函数形式和关于 y 的函数形式两部分，即 $f(x,y) = f_1(x)f_2(y)$，于是 X, Y 是相互独立的.

通过上面的讨论可知，均方误差 e 是 $|\rho_{XY}|$ 的严格单调减少函数，这样 ρ_{XY} 的含义就很明显了．当 $|\rho_{XY}|$ 较大时，e 较小，表明 X,Y（就线性关系来说）的联系较紧密．特别地，当 $|\rho_{XY}|=1$ 时，由性质（3）得 X,Y 之间以概率 1 存在线性关系，于是 ρ_{XY} 是一个可以用来表征 X,Y 之间线性关系紧密程度的量．当 $|\rho_{XY}|$ 较大时，通常说 X,Y 线性相关的程度较好；当 $|\rho_{XY}|$ 较小时，通常说 X 与 Y 线性相关的程度较差；当 $|\rho_{XY}|=0$，称 X 与 Y **不相关**.

假设随机变量 X,Y 的相关系数 ρ_{XY} 存在，则当 X 与 Y 相互独立时，由数学期望的性质容易得到 $\mathrm{Cov}(X,Y)=0$，从而 $\rho_{XY}=0$，即 X 与 Y 不相关；反之，若 X 与 Y 不相关，X 与 Y 却不一定相互独立．上述情况，从"不相关"和"相互独立"的含义来看是明显的．这是因为不相关只是对线性关系而言的，而相互独立是对一般关系而言的．

注　独立一定不相关，但是不相关却不一定独立.

另外还有以下结论：

X 与 Y 相互独立 $\Rightarrow \mathrm{Cov}(X,Y)=0 \Leftrightarrow \rho_{XY}=0 \Leftrightarrow X$ 与 Y 不相关 $\Leftrightarrow E(XY)=E(X)\cdot E(Y)$

$$\Leftrightarrow D(X+Y)=D(X)+D(Y).$$

下面指出不相关也不独立的例子是存在的.

设 (X,Y) 的联合分布律如表 4-4 所示.

表 4-4

Y	X				$P\{Y=j\}$
	-2	-1	1	2	
1	0	$\dfrac{1}{4}$	$\dfrac{1}{4}$	0	$\dfrac{1}{2}$
4	$\dfrac{1}{4}$	0	0	$\dfrac{1}{4}$	$\dfrac{1}{2}$
$P\{X=i\}$	$\dfrac{1}{4}$	$\dfrac{1}{4}$	$\dfrac{1}{4}$	$\dfrac{1}{4}$	1

易知 $E(X)=0$，$E(Y)=5/2$，$E(XY)=0$，于是 $\rho_{XY}=0$，X 与 Y 不相关．这表示 X 与 Y 不存在线性关系．从这个例子中还可以看出

$$P(X=-2,\,Y=1)=0\neq P(X=-2)P(Y=1),$$

所以 X 与 Y 不是相互独立的．事实上，X 与 Y 具有的关系为 $Y=X^2$，Y 的值完全由 X 的值所确定.

最后再次强调指出，相关一定不独立，独立一定不相关，不相关不一定独立，另外，对于正态分布而言，独立与不相关是等价的．证明独立性一般是比较困难的，所以大多数情况下都是直接根据具体的实际环境给出独立性，对于给出概率密度函数和变量取值范围的情况下，如果概率密度函数可以分解成 $f(x)g(y)$ 的形式并且 x,y 的取值范围没有相互依赖关系，则可以证明 X 与 Y 相互独立.

例 4.16 设 A, B 为两个随机事件，$0 < P(A) < 1$，$0 < P(B) < 1$，令

$$r(A,B) = \frac{P(A,B) - P(A)P(B)}{\sqrt{P(A)[1-P(A)]P(B)[1-P(B)]}}.$$

求证：$|r(A,B)| \leqslant 1$.

证 令

$$X = \begin{cases} 1, & A\text{发生}, \\ 0, & A\text{不发生}, \end{cases} \qquad Y = \begin{cases} 1, & B\text{发生}, \\ 0, & B\text{不发生}. \end{cases}$$

易得 X^2 与 X 具有相同的概率分布律，Y^2 与 Y 具有相同的概率分布律. 所以

$$E(X) = P(A), \ E(Y) = P(B), \ E(X^2) = P(A), \ E(Y^2) = P(B);$$
$$D(X) = E(X^2) - [E(X)]^2 = P(A)[1-P(A)],$$
$$D(Y) = E(Y^2) - [E(Y)]^2 = P(B)[1-P(B)],$$

所以

$$E(XY) = P(AB).$$

所以 X 与 Y 的相关系数为

$$\rho_{XY} = \frac{E(XY) - E(X)E(Y)}{\sqrt{D(X) \cdot D(Y)}} = \frac{P(AB) - P(A)P(B)}{\sqrt{P(A)[1-P(A)]P(B)[1-P(B)]}}.$$

所以

$$\rho_{XY} = r(A,B).$$

由相关系数的性质，知 $|\rho_{XY}| \leqslant 1$，所以命题成立.

由例 4.16 可知，利用（0-1）分布与其他知识点相结合可以解决一些比较复杂的问题.

典型问题答疑解惑

问题 1 如何正确理解数学期望的定义？

问题 2 已知随机变量 X 的数学期望为 $E(X)$，则对任意实数 x，求函数 $f(x) = E[(X-x)^2]$ 的最小值.

问题 3 随机变量 X 的数学期望和方差有何区别和联系？

问题 4 已知正态分布的概率密度曲线 $f(x)$ 关于 $x = \mu$ 对称，且它的数学期望也是 μ，那么任何概率密度曲线 $f(x)$ 关于直线 $x = c$ 对称的随机变量的数学期望是否也有这一特性，即 $E(X) = c$ 是否成立？

问题 5 协方差、相关系数反映了随机变量 X 与 Y 之间的什么关系？

问题 6 两个随机变量独立与不相关有何关系？

问题 7 矩有哪些常用的类型？矩在概率统计中有什么应用？

习题 4

一、单项选择题

1. 已知随机变量 X 与 Y 相互独立，且它们分别在区间[-1, 3]和[2, 4]上服从均匀分布，则 $E(XY) = ($).

    A. 3   B. 6   C. 10   D. 12

2. 随机变量 X，Y 和 $X+Y$ 的方差满足 $D(X+Y) = D(X) + D(Y)$ 是 X 与 Y ( ).

    A. 不相关的充分条件，但不是必要条件

    B. 不相关的必要条件，但不是充分条件

    C. 独立的必要条件，但不是充分条件

    D. 独立的充要条件

3. 设两个随机变量 X，Y 的方差 $D(X)$，$D(Y)$ 为非零常数，且 $E(XY) = E(X)E(Y)$，则有 ( ).

    A. X 与 Y 一定相互独立   B. X 与 Y 一定不相关

    C. $D(XY) = D(X)D(Y)$ D. $D(X-Y) = D(X) - D(Y)$

4. 设随机变量 X 和 Y 都服从正态分布，且它们不相关，则 ( ).

    A. X 与 Y 一定相互独立   B. (X,Y) 服从二维正态分布

    C. X 与 Y 未必相互独立   D. $X+Y$ 服从正态分布

5. 设随机变量 $X_1, X_2, \cdots, X_n (n > 1)$ 相互独立且同分布，其方差为 $\sigma^2 > 0$. 令随机变量 $Y = \dfrac{1}{n}(X_1 + X_2 + \cdots + X_n)$，则 ( ).

    A. $\text{Cov}(X_1, Y) = \dfrac{\sigma^2}{n}$ B. $\text{Cov}(X_1, Y) = \sigma^2$

    C. $D(X_1 + Y) = \dfrac{n+2}{n}\sigma^2$ D. $D(X_1 - Y) = \dfrac{n+1}{n}\sigma^2$

6. 设 $E(X) = 2$，$D(X) = 4$，利用切比雪夫不等式可得 $P\{-1 < X < 5\}$ 的下界是 ( ).

    A. $\dfrac{1}{3}$ B. $\dfrac{2}{3}$ C. $\dfrac{5}{9}$ D. $\dfrac{4}{9}$

二、填空题

7. 设随机变量 X 在区间 $(0,2)$ 上服从均匀分布，则 $E(3X-1) = $ _____，$D(3X-1) = $ _____.

8. 设二维随机变量 (X,Y) 服从二维正态分布，且 $E(X) = E(Y) = 0$，$D(X) = D(Y) = 1$，X 与 Y 的相关系 $\rho_{XY} = -\dfrac{1}{2}$，则当 $a = $ _____时，$X+Y$ 与 Y 相互独立.

9．设随机变量 $X \sim N(0,4)$ ， Y 服从指数分布，其概率密度函数为

$$f(y) = \begin{cases} \dfrac{1}{2}\mathrm{e}^{-\frac{1}{2}y}, & y > 0, \\ 0, & y \leqslant 0, \end{cases}$$ 如果 $\mathrm{Cov}(X,Y) = -1$ ， $Z = X - aY$ ， $\mathrm{Cov}(X,Z) = \mathrm{Cov}(Y,Z)$ ，则

$a = \underline{\hspace{2cm}}$ ， X 与 Z 的相关系数 $\rho_{XZ} = \underline{\hspace{2cm}}$ ．

10．已知二维随机变量 (X,Y) ， $\rho = -0.5$ ， $E(X) = -2$ ， $E(Y) = 2$ ， $E(X) = 1$ ， $E(Y) = 4$ ，则根据切比雪夫不等式有 $P\{|X + Y| \geqslant 6\} \leqslant \underline{\hspace{2cm}}$ ．

11．设随机变量 X 与 Y 的相关系数为 0.5 ， $E(X) = E(Y) = 0$ ， $E(X^2) = E(Y^2) = 2$ ，则 $E[(X + Y)^2] = \underline{\hspace{2cm}}$ ．

12．已知二维随机变量 (X,Y) ， $\rho = -0.5$ ， $E(X) = 0$ ， $E(Y) = 1$ ， $E(X^2) = 1$ ， $E(XY) = -1$ ，则 $D(X + Y) = \underline{\hspace{2cm}}$ ．

13．设随机变量 X, Y 相互独立，且 $P\{X \leqslant 1\} = P\{Y \leqslant 1\} = \dfrac{1}{2}$ ，则 $P\{X \leqslant 1,\ Y \leqslant 1\} = \underline{\hspace{2cm}}$ ．

14．设随机变量 X 与 Y 相互独立，且 $D(X) = D(Y) = 1$ ，则 $D(X - Y) = \underline{\hspace{2cm}}$ ．

15．设 $D(X) = D(Y) = 2$ ，相关系数 $\rho = 2$ ，则 $\mathrm{Cov}(X,Y) = \underline{\hspace{2cm}}$ ．

16．设随机变量 X 与 Y 相互独立，则 X 与 Y 的相关系数 $\rho_{XY} = \underline{\hspace{2cm}}$ ．

17．设随机变量 X 服从参数为 λ 的泊松分布，且已知 $E[(X-1)(X-2)] = 1$ ，则参数 $\lambda = \underline{\hspace{2cm}}$ ．

18．已知随机变量 $X \sim N(0,1)$ ， $Y \sim N(3,5)$ ，且 X 与 Y 相互独立，则 $Z = X - 2Y + 1 \sim \underline{\hspace{2cm}}$ ．

19．设随机变量 X 与 Y 相互独立，且 $E(X) = E(Y) = \mu$ ， $D(X) = D(Y) = \sigma^2$ ，则 $E(X - Y)^2 = \underline{\hspace{2cm}}$ ．

三、解答题

20．已知随机变量 X 的概率密度函数为

$$f(x) = \frac{1}{2}\mathrm{e}^{-|x|} \quad (-\infty < x < \infty).$$

（1）求 $E(X)$ 及 $D(X)$ ；

（2）求 $\mathrm{Cov}(X, |X|)$ ；

（3）求 $\rho_{X|X|}$ ；

（4）判断 X 与 $|X|$ 是否相关？

21．一射手进行射击，若取靶子中心 O 为坐标原点， X, Y 分别表示实际命中点的横、纵坐标， X, Y 相互独立，且 $X \sim N(0,1)$ ， $Y \sim N(0,1)$ ．求实际命中点 (X,Y) 到坐标原点 O 距离的均值．

22．某车间生产的圆盘直径在区间 (a,b) 内服从均匀分布，试求圆盘面积的数学期望．

23．将 n 只球（编号为 $1\sim n$）随机地放进 n 个盒子（编号为 $1\sim n$）中去，一个盒子装一只球．若一只球装入与球编号同号的盒子中，则称为一个配对．记 X 为总的配对数，求 $E(X)$．

24．设 A,B 为两个随机事件，$P(A)>0$，$P(B)>0$，X,Y 为两个随机变量．

$$X=\begin{cases}1, & A发生,\\ 0, & A不发生,\end{cases} \qquad Y=\begin{cases}1, & B发生,\\ 0, & B不发生.\end{cases}$$

试证明：若 $\rho_{XY}=0$，则 X,Y 一定相互独立．

25．若 X 与 Y 都是只取两个值的随机变量，试证：若 X,Y 不相关，则 X,Y 相互独立．

26．已知某产品的次品率为 0.1，检验员每天检验 4 次，每次随机地取 10 件产品进行检验，如发现其中的次品数多于 1，就去调整设备，以 X 表示一天中调整设备的次数，试求 $E(X)$．（设各件产品是否为次品是相互独立的．）

27．连续型随机变量 X 的概率密度函数为

$$f(x)=\begin{cases}2\mathrm{e}^{-2x}, & x>0,\\ 0, & x\leqslant 0,\end{cases}$$

（1）求 $E(X),D(X)$；

（2）求 $E(X^2)$．

28．设连续型随机变量 X 的概率密度函数为

$$f(x)=\begin{cases}ax+b, & 0<x<1,\\ 0, & 其他,\end{cases}$$

已知 $E(X)=\dfrac{1}{3}$，试求 a 和 b．

29．证明：$E(XY)=E(X)E(X)$ 或 $D(X\pm Y)=D(X)+D(Y)$ 的充要条件为 X 与 Y 不相关．

30．证明：如果随机变量 X 与 Y 都取两个值，且协方差为零，则 X 与 Y 相互独立．

31．已知 X,Y,Z 是两两相互独立的随机变量，数学期望均为 0，方差都是 1，求 $X-Y$ 与 $Y-Z$ 的相关系数．

32．设随机变量 X 与 Y 独立同分布，$E(X)=E(Y)=\mu$，$D(X)=D(Y)=\sigma^2$，记 $\xi=\alpha X+\beta Y$，$\eta=\alpha X-\beta Y$．

（1）求 ξ,η 的相关系数；

（2）说明 α,β 满足什么关系时 ξ,η 不相关．

33．已知对二维随机变量 (X,Y)，有

$$E(X)=0，\quad E(Y)=1，\quad E(X^2)=1，\quad E(XY)=-1，\quad \rho_{XY}=-\frac{1}{2}.$$

（1）求 $D(X)$；

（2）求 $D(Y)$；

（3）求 $D(X-Y)$.

34．已知随机变量 $X \sim N(1,3^2)$，$Y \sim N(0,4^2)$，它们的相关系数 $\rho_{XY}=-\dfrac{1}{2}$，设 $Z=\dfrac{X}{3}+\dfrac{Y}{2}$.

（1）求 Z 的数学期望和方差；

（2）求 X 与 Z 的相关系数.

第5章 大数定律与中心极限定理

概率论与数理统计主要研究随机现象的数量规律性,这种规律性只有在相同条件下进行大量重复试验才能呈现出来. 为了研究大量的随机现象,就必须研究试验次数趋于无穷大时的极限情形,从理论上揭示随机现象的数量规律性.

大数定律与中心极限定理是概率论理论的重要精髓,在数理统计的实际应用中都具有重要的意义. 在这一章,我们将介绍有关随机变量序列的最基本的两类极限定理,即四个大数定律与四个中心极限定理.大数定理研究 n 个随机变量的平均值的稳定性,中心极限定理研究在一定的条件下 n 个随机变量的和当 $n \to \infty$ 时的极限分布是正态分布. 利用这些结论可将数理统计中许多复杂的分布用正态分布来近似.

5.1 大 数 定 律

▪◗ **内容概要** ◖▪

1. 切比雪夫大数定律

设随机变量 $X_1, X_2, \cdots, X_n, \cdots$ 相互独立,且存在 $E(X_n) = \mu_n$, $D(X_n) = \sigma_n^2 < c(n = 1, 2, \cdots)$,其中常数 c 与 n 无关,则对任意的 $\varepsilon > 0$,有

$$\lim_{n \to \infty} P\left\{ \left| \frac{1}{n} \sum_{i=1}^{n} X_i - \frac{1}{n} \sum_{i=1}^{n} \mu_i \right| < \varepsilon \right\} = 1.$$

2. 伯努利大数定律

设 μ_n 为 n 重伯努利试验中事件 A 发生的次数,p 为每次试验中 A 出现的概率,则对任意的 $\varepsilon > 0$,有

$$\lim_{n \to \infty} P\left\{ \left| \frac{\mu_n}{n} - p \right| < \varepsilon \right\} = 1.$$

3. 马尔可夫大数定律

对随机变量序列 $\{X_n\}$,若有

$$\frac{1}{n^2} D\left(\sum_{i=1}^{n} X_i \right) \to 0 \ (n \to \infty),$$

则称 $\{X_n\}$ 服从大数定律. 上式被称为马尔可夫条件.

4．辛钦大数定律

设随机变量 $X_1, X_2, \cdots, X_n, \cdots$ 相互独立并且同分布，其数学期望存在，即 $E(X_n) = \mu$ $(n = 1, 2, \cdots)$，则对任意的 $\varepsilon > 0$，有

$$\lim_{n \to \infty} P\left\{\left|\frac{1}{n}\sum_{i=1}^{n} X_i - \mu\right| < \varepsilon\right\} = 1.$$

1．切比雪夫大数定律

人们在长期实践中发现，大量测量值的算术平均值具有稳定性，即平均结果的稳定性．这表明无论随机现象的个别结果如何，或者它们在进行过程中的特征如何，大量随机现象的平均结果实际上不受随机现象个别结果的影响，并且几乎不再是随机的，大数定律以数学形式表达并证明了这一结论．

定义 5.1 （**依概率收敛**）设 $X_1, X_2, \cdots, X_n, \cdots$ 是一随机变量序列，a 是一个常数，若对任意的 $\varepsilon > 0$，有

$$\lim_{n \to \infty} P\{|X_n - a| < \varepsilon\} = 1,$$

则称序列 $X_1, X_2, \cdots, X_n, \cdots$ **依概率收敛**于 a，记为

$$X_n \xrightarrow{P} a \quad (n \to \infty).$$

定理 5.1 （**切比雪夫大数定律**）设随机变量 $X_1, X_2, \cdots, X_n, \cdots$ 相互独立，且存在 $E(X_n) = \mu_n$，$D(X_n) = \sigma_n^2 < c (n = 1, 2, \cdots)$，其中常数 c 与 n 无关，则对任意的 $\varepsilon > 0$，有

$$\lim_{n \to \infty} P\left\{\left|\frac{1}{n}\sum_{i=1}^{n} X_i - \frac{1}{n}\sum_{i=1}^{n} \mu_i\right| < \varepsilon\right\} = 1, \tag{5.1}$$

即

$$\frac{1}{n}\sum_{i=1}^{n} X_i \xrightarrow{P} \frac{1}{n}\sum_{i=1}^{n} \mu_i \quad (n \to \infty).$$

证 设 $Y_n = \frac{1}{n}\sum_{i=1}^{n} X_i$，则有

$$E(Y_n) = \frac{1}{n}\sum_{i=1}^{n} E(X_i) = \frac{1}{n}\sum_{i=1}^{n} \mu_i.$$

由 $X_1, X_2, \cdots, X_n$ 相互独立，得

$$D(Y_n) = D\left(\frac{1}{n}\sum_{i=1}^{n} X_i\right) = \frac{1}{n^2}\sum_{i=1}^{n} D(X_i) = \frac{1}{n^2}\sum_{i=1}^{n} \sigma_i^2 < \frac{nc}{n^2} = \frac{c}{n}.$$

根据切比雪夫不等式，有

$$P\{|Y_n - E(Y_n)| < \varepsilon\} \geq 1 - \frac{D(Y_n)}{\varepsilon^2} \geq 1 - \frac{c}{n\varepsilon^2},$$

$$1-\frac{c}{n\varepsilon^2}\leqslant P\left\{\left|\frac{1}{n}\sum_{i=1}^{n}X_i-\frac{1}{n}\sum_{i=1}^{n}\mu_i\right|<\varepsilon\right\}\leqslant 1.$$

由于 $\lim\limits_{n\to\infty}\left(1-\dfrac{c}{n\varepsilon^2}\right)=1$，所以

$$\lim_{n\to\infty}P\left\{\left|\frac{1}{n}\sum_{i=1}^{n}X_i-\frac{1}{n}\sum_{i=1}^{n}\mu_i\right|<\varepsilon\right\}=1.$$

2. 伯努利大数定律

频率的稳定性是通过大量试验证实的经验定律，现在用数学定理来证明频率的稳定性，该定理通常称为伯努利大数定律．

> **定理 5.2**　（**伯努利大数定律**）设 μ_n 为 n 重伯努利试验中事件 A 发生的次数，p 为每次试验中 A 出现的概率，则对任意的 $\varepsilon>0$，有
>
> $$\lim_{n\to\infty}P\left\{\left|\frac{\mu_n}{n}-p\right|<\varepsilon\right\}=1.\tag{5.2}$$

证　由于 μ_n 服从 $b(n,p)$，则 $E(\mu_n)=np$，$D(\mu_n)=np(1-p)$，所以

$$E\left(\frac{\mu_n}{n}\right)=\frac{1}{n}E(\mu_n)=p,$$

$$D\left(\frac{\mu_n}{n}\right)=\frac{1}{n^2}D(\mu_n)=\frac{p(1-p)}{n}.$$

根据切比雪夫不等式，有

$$0\leqslant P\left\{\left|\frac{\mu_n}{n}-p\right|\geqslant\varepsilon\right\}\leqslant\frac{p(1-p)}{n\varepsilon^2},$$

令 $n\to\infty$，得到

$$\lim_{n\to\infty}P\left\{\left|\frac{\mu_n}{n}-p\right|\geqslant\varepsilon\right\}=0.$$

所以

$$\lim_{n\to\infty}P\left\{\left|\frac{\mu_n}{n}-p\right|<\varepsilon\right\}=1.$$

伯努利大数定律表明，事件发生的频率是依概率收敛于该事件的概率的，这就是"频率稳定于概率"的含义，也是"用频率去估计概率"的依据．当试验在条件不变的情况下重复进行多次时，事件 A 发生的频率以概率值 P 为其稳定值，即事件 A 的频率依概率收敛到其概率值 $P(A)$．当 n 很大时，事件 A 的频率与其概率有较大偏差的可能性很小．在实际应用中，当试验次数很大时，可以用事件发生的频率来近似代替该事件的概率．事实上，概率很小的事件在个别试验中几乎是不可能发生的．因此，我们常常忽略那些概率很小的事件发生的可能性．根据这个原理，常称小概率事件为实际不可能事件，所以这个原理又称为小概率原理．至于"小概率"小到什么程度才能看作实际上不可能发生而加以忽略，则要视具体问题的要求和性质而定．

3. 马尔可夫大数定律

定理 5.3 对随机变量序列 $\{X_n\}$，若有

$$\frac{1}{n^2} D\left(\sum_{i=1}^{n} X_i\right) \to 0 \quad (n \to \infty),$$

(5.3)

则 $\{X_n\}$ 服从大数定律. 式（5.3）被称为马尔可夫条件.

利用切比雪夫不等式即可证明，请读者自行证明.

4. 辛钦大数定律

切比雪夫大数定律和伯努利大数定律的证明都是以切比雪夫不等式为基础的，所以满足随机变量的方差一致有界的条件定理才能成立. 但是在许多问题中，往往不能满足该条件. 定理 5.4 可以表明方差存在且一致有界的条件并非必要.

定理 5.4 （辛钦大数定律）设随机变量 $X_1, X_2, \cdots, X_n, \cdots$ 相互独立并且同分布，其数学期望存在，即 $E(X_n) = \mu (n = 1, 2, \cdots)$，则对任意的 $\varepsilon > 0$，有

$$\lim_{n \to \infty} P\left\{\left|\frac{1}{n}\sum_{i=1}^{n} X_i - \mu\right| < \varepsilon\right\} = 1,$$

(5.4)

即

$$\frac{1}{n}\sum_{i=1}^{n} X_i \xrightarrow{P} \mu \quad (n \to \infty).$$

该定理的证明略.

定理 5.4 使我们关于算术平均值的法则有了理论依据. 对于相互独立且同分布的随机变量 $X_1, X_2, \cdots, X_n$，当 n 充分大时，取 $\frac{1}{n}\sum_{i=1}^{n} X_i$ 作为 μ 的近似值，产生的误差很小，即算术平均值依概率收敛于期望值（被观察的真值）.

5.2 中心极限定理

▌ **内容概要** ▐

1. 林德伯格-莱维中心极限定理

设随机变量 $X_1, X_2, \cdots, X_n, \cdots$ 相互独立且同分布，$E(X_n) = \mu$，$D(X_n) = \sigma^2 > 0$ $(n = 1, 2, \cdots)$ 都存在，且 $Y_n = \sum_{i=1}^{n} X_i$，则对于一切 x，有

$$\lim_{n \to \infty} P\left\{\frac{Y_n - n\mu}{\sqrt{n}\sigma} \leqslant x\right\} = \int_{-\infty}^{x} \frac{1}{\sqrt{2\pi}} e^{-\frac{t^2}{2}} dt = \Phi(x).$$

2. 李雅普诺夫中心极限定理

设 $\{X_n\}$ 是独立的随机变量序列，如果存在 $\delta > 0$，并且满足

$$\lim_{n \to +\infty} \frac{1}{B_n^{2+\delta}} \sum_{i=1}^{n} E(|X_i - \mu_i|^{2+\delta}) = 0,$$

其中，$\mu_i = E(X_i)$，$B_n^2 = \sum_{i=1}^{n} D(X_i)$，则对任意的 x，有

$$\lim_{n \to +\infty} P\left\{ \frac{1}{B_n} \sum_{i=1}^{n} (X_i - \mu_i) \leqslant x \right\} = \frac{1}{\sqrt{2\pi}} \int_{-\infty}^{x} e^{-\frac{t^2}{2}} dt.$$

3. 棣莫弗-拉普拉斯中心极限定理

在 n 重伯努利试验中，设事件 A 在每次试验中出现的概率为 $p(0 < p < 1)$，记 μ_n 为 n 次试验中事件 A 出现的次数，且记

$$Y_n^* = \frac{\mu_n - np}{\sqrt{np(1-p)}},$$

则对任意实数 y，有

$$\lim_{n \to +\infty} P(Y_n^* \leqslant y) = \Phi(y) = \frac{1}{\sqrt{2\pi}} \int_{-\infty}^{y} e^{-\frac{t^2}{2}} dt.$$

在概率论中，讨论随机变量序列的和的极限分布为正态分布的定理就是中心极限定理. 它给出了大量随机变量积累分布函数逐点收敛于正态分布的积累分布函数的条件. 在实际生活中会遇见特别多的受到大量相互独立的随机因素影响的独立随机变量，这些随机变量就是受所有随机因素的综合影响所形成的. 因为每个随机因素所产生的影响都非常小，所以总的影响就可以看成是服从正态分布的.

例如，误差就是一种随机变量，人们也会经常遇到，并且人们对它非常感兴趣，研究表明，有大量微小的且相互独立的随机因素存在，它们的累计叠加导致了误差的产生.

再如，利用炮弹对一个目标进行射击时，炮弹炸开的点对射击目标的横纵向偏差就服从正态分布，而致使炸开这点会服从正态分布，是受到了很多微小差异的积累，如炮弹的药量、炮弹所含的成分、炮弹的形状、炮弹的温度及药室的容积，这些会对炮弹造成直接影响的细小差异，它们的总和形成了射击时横纵偏差随机变量. 这些随机因素特别多，每个因素对于炮弹炸开时的影响都非常小，并且是人们无法控制的，也是随机且独立的. 这些因素总和的影响，致使炮弹炸开点产生误差. 炮弹爆炸时产生的总误差和是大量微小差异叠加起来的，每个微小差异都是有限度的，但累积起来对炸点的偏差趋近于正态分布.

显然，中心极限定理隐藏在生活中的很多小细节中，对生活的重要性已经超出想象，因此它值得人们去深入研究.

1713 年，伯努利在发现了伯努利大数定律，该定律讲述了在多次独立重复的试验中，

事件逐渐变得平稳. 1730 年，法国数学家棣莫弗经过研究发现了第一个中心极限定理，即棣莫弗-拉普拉斯中心极限定理，他在 1812 年讲解了概率并对该定理做了古典定义，1901 年，中心极限定理被严格证明. 数学家们利用该定理科学地解释了现实中人们疑惑的一个问题，即为什么生活中很多的随机变量近似趋近于正态分布？后期伯努利大数定律及其中心极限定理得到了数学家们的推广与完善. 中心极限定理很好地阐释了正态分布在统计中地位非常重要的原因.

如今，对中心极限定理的各种研究得到了飞速的发展，中心极限定理成为现实中很多领域的重要工具，在各种生产业、保险行业、管理行业等领域得到广泛应用，为人们的生活带来了极大的方便.

中心极限定理作为概率论中著名且重要的定理之一，为计算独立随机变量总和的近似概率提供了简单方法. 中心极限定理讲述的是随机变量序列的总和近似地服从正态分布，而这些随机变量是原本并不服从正态分布的独立随机变量，受到大量独立随机差异变量的影响，其中各项因素的影响是均匀的，没有一种因素是特别突出的，这种独立的现象十分常见. 中心极限定理证实了正态分布在各种分布中的重要地位.

在实际问题中，经常考虑许多随机因素产生的影响，即将总随机因素看成彼此独立的小随机因素的总和. 设彼此独立的随机因素为 $X_1, X_2, \cdots, X_n$，则 $X = X_1 + X_2 + \cdots + X_n$. 要讨论 X 的分布，就是要讨论随机变量和的分布.

中心极限定理是研究在什么条件下，随机变量和的分布收敛于正态分布的极限定理.

5.2.1 中心极限定理概述

1. 林德伯格-莱维中心极限定理

定理 5.5 （林德伯格-莱维中心极限定理）设随机变量 $X_1, X_2, \cdots, X_n, \cdots$ 相互独立且同分布，$E(X_n) = \mu$，$D(X_n) = \sigma^2 > 0 \ (n = 1, 2, \cdots)$ 都存在，且 $Y_n = \sum_{i=1}^{n} X_i$，则对于一切 x，有

$$\lim_{n \to \infty} P\left\{ \frac{Y_n - n\mu}{\sqrt{n}\sigma} \leqslant x \right\} = \int_{-\infty}^{x} \frac{1}{\sqrt{2\pi}} \mathrm{e}^{-\frac{t^2}{2}} \mathrm{d}t = \Phi(x) . \tag{5.5}$$

该定理的证明省略. 该定理表明，只要 n 比较大，随机变量 $\dfrac{Y_n - n\mu}{\sqrt{n}\sigma}$ 就近似服从标准正态分布 $N(0,1)$，因而 Y_n 近似服从正态分布 $N(n\mu, n\sigma^2)$.

2. 李雅普诺夫中心极限定理

定理 5.6 （李雅普诺夫中心极限定理）设 $\{X_n\}$ 是独立的随机变量序列，如果存在 $\delta > 0$，并且满足

$$\lim_{n \to +\infty} \frac{1}{B_n^{2+\delta}} \sum_{i=1}^{n} E(|X_i - \mu_i|^{2+\delta}) = 0, \tag{5.6}$$

其中 $\mu_i = E(X_i)$，$B_n^2 = \sum_{i=1}^{n} D(X_i)$，则对任意的 x，有

$$\lim_{n \to +\infty} P\left\{ \frac{1}{B_n} \sum_{i=1}^{n}(X_i - \mu_i) \leqslant x \right\} = \frac{1}{\sqrt{2\pi}} \int_{-\infty}^{x} e^{-\frac{t^2}{2}} dt. \tag{5.7}$$

该定理的证明省略.

3. 棣莫弗–拉普拉斯中心极限定理

定理 5.7 （棣莫弗–拉普拉斯中心极限定理）在 n 重伯努利试验中，设事件 A 在每次试验中出现的概率为 $p(0 < p < 1)$，记 μ_n 为 n 次试验中事件 A 出现的次数，且记

$$Y_n^* = \frac{\mu_n - np}{\sqrt{np(1-p)}}, \tag{5.8}$$

则对任意实数 y，有

$$\lim_{n \to +\infty} P(Y_n^* \leqslant y) = \Phi(y) = \frac{1}{\sqrt{2\pi}} \int_{-\infty}^{y} e^{-\frac{t^2}{2}} dt. \tag{5.9}$$

该定理的证明省略.

前面的随机变量和的分布问题都是在随机变量独立且同分布的情况下研究的，现实问题中经常能够看到具有独立性的随机变量，但并不是所有的随机变量都是同分布的，也存在很多不同分布的随机变量. 现在就来讨论独立却不同分布条件下的随机变量的和的极限分布，寻求和的极限分布服从正态分布的条件. 定理 5.6 就是一种独立却不同分布的中心极限定理.

要使得极限分布近似为正态分布，则必须对 $Y_n = \sum_{i=1}^{n} X_i$ 的各项随机变量有一定的条件，否则如果允许从第二项开始的项都等于 0，那么很明显地能看出第一项 X_1 的分布完全确定了极限分布，这时所得到的结果就失去了意义. 这表明，要使得中心极限定理能够成立，在和的各个随机变量中不能有特别突出的项，或者说，各个随机变量都要均衡得小.

5.2.2　中心极限定理的应用案例

1. 在生产中的应用

应用案例 5.1　利用某机器来包装土豆淀粉，设每包土豆淀粉的质量为一个随机变量，它的均值是 10，方差是 0.2，求 100 包这种土豆淀粉的总质量为 990～1010kg 的概率.

解　设 X_i $(i=1,2,\cdots,100)$ 为第 i 包土豆淀粉的质量，由题知

$$E(X_i)=10, \quad D(X_i)=0.2.$$

根据定理 5.5 可知，随机变量 $\sum\limits_{i=1}^{100} x_i$ 近似地趋近于正态分布 $N(1000,20)$，所以要求的概率为

$$P\left\{990\leqslant\sum_{i=1}^{100}x_i\leqslant1010\right\}\approx\varPhi\left(\frac{1010-1000}{\sqrt{20}}\right)-\varPhi\left(\frac{990-1000}{\sqrt{20}}\right)$$

$$=\varPhi(\sqrt{5})-\varPhi(-\sqrt{5})$$

$$=2\varPhi(\sqrt{5})-1$$

$$\approx0.9748.$$

所以 100 包这种土豆淀粉的总质量为 990～1010kg 概率约为 0.9748.

2. 在保险业方面的应用

应用案例 5.2　有 10000 位客户在某保险公司购买了人身险，其中每位客户会在每年支付 12 元的人身险保险费，对于一年内购买人身险的客户，他们每个人死亡的概率是 0.006. 凡是购买了人身险的客户，一旦死亡，他们家属就可以到该保险公司领取 1000 元的补偿金，求：

（1）该保险公司一年内获得的利润不小于 4 万元的概率；

（2）该保险公司会亏本的概率；

（3）该保险公司一年内获得的利润为 2～4 万元的概率.

解　设

$$X_i=\begin{cases}1, & \text{第}i\text{个购买人身险的人在一年内死亡,}\\0, & \text{第}i\text{个购买人身险的人在一年内健在}\end{cases}\quad(i=1,2,\cdots,10000).$$

所有的 X_i 相互独立，且都服从 $b(1,0.006)$，所以

$$E(X_i)=p=0.006, \quad D(X_i)=p(1-p)=0.005964.$$

假设购买人身险的 10000 位客户中，一年的时间内会死亡的人数为 X，那么

$$X=\sum_{i=1}^{10000}X_i,$$

$$E(X)=60, \quad D(X)=59.64\approx7.72^2.$$

由中心极限定理可以得到

$$\frac{X-E(X)}{\sqrt{D(X)}}\sim N(0,1).$$

（1）要使得该保险公司一年内获得的利润不小于 4 万元，也就是 $0\leqslant X\leqslant80$，其概率为

$$P\{0 \leqslant X \leqslant 80\} = P\left\{\frac{0-60}{7.72} \leqslant \frac{X-60}{7.72} \leqslant \frac{80-60}{7.72}\right\}$$

$$\approx P\left\{-7.77 \leqslant \frac{X-60}{7.72} \leqslant 2.59\right\}$$

$$= \Phi(2.59) - \Phi(-7.77)$$

$$\approx 0.9952.$$

所以该保险公司一年内获得的利润不小于 4 万元的可能性为 0.9952.

（2）如果该公司会亏本，则 $X > 120$，其概率为

$$P\{X > 120\} = P\left\{\frac{X-60}{7.72} > \frac{120-60}{7.72}\right\}$$

$$\approx P\left\{\frac{X-60}{7.72} > 7.77\right\}$$

$$= 1 - \Phi(7.77)$$

$$\approx 1 - 1 = 0.$$

因此该公司亏本的可能性几乎为 0.

（3）如果该公司一年内获得的利润为 2～4 万元，则 $80 \leqslant X \leqslant 100$，其概率为

$$P\{80 \leqslant X \leqslant 100\} = P\left\{\frac{80-60}{7.72} \leqslant \frac{X-60}{7.72} \leqslant \frac{100-60}{7.72}\right\}$$

$$\approx P\left\{2.59 \leqslant \frac{X-60}{7.72} \leqslant 5.18\right\}$$

$$= \Phi(5.18) - \Phi(2.59)$$

$$\approx 1 - 0.995$$

$$= 0.005$$

因此该保险公司一年内获得的利润为 2～4 万元的概率约为 0.005.

3. 在其他方面的应用

应用案例 5.3　设电路供电网中有 10000 盏灯，夜晚每盏灯亮着的概率都是 0.7，假定各灯开、关时间彼此独立，求同时亮着的灯数为 6800～7200 的概率.

解　设同时亮着的灯数为随机变量 X，服从二项分布 $b(10000, 0.7)$，且 $E(X) = np = 7000$，$\sqrt{D(X)} = \sqrt{npq} = \sqrt{10000 \times 0.7 \times 0.3} \approx 45.83$，由定理 5.5 并查附表 1，得

$$P\{6800 < X < 7200\} \approx \Phi\left(\frac{7200-7000}{45.83}\right) - \Phi\left(\frac{6800-7000}{45.83}\right)$$

$$\approx \Phi(4.36) - \Phi(-4.36) = 2\Phi(4.36) - 1$$

$$= 0.9999.$$

或者

$$P\{6800 < X < 7200\} = P\{|X - 7000| < 200\} = P\left\{\frac{|X-7000|}{45.83} < \frac{200}{45.83}\right\}$$

$$\approx 2\Phi(4.36) - 1 \approx 0.9999.$$

所以同时亮着的灯数为 6800～7200 的概率为 0.9999.

 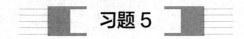 **典型问题答疑解惑**

问题 1 依概率收敛和按分布收敛的意义是什么?

问题 2 大数定理的背景和意义是什么?

问题 3 中心极限定理的背景和意义是什么?

问题 4 大数定律与中心极限定理有何异同?

 习题 5

一、单项选择题

1. 设 $X_1, X_2, \cdots$ 为独立的随机变量序列,$X = X_1 + X_2 + \cdots + X_n$,则根据林德伯格-莱维中心极限定理,当 n 充分大时,X 近似服从正态分布,只要随机变量序列 $X_1, X_2, \cdots$ ( ).

    A. 有相同的数学期望   B. 有相同的方差

    C. 服从同一指数分布   D. 服从同一离散型分布

2. 设 $X_1, X_2, \cdots$ 为独立同分布的随机变量序列,且 $X_i (i = 1, 2, \cdots)$ 服从指数分布,其概率密度函数为 $f(x) = \begin{cases} \lambda e^{-\lambda x}, & x > 0, \\ 0, & x \leqslant 0 \end{cases}$ ($\lambda > 1$),$\Phi(x)$ 为标准正态分布函数,则 ( ).

    A. $\lim\limits_{n \to \infty} P \left\{ \dfrac{\lambda \sum\limits_{i=1}^{n} X_i - n}{\sqrt{n}} \leqslant x \right\} = \Phi(x)$ B. $\lim\limits_{n \to \infty} P \left\{ \dfrac{\sum\limits_{i=1}^{n} X_i - n}{\sqrt{n}} \leqslant x \right\} = \Phi(x)$

    C. $\lim\limits_{n \to \infty} P \left\{ \dfrac{\sum\limits_{i=1}^{n} X_i - \lambda}{\sqrt{n \lambda}} \leqslant x \right\} = \Phi(x)$ D. $\lim\limits_{n \to \infty} P \left\{ \dfrac{\sum\limits_{i=1}^{n} X_i - \lambda}{\sqrt{n \lambda}} \leqslant x \right\} = \Phi(x)$

3. 设 $X_1, X_2, \cdots$ 为随机变量序列,a 为一常数,则 $\{X_n\}$ 依概率收敛于 a 指的是( ).

    A. 对任意 $\varepsilon > 0$,有 $\lim\limits_{n \to \infty} P\{|X_n - a| \geqslant \varepsilon\} = 0$

    B. 对任意 $\varepsilon > 0$,有 $\lim\limits_{n \to \infty} P\{|X_n - a| \geqslant \varepsilon\} = 1$

    C. $\lim\limits_{n \to \infty} X_n = a$

    D. $\lim\limits_{n \to \infty} P\{X_n = a\} = 1$

4. 设 $X_1, X_2, \cdots X_{200}$ 是独立同分布的随机变量，且 $X_i \sim b(1, p)\,(0 < p < 1)$，$\varPhi(x)$ 为标准正态分布函数，则下列式子中不正确的是（　　）.

A. $\dfrac{1}{200} \sum\limits_{k=1}^{200} X_k \overset{P}{\approx} p$（"$\overset{P}{\approx}$" 表示在概率意义下近似相等）

B. $P\left\{a < \sum\limits_{k=1}^{200} X_k < b\right\} \approx \varPhi\left(\dfrac{b - 200p}{\sqrt{200p(1-p)}}\right) - \varPhi\left(\dfrac{a - 200p}{\sqrt{200p(1-p)}}\right)$

C. $P\left\{a < \sum\limits_{k=1}^{200} X_k < b\right\} \approx \varPhi(b) - \varPhi(a)$

D. $\sum\limits_{k=1}^{200} X_k \sim b(200, p)$

5. 设随机变量序列 $X_1, X_2, \cdots$ 相互独立，且都服从参数为 $\lambda\,(\lambda > 0)$ 的泊松分布，$\varPhi(x)$ 为标准正态分布函数，则下列选项正确的是（　　）.

A. $\lim\limits_{n \to \infty} P\left\{\dfrac{\sum\limits_{i=1}^{n} X_i - \lambda}{\sqrt{n\lambda}} \leqslant x\right\} = \varPhi(x)$

B. 当 n 充分大时，$\sum\limits_{i=1}^{n} X_i$ 近似服从标准正态分布 $N(0,1)$

C. 当 n 充分大时，$P\left\{\sum\limits_{i=1}^{n} X_i \leqslant x\right\} \approx \varPhi(x)$

D. 当 n 充分大时，$\sum\limits_{i=1}^{n} X_i$ 近似服从正态分布 $N(n\lambda, n\lambda)$

二、填空题

6. 设 $X_1, X_2, \cdots$ 是独立同分布的随机变量序列，且 $E(X_i) = \mu$，$D(X_i) = \sigma^2\,(i = 1, 2, \cdots)$. 记 $Y_n = \dfrac{1}{n} \sum\limits_{k=1}^{n} X_k^2$，则当 $n \to \infty$ 时，Y_n 依概率收敛于_____.

7. 设 $X_1, X_2, \cdots$ 是独立同分布的随机变量序列，且 $E(X_i) = \mu$，$D(X_i) = \sigma^2\,(i = 1, 2, \cdots)$，则对任意的 $\varepsilon > 0$，有 $\lim\limits_{n \to \infty} P\left\{\dfrac{1}{n}\left|\sum\limits_{i=1}^{n} X_i - n\mu\right| \geqslant \varepsilon\right\} =$ _____.

8. 设 $X_1, X_2, \cdots$ 是独立同分布的随机变量序列，且 $X_i\,(i = 1, 2, \cdots)$ 服从参数为 $\lambda > 0$ 的泊松分布. 若 $\bar{X} = \dfrac{1}{n} \sum\limits_{i=1}^{n} X_i$，则对任意实数 x，有 $P\{\bar{X} < x\} \approx$ _____.

9. 设 $X_1, X_2, \cdots$ 是独立同分布的随机变量序列，且 $E(X_i) = \mu$，$D(X_i) = \sigma^2\,(i = 1, 2, \cdots)$，

则 $\lim\limits_{n\to\infty} P\left\{\dfrac{\sum\limits_{i=1}^{n} X_i - n\mu}{\sqrt{n}\sigma} > 0\right\} = $ _____.

10. 设 $X_1, X_2, \cdots$ 是独立同分布的随机变量序列，且 X_i $(i = 1, 2, \cdots)$ 在 $(-1, 1)$ 上服从均匀分布，则 $\lim\limits_{n\to\infty} P\left\{\dfrac{\sum\limits_{i=1}^{n} X_i}{\sqrt{n}} \leqslant 1\right\} = $ _____.

三、解答题

11. 设随机变量 X 的方差为 2，根据切比雪夫不等式估计 $P\{|X - E(X)| \geqslant 2\}$.

12. 随机地掷 10 枚骰子，用切比雪夫不等式估计点数总和为 20～50 的概率.

13. 设各零件的质量都是随机变量，它们相互独立，且服从相同的分布，其数学期望为 0.5kg，均方差为 0.1kg，问：5000 只零件的总质量超过 2510kg 的概率是多少？

14. 已知生产灯泡的合格率为 0.6，求 10000 个灯泡中合格灯泡数为 5800～6200 的概率.

15. 某种袋装食盐，每袋的净重为随机变量，规定每袋的标准质量为 500g，标准差为 10g，一箱内装 100 袋，求一箱食盐的净重超过 50250g 的概率.

16. 计算机在进行加法时，每个加数取整数（按四舍五入取最为接近整数），设所有加数的取整误差是相互独立的，且它们都服从 $[-0.5, 0.5]$ 上的均匀分布.

（1）若将 300 个数相加，求误差总和的绝对值超过 15 的概率；

（2）求至多几个数加在一起，可使其误差总和的绝对值小于 10 的概率为 0.9.

17. 设有 30 个电子元件，它们的寿命（单位：h）都服从参数为 $\lambda = 0.097$ 的指数分布，具体的使用情况是第一个损坏，第二个立即使用；第二个损坏，第三个立即使用……令 X 为 30 个元件使用的总时间，计算 X 超过 360h 的概率.

18. 已知某产品的次品率为 10%，问：应取多少件产品才能使合格品不少于 100 件的概率达到 95%？

19. 设 $P(A) = p$，p 未知，随机试验 1000 次，问：用 A 发生的频率代替概率来估计所产生的误差小于 10% 的概率为多少？

20. 设 $X_1, X_2, \cdots, X_{50}$ 是相互独立的随机变量，且均服从相同的泊松分布 $(\lambda = 0.03)$，记 $Y = X_1 + X_2 + \cdots + X_{50}$，试用中心极限定理近似计算 $P\{Y \geqslant 3\}$.

第6章 随机样本、经验分布函数与抽样分布

从本章开始我们学习数理统计的基本内容,数理统计以概率论为理论基础,具有广泛的理论和应用.数理统计的根本任务是根据样本的数据信息来对总体的未知信息做出统计推断.

数理统计的主要内容包括:收集、整理数据,以及数据的分析研究、统计推断等问题.本书只讲述统计推断的基本内容.

在概率论中所研究的随机变量的分布都假设是已知的,而在数理统计中我们研究的随机变量的分布是未知的,或者是分布知道但存在未知参数,本章将通过对所研究的总体随机变量进行抽样观察,得到许多观察值,并对这些数据进行加工分析,从而对总体分布做出统计推断.

在统计推断中,都是以样本构造函数、构造统计量为出发点,研究一些重要的抽样分布,如 χ^2 分布、t 分布、F 分布,以抽样分布为基本理论对总体未知信息进行估计、假设检验等统计推断.参数估计、假设检验、方差分析、回归分析构成了数理统计的基本内容,具体内容将在后面的章节中分别介绍.

6.1 随 机 样 本

▌ 内容概要 ▌

1. 总体

在一个统计问题中,研究对象的全体称为总体(母体),构成总体的每个成员称为个体.

2. 有限总体与无限总体

若总体中的个数是有限的,则此总体称为有限总体.若总体中的个数是无限的,则此总体称为无限总体.

3. 样本

从总体中随机抽取的部分个体组成的集合称为样本,样本中的个体称为样品,样品的个数称为样本容量或样本量.

4. 简单随机样本

若样本 $x_1, x_2, \cdots, x_n$ 是 n 个相互独立的具有同一分布(总体分布)的随机变量,则称该样本为简单随机样本,简称样本.

5. 统计量

已知 $T(X_1, X_2, \cdots, X_n)$ 是样本（$X_1, X_2, \cdots, X_n$）的一个函数，且 $T(X_1, X_2, \cdots, X_n)$ 中不含任何未知参数，则称 $T(X_1, X_2, \cdots, X_n)$ 为一个**统计量**.

6. 重要统计量

（1）$\overline{X} = \dfrac{1}{n} \sum\limits_{i=1}^{n} X_i$ 为样本均值；

（2）$S^2 = \dfrac{1}{n-1} \sum\limits_{i=1}^{n} (X_i - \overline{X})^2$ 为（修正）样本方差，$S = \sqrt{\dfrac{1}{n-1} \sum\limits_{i=1}^{n} (X_i - \overline{X})^2}$ 为（修正）样本标准差；

（3）$S^{*2} = \dfrac{1}{n} \sum\limits_{i=1}^{n} (X_i - \overline{X})^2$ 为（未修正）样本方差，$S^* = \sqrt{\dfrac{1}{n} \sum\limits_{i=1}^{n} (X_i - \overline{X})^2}$ 为（未修正）样本标准差.

6.1.1 总体与样本

用数理统计研究某个问题时，把研究对象的全体称为**总体**（或**母体**），而把每一个研究对象称为**个体**. 例如，一批灯泡的全体就组成一个总体，其中每一个灯泡都是一个个体. 总体中所含的个体的总数称为**总体容量**，它可以是有限的也可以是无限的，相应地，把总体说成**有限总体**或**无限总体**.

在数理统计中，我们关心的并不是组成总体的每个个体本身，而是与它们的特性相联系的某个数量指标以及这个数量指标的概率分布情况. 例如，在研究一批灯泡组成的总体时，我们关心的是灯泡的使用寿命的分布情况. 由于任何一个灯泡的使用寿命事先是不能确定的，但每一个灯泡都对应着一个使用寿命值，所以我们可以认为灯泡使用寿命是一个随机变量. 也就是说，我们可以把总体与一个随机变量（如灯泡的使用寿命）联系起来，从而，对总体的研究就转化为对表示总体的随机变量的统计规律的研究. 因此，今后我们说到总体，指的就是一个具有确定概率分布的随机变量（但它的分布是未知的或至少分布的某些参数是未知的），而每个个体则是随机变量可能取的一个数值.

为了研究总体的情况，一般只能在这个总体中抽取一定数量的个体进行观测，这一过程称为**抽样**（也称为**取样**、**采样**）. 我们自然希望抽取出来的个体能够很好地反映总体的情况，这就要对抽样方法加上一定的限制. 容易想到，如果总体中每个个体被抽到的机会是均等的，并且在抽取一个个体后总体的成分不变，那么，抽得的个体就能很好地反映总体的情况.

设总体为 X，我们把在一定条件下对随机变量 X 进行的 n 次独立重复观测，称为 n 次**简单随机抽样**，简称**抽样**. 把 n 次抽样所得结果依次记为 $X_1, X_2, \cdots, X_n$，并且称其为来自总体 X 的简单随机样本，简称为**样本**（或**子样**）. 抽样次数 n 称为**样本容量**（或称为**样本大小**）. 抽样可分为**有放回抽样**与**无放回抽样**两种. 有放回抽样是每次随机抽取一个个体观测记录其结果，然后放回并将搅拌均匀后，再进行下一次抽取；无放回抽样则是先随机抽取一个个体观测记录其结果后不再放回，直接进行下一次抽取. 对于一个无限总体，无放回抽取 n 个个体及对于一个有限总体，有放回抽取 n 个个体，都认为得到的是一个简单随机样本. 对于容量为 N 的总体，当 n/N 很小时（一般小于 0.01），无放回抽取也近似认为是简单随机抽样. 如没特殊声明，以后说到抽样均指简单随机抽样.

数理统计的任务是要通过样本来推断总体的统计规律，因此希望样本能尽可能多地反映总体特征. 进行简单随机抽样正是为此，这里需要强调两点：

第一，同一性. 由于 $X_1, X_2, \cdots, X_n$ 是对随机变量 X 作 n 次抽样的结果，某 n 次抽样与另外 n 次抽样所得的同一个 $X_i (i = 1, 2, \cdots, n)$ 一般取不同的数值，所以在重复抽样中，每一个 X_i 都应看作一个随机变量，而且由于每次抽取都是在完全相同的条件下进行的，所以每一个 $X_i (i = 1, 2, \cdots, n)$ 都具有总体的特征，即每一个 $X_i (i = 1, 2, \cdots, n)$ 都与总体有相同的分布.

第二，独立性. 由于 n 次抽样的每一次抽样都是独立进行的，即各次抽样的结果彼此互不影响，所以 $X_1, X_2, \cdots, X_n$ 应该看作相互独立的随机变量.

一个样本 $X_1, X_2, \cdots, X_n$ 在抽样没有抽定之前，可看作 n 个随机变量，或看作一个 n 维随机变量 $(X_1, X_2, \cdots, X_n)$，当一个样本抽定之后，这个样本就是一组具体的数值 $(x_1, x_2, \cdots, x_n)$，称为一个（或一组）**样本观测值**（观察值）或**样本值**. 它是实 n 维空间 $\mathbf{R}^n$ 的一个点. 因此，样本值 $(x_1, x_2, \cdots, x_n)$ 也称为**样本点**. 样本 $(X_1, X_2, \cdots, X_n)$ 可能取值的全体称为总体 X 的容量为 n 的样本空间.

为了明确，我们给出定义.

定义 6.1　若随机变量 $X_1, X_2, \cdots, X_n$ 独立且每个 $X_i (i = 1, 2, \cdots, n)$ 与总体 X 有相同的概率分布，则随机变量 $X_1, X_2, \cdots, X_n$ 称为来自总体 X 的容量为 n 的样本，简称为 X 的样本. 若总体 X 有分布函数 $F(x)$，也称 $X_1, X_2, \cdots, X_n$ 为来自总体 $F(x)$ 的样本.样本也可记作 $(X_1, X_2, \cdots, X_n)$.

注　当 X 为离散型随机变量时，其概率函数是其概率分布律；当 X 为连续型随机变量时，其概率函数为其概率密度函数.

定理 6.1　若 $(X_1, X_2, \cdots, X_n)$ 是来自总体 $F(x)$［或 $f(x)$］的样本，则 $(X_1, X_2, \cdots, X_n)$ 的联合分布函数为 $\prod_{i=1}^{n} F(x_i)$［或联合概率函数为 $\prod_{i=1}^{n} f(x_i)$］.

证明略.

通过样本研究总体，首先要求样本必须能够代表总体，也就是抽样要随机（即样本具有代表性），然后抽样要独立，也就是样本之间不相互依赖（举一个不独立的例子，比如第一次抽样获得的样本值，用户发现比较小，于是第二个样本就在总体中挑了一个较大的，这样的样本之间就不独立，实际还隐藏着不随机，这种情况是比较普遍的，即抽样中掺杂了人为的因素，这不是简单随机抽样）. 满足这两条的样本，可以认为每一个样本就是一个随机变量，于是每一个样本都与总体同分布且样本之间独立，即相互独立同分布．这是一个对样本进行研究的重要前提，因为我们总是从最简单的情况开始进行研究．今后我们总是假定样本是相互独立且同分布的，因而样本的联合分布就是样本概率函数的乘积．获得样本后就要对样本进行分析，以便获得总体的特性．对样本进行分析就是针对具体问题构造一个样本的函数（即统计量），如样本的均值就是一个统计量．对总体进行推断就要研究统计量与总体的关系．由于样本相互独立且同分布，所以统计量也是随机变量，在某些情况下我们可以计算出统计量的分布．如果我们不能计算或计算出的统计量过于复杂，就需要考虑当样本很大时统计量的极限分布．我们经常要估计统计量的某些参数，即用样本推断总体，一般的做法是假定样本体现出的特性就是总体的特性，如认为样本的均值就是总体的均值，样本的方差就是总体的方差，而样本的均值及方差都是统计量，也就是说用统计量确定总体的某些参数，随后再研究统计量的评估效能等，即哪个统计量估计的效果好，在什么条件下好，以及好到什么程度．

6.1.2 统计量

样本是对总体进行统计分析和推断的依据，但在处理具体的理论和应用问题时，却很少直接利用样本所提供的原始数据，而是要对这些数据进行加工、提炼，把样本中所包含的有关信息集中起来．这就需要针对不同问题构造样本的某种函数．样本的函数通常称为统计量．

定义 6.2 设 ($X_1, X_2, \cdots, X_n$) 是总体 X 的一个样本，$T(X_1, X_2, \cdots, X_n)$ 是样本 ($X_1, X_2, \cdots, X_n$) 的一个函数，且 $T(X_1, X_2, \cdots, X_n)$ 中不含任何未知参数，则称 $T(X_1, X_2, \cdots, X_n)$ 为一个**统计量**，如果($x_1, x_2, \cdots, x_n$)是样本($X_1, X_2, \cdots, X_n$)的一组**观测值**，则称 $T(X_1, X_2, \cdots, X_n)$ 是统计量 T 的一个**观测值**（也称**观察值**）．

例如，设 $X \sim N(\mu, \sigma^2)$，此处 μ 未知，但 σ^2 已知，$X_1, X_2, \cdots, X_n$ 为 X 的一个样本，则 $\dfrac{1}{\sigma^2} \sum_{i=1}^{n} X_i$ 是统计量，而 $\sum_{i=1}^{n} (X_i - \mu)^2$ 不是统计量，因为 μ 未知．

根据统计量的定义，它是随机变量 $X_1, X_2, \cdots, X_n$ 的函数，因此统计量也是一个随机变量，也有概率分布．统计量的分布称为**抽样分布**．

注 尽管一个统计量不含任何未知参数，但它的分布可能含有未知参数．

下面介绍一些常用的统计量．

定义 6.3 设($X_1, X_2, \cdots, X_n$)是来自总体 X 的容量为 n 的样本，常用的统计量如下：

（1）$\overline{X} = \dfrac{1}{n} \sum_{i=1}^{n} X_i$，称为**样本均值**；

（2）$S^2 = \dfrac{1}{n-1} \sum_{i=1}^{n} (X_i - \overline{X})^2$，称为（修正）**样本方差**；

（3）$S = \sqrt{\dfrac{1}{n-1} \sum_{i=1}^{n} (X_i - \overline{X})^2}$，称为（修正）**样本标准差**；

（4）$S^{*2} = \dfrac{1}{n}\sum_{i=1}^{n}(X_i - \overline{X})^2$，称为（未修正）样本方差；

（5）$S^* = \sqrt{\dfrac{1}{n}\sum_{i=1}^{n}(X_i - \overline{X})^2}$，称为（未修正）样本标准差；

（6）$A^k = \dfrac{1}{n}\sum_{i=1}^{n}X_i^k$，称为样本 k 阶原点矩 $(k \geqslant 1)$；

（7）$B_k = \dfrac{1}{n}\sum_{i=1}^{n}(X_i - \overline{X})^k$，称为样本 k 阶中心矩 $(k \geqslant 2)$.

这些统计量统称为总体的样本矩，是最常用的样本数字特征.

若 $(x_1, x_2, \cdots, x_n)$ 是样本 $(X_1, X_2, \cdots, X_n)$ 的一组观测值，则

$$\overline{x} = \frac{1}{n}\sum_{i=1}^{n}x_i ,\quad s^2 = \frac{1}{n-1}\sum_{i=1}^{n}(x_i - \overline{x})^2$$

分别为样本均值 $\overline{X}$ 和样本方差 S^2 的观测值.

可以证明，样本的 A_k，B_k 分别依概率收敛于总体的相应矩 $E(X^k)$，$E\{[X - E(X)]^k\}$.

6.2　经验分布函数

> **内容概要**
>
> **格里汶科定理**　设 $x_1, x_2, \cdots, x_n$ 是取自总体分布函数为 $F(x)$ 的样本，$F_n(x)$ 是该样本的经验分布函数，则当 $n \to +\infty$ 时，有
> $$P\left\{ \sup_{-\infty < x < +\infty} |F_n(x) - F(x)| \to 0 \right\} = 1.$$

总体的分布函数也叫作理论分布函数. 利用样本来估计和推断总体 X 的分布函数 $F(x)$，是数理统计要解决的一个重要问题. 为此，我们引入经验分布函数，并讨论它的性质.

设 X 是表示总体的一个随机变量，其分布函数为 $F(x)$，现在对 X 进行 n 次独立重复观测（即对总体作 n 次简单随机抽样），以 $N_n(x)$ 表示随机事件 $\{X \leqslant x\}$ 在这 n 次独立重复观测中出现的次数，即 n 个观测值 $x_1, x_2, \cdots, x_n$ 中不大于 x 的个数.

对 X 每进行 n 次独立重复观测，便得到总体 X 的样本 $(X_1, X_2, \cdots, X_n)$ 的一组观测值 $(x_1, x_2, \cdots, x_n)$，从而对于固定的 $x(-\infty < x < +\infty)$，可以确定 $N_n(x)$ 所取的数值，这个数值就是 $x_1, x_2, \cdots, x_n$ 的 n 个数中不大于 x 的个数. 在重复进行的 n 次抽样中，对于同一个 x，$N_n(x)$ 也会取不同的数值，因此 $N_n(x)$ 是一个随机变量，实际上是一个统计量. $N_n(x)$ 称为**经验频数**.

定义 6.4 称函数

$$F_n(x) = \frac{N_n(x)}{n} \quad (-\infty < x < +\infty)$$

为总体 X 的**经验分布函数**（或**样本分布函数**）.

经验分布函数 $F_n(x)$ 的性质如下：

性质 1

　　对于每一组样本值 $(x_1, x_2, \cdots, x_n)$，经验分布函数 $F_n(x)$ $(-\infty < x < +\infty)$ 是一个分布函数［即 $F_n(x)$ 是一个单调不减、右连续函数，且满足 $F_n(-\infty) = 0$ 和 $F_n(+\infty) = 1$］，并且是阶梯函数.

　　证　我们把 $x_1, x_2, \cdots, x_n$ 按它们的值从小到大排序：

$$x_1^* \leqslant x_2^* \leqslant \cdots \leqslant x_n^*.$$

容易看出，

$$F_n(x) = \frac{N_n(x)}{n} = \begin{cases} 0, & x < x_1^*, \\ \dfrac{k}{n}, & x_k^* \leqslant x < x_{k+1}^*, \quad k = 1, 2, \cdots, n-1. \\ 1, & x_n^* \leqslant x, \end{cases}$$

　　由此可见，$F_n(x)$ 是一个分布函数，而且是阶梯函数. 若样本观测值无重复，则在每一观测值处有间断点且跳跃度为 $1/n$；若样本观测值有重复，则按 $1/n$ 的倍数跳跃上升.

　　再根据二项分布的结论，得

$$E[N_n(x)] = nF(x), \quad E[F_n(x)] = E\left[\frac{N_n(x)}{n}\right] = F(x),$$

其中 $F(x)$ 为总体 X 的分布函数. 所以 $F_n(x)$ 是随机变量且 $F_n(x)$ 的数学期望就是总体 X 的分布函数.

性质 2

　　当 $n \to +\infty$ 时，经验分布函数 $F_n(x)$ 依概率收敛于总体 X 的分布函数 $F(x)$，即对任意实数的 $\varepsilon > 0$，有

$$\lim_{n \to +\infty} P\{| F_n(x) - F(x) |< \varepsilon\} = 1.$$

　　证　根据伯努利大数定律，取

$$Y_n = N_n(x) \sim b(n, F(x)),$$

则对任意的 $\varepsilon > 0$，有

$$\lim_{n\to+\infty} P\left\{\left|\frac{Y_n}{n}-p\right|<\varepsilon\right\} = \lim_{n\to+\infty} P\left\{\left|\frac{Y_n}{n}-F(x)\right|<\varepsilon\right\}$$

$$= \lim_{n\to+\infty} P\{|F_n(x)-F(x)|<\varepsilon\}=1.$$

由性质 2 可知，当 n 充分大时，如同可以用事件的频率近似它的概率一样，我们也可以用经验分布函数 $F_n(x)$ 来近似总体 X 的理论分布函数 $F(x)$．还有比这更深刻的结果，这就是：

定理 6.2　［**格里汶科（Gelivenko）定理**］总体 X 的经验分布函数 $F_n(x)$ 依概率 1 一致收敛于它的理论分布函数 $F(x)$，即对任何实数 x，有

$$P\left\{\lim_{n\to+\infty}\ \sup_{-\infty<x<+\infty}\left|F_n(x)-F(x)\right|=0\right\}=1.$$

证明略．

定理 6.2 表明，当样本容量 n 足够大时，对一切实数 x，总体 X 的经验分布函数 $F_n(x)$ 与它的理论分布函数 $F(x)$ 之间相差的最大值也会足够小，即 n 相当大时，$F_n(x)$ 是 $F(x)$ 很好的近似．这是数理统计中用样本进行估计和推断总体的理论根据．

样本的数目越多，经验分布函数就越能真实地反映总体的特性．

6.3　抽　样　分　布

┃ 内容概要 ┃

1．几个重要分布

（1）$\bar{X}$ 的分布

设总体 X 服从正态分布 $N(\mu,\sigma^2)$，$X_1,X_2,\cdots,X_n$ 为样本，则 $\bar{X}\sim N\left(\mu,\dfrac{\sigma^2}{n}\right)$．

（2）χ^2 分布

若 n 个相互独立的随机变量 $X_1,X_2,\cdots,X_n$ 均服从正态分布 $N(0,1)$，则 $\chi^2=\sum\limits_{i=1}^{n}X_i^2\sim\chi^2(n)$．

（3）t 分布

设 $X\sim N(0,1)$，$Y\sim\chi^2(n)$，并且 X,Y 相互独立，则称随机变量 $t=\dfrac{X}{\sqrt{Y/n}}$ 服从自由度为 n 的 t 分布（或 Student 分布），记为 $t\sim t(n)$．

（4）F 分布

设 $U\sim\chi^2(n_1)$，$V\sim\chi^2(n_2)$，且 U,V 相互独立，则称随机变量 $F=\dfrac{U/n_1}{V/n_2}$ 服从自由度为 (n_1,n_2) 的 F 分布，记为 $F\sim F(n_1,n_2)$．

2. 几个重要结论

（1）设总体 X 服从正态分布 $N(\mu,\sigma^2)$，$X_1,X_2,\cdots,X_n$ 为其样本，样本均值与样本方差分别记为 $\overline{X}$ 与 S^2，则

① $\overline{X} \sim N\left(\mu,\dfrac{\sigma^2}{n}\right)$；

② $\dfrac{(n-1)S^2}{\sigma^2} \sim \chi^2(n-1)$，且 $\overline{X}$ 与 S^2 相互独立.

（2）设总体 $X \sim N(\mu,\sigma^2)$，则 $T = \dfrac{\overline{X}-\mu}{S/\sqrt{n}} \sim t(n-1)$.

（3）设总体 $X \sim N(\mu_1,\sigma^2)$，$X_1,X_2,\cdots,X_{n_1}$ 为 X 的样本，总体 $Y \sim N(\mu_2,\sigma^2)$，$Y_1,\cdots,Y_{n_2}$ 为 Y 的样本，这两个样本是相互独立的. 记

$$\overline{X} = \frac{1}{n_1}\sum_{i=1}^{n_1}X_i, \quad S_1^2 = \frac{1}{n_1-1}\sum_{i=1}^{n_1}(X_i-\overline{X})^2,$$

$$\overline{Y} = \frac{1}{n_2}\sum_{j=1}^{n_2}Y_j, \quad S_2^2 = \frac{1}{n_2-1}\sum_{j=1}^{n_2}(Y_j-\overline{Y})^2,$$

则有

① $\dfrac{S_1^2/\sigma_1^2}{S_2^2/\sigma_2^2} \sim F(n_1-1,n_2-1)$；

② $\dfrac{(\overline{X}-\overline{Y})-(\mu_1-\mu_2)}{S_\omega\sqrt{\dfrac{1}{n_1}+\dfrac{1}{n_2}}} \sim t(n_1+n_2-2)$，其中，$S_\omega^2 = \dfrac{(n_1-1)S_1^2+(n_2-1)S_2^2}{n_1+n_2-2}$.

特别地，当 $\sigma_1^2 = \sigma_2^2$ 时，$\dfrac{S_1^2}{S_2^2} \sim F(n_1-1,n_2-1)$.

统计量是我们对总体 X 的分布函数或数字特征进行估计与推断的重要的基本概念. 统计量都是随机变量，其分布称为抽样分布，求抽样分布是数理统计的基本问题之一.

设总体 X 的分布函数表达式已知，则对于任意自然数 n 如能求出给定统计量 $T(X_1,X_2,\cdots,X_n)$ 的分布函数，这种分布就称为统计量 T 的精确分布. 求出统计量 T 的精确分布，对于数理统计学中所谓的**小样问题**（即在样本容量 n 比较小的情况下所讨论的各种统计问题）的研究有很重要的作用.

若不能求出统计量 $T(X_1,X_2,\cdots,X_n)$ 的精确分布，或其表达式非常复杂而难于应用，此时，如能求出它在 $n \to \infty$ 时的极限分布，那么这个极限分布对于数理统计学中所谓的**大样问题**的研究有重要作用. 大样本问题是指在样本容量 n 比较大的情况下（一般 $n \geq 30$）讨论的各种统计问题.

统计量的分布称为抽样分布. 在使用统计量进行统计推断时需要知道它的分布，当

总体的分布函数已知时，抽样分布是确定的，然而要求出统计量的精确分布，一般来说还是困难的．本节介绍来自正态总体的几个常用的统计量的分布．

　　1.　χ^2 分布

定义 6.5　（χ^2 分布）若 n 个相互独立的随机变量 $X_1, X_2, \cdots, X_n$ 均服从正态分布 $N(0, 1)$，则 $\chi^2 = \sum_{i=1}^{n} X_i^2$ 的概率密度函数为

$$f(x) = \begin{cases} \dfrac{1}{2^{n/2} \Gamma(n/2)} x^{n/2-1} \mathrm{e}^{-x/2}, & x > 0, \\ 0, & \text{其他}, \end{cases}$$

此时我们称 χ^2 服从自由度为 n 的 χ^2 分布，记为 $\chi^2 \sim \chi^2(n)$．

　　不同自由度的 χ^2 分布的概率密度函数图形如图 6-1 所示．

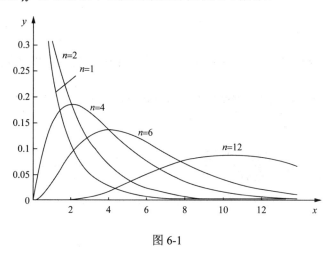

图 6-1

定义 6.6　对于给定的正数 α，我们称满足条件

$$P\{\chi^2(n) > \chi_\alpha^2(n)\} = \int_{\chi_\alpha^2(n)}^{+\infty} f(x)\,\mathrm{d}x = \alpha$$

的点（或数）$\chi_\alpha^2(n)$ 为 $\chi^2(n)$ 分布的上 α 分位点（或分位数）．

　　对于不同的 n 和 α，分位数 $\chi_\alpha^2(n)$ 对应不同的实数值．例如，当 $\alpha = 0.05$，$n = 5$ 和 $n = 20$ 时，

$$\chi_{0.05}^2(5) = 2.02， \quad \chi_{0.05}^2(20) = 31.41．$$

　　思考：

　　（1）对于标准正态分布，如何定义其上 α 分位点（或分位数）？由 $\Phi(0.37) \approx 0.6443$，能否认为 0.37 是其上 $\alpha = 0.6443$ 分位数吗？

　　（2）若 $U \sim N(0,1)$，则 U^2 服从什么分布？

χ^2 分布的性质如下:

性质 1

自由度为 n 的 χ^2 分布的数学期望和方差分别为 $E(\chi^2) = n$，$D(\chi^2) = 2n$.

证明略.

性质 2

（**可加性**）设 $X_1 \sim \chi^2(n_1)$，$X_2 \sim \chi^2(n_2)$，且 X_1, X_2 相互独立,则有 $X_1 + X_2 \sim \chi^2(n_1 + n_2)$.

思考：任意两个 χ^2 分布的和 $X_1 + X_2$ 还服从 χ^2 分布吗? 证明略.

2. t 分布

定义 6.7 （t **分布**）设 $X \sim N(0,1)$，$Y \sim \chi^2(n)$，并且 X, Y 相互独立，则称随机变量 $t = \dfrac{X}{\sqrt{Y/n}}$ 服从自由度为 n 的 t 分布（或 Student 分布），记为 $t \sim t(n)$. t 分布的概率密度函数为

$$f_t(x) = \frac{\Gamma[(n+1)/2]}{\sqrt{\pi n}\,\Gamma(n/2)}\left(1 + \frac{x^2}{n}\right)^{-(n+1)/2} \quad (-\infty < x < \infty).$$

不同自由度的 t 分布的概率密度函数图形如图 6-2 所示.

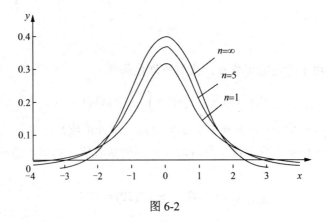

图 6-2

图 6-2 中画出了当 $n = 1$，$n = 5$ 时 $f_t(x)$ 的图形，各图形均关于 $x = 0$ 对称，当 n 充分大时其图形类似于标准正态分布的概率密度函数的图形. 事实上，

$$\lim_{n \to \infty} f_t(x) = \frac{1}{\sqrt{2\pi}}\mathrm{e}^{-x^2/2},$$

即当 n 充分大时，t 近似服从 $N(0,1)$ 分布.

　　t 分布的概率密度函数的形状是"中间高，两边低，左右对称"，与标准正态分布的概率密度函数的图像相似. 当 $n>30$ 时，常用正态分布来代替 t 分布，但 t 分布与标准正态分布之间还是存在着微小差异.

　　定义 6.8　对于给定的正数 α，我们称满足条件

$$P\{t^2(n)>t_\alpha^{\ 2}(n)\}=\int_{t_\alpha^{\ 2}(n)}^{+\infty}f(x)\,\mathrm{d}x=\alpha$$

的点（或数）$t_\alpha^{\ 2}(n)$ 为 $t^2(n)$ 分布的上 α 分位点（或分位数）.

　　对于不同的 n 和 α，分位数 $t_\alpha^{\ 2}(n)$ 同样对应不同的实数值.

　　同样地，可以定义

　　定义 6.9　对于给定的正数 α，我们称满足条件

$$P(F>F_\alpha(n_1,n_2))=\int_{F_\alpha(n_1,n_2)}^{+\infty}f(x)\,\mathrm{d}x=\alpha$$

的点（或数）$F_\alpha(n_1,n_2)$ 为 $F(n_1,n_2)$ 分布的上 α 分位点（或分位数）.

　　对于不同的 n_1,n_2 和 α，分位数 $F_\alpha(n_1,n_2)$ 也同样对应不同的实数值.

　　思考：已知 $X\sim t(n)$，则 X^2 服从什么分布？

　　定理 6.3　设总体 X 服从正态分布 $N(\mu,\sigma^2)$，$X_1,X_2,\cdots,X_n$ 为其样本，样本的平均值与方差分别记为 $\overline{X}$ 与 S^2，则

　　（1）$X\sim N\left(\mu,\dfrac{\sigma^2}{n}\right)$；

　　（2）$\dfrac{(n-1)S^2}{\sigma^2}$ 服从自由度为 $n-1$ 的 χ^2 分布，简记为 $\dfrac{(n-1)S^2}{\sigma^2}\sim\chi^2(n-1)$，且 $\overline{X}$ 与 S^2 相互独立.

　　证明略.

　　以下两个定理在假设检验中有重要的应用.

　　定理 6.4　设总体 X 服从正态分布 $N(\mu,\sigma^2)$，$X_1,X_2,\cdots,X_n$ 为其样本，则有

$$T=\frac{\overline{X}-\mu}{S/\sqrt{n}}$$

服从自由度为 $n-1$ 的 t 分布，记作 $T\sim t(n-1)$.

　　证　由定理 6.3，知

$$\psi=\frac{\overline{X}-\mu}{\sigma/\sqrt{n}}\sim N(0,1),\quad Y=\frac{(n-1)S^2}{\sigma^2}\sim\chi^2(n-1)$$

也相互独立，由 t 分布的定义，知

$$\frac{\psi}{\sqrt{Y/n}}=\frac{\overline{X}-\mu}{S/\sqrt{n}}=T$$

服从自由度为 $n-1$ 的 t 分布，记作 $\dfrac{\overline{X}-\mu}{S/\sqrt{n}} \sim t(n-1)$.

定理 6.5 设总体 X 服从正态分布 $N(\mu_1,\sigma^2)$，$X_1,X_2,\cdots,X_{n_1}$ 为其样本，总体 Y 服从正态分布 $N(\mu_2,\sigma^2)$，$Y_1,\cdots,Y_{n_2}$ 为其样本，这两个样本是相互独立的.记

$$\overline{X}=\frac{1}{n_1}\sum_{i=1}^{n_1}X_i, \quad S_1^2=\frac{1}{n_1-1}\sum_{i=1}^{n_1}(X_i-\overline{X})^2,$$

$$\overline{Y}=\frac{1}{n_2}\sum_{j=1}^{n_2}Y_j, \quad S_2^2=\frac{1}{n_2-1}\sum_{j=1}^{n_2}(Y_j-\overline{Y})^2,$$

则有

（1）$\dfrac{S_1^2/\sigma_1^2}{S_2^2/\sigma_2^2} \sim F(n_1-1,n_2-1)$，即服从第一自由度为 n_1-1、第二自由度为 n_2-1 的 F 分布；

（2）$\dfrac{(\overline{X}-\overline{Y})-(\mu_1-\mu_2)}{S_\omega\sqrt{\dfrac{1}{n_1}+\dfrac{1}{n_2}}} \sim t(n_1+n_2-2)$，即服从自由度为 n_1+n_2-2 的 t 分布，其中，

$$S_\omega^2=\frac{(n_1-1)S_1^2+(n_2-1)S_2^2}{n_1+n_2-2}, \quad S_1^2=\frac{1}{n_1-1}\sum_{i=1}^{n_1}(X_i-\overline{X})^2, \quad S_2^2=\frac{1}{n_2-1}\sum_{i=1}^{n_2}(Y_i-\overline{Y})^2.$$

特别地，当 $\sigma_1^2=\sigma_2^2$ 时，有 $\dfrac{S_1^2}{S_2^2} \sim F(n_1-1,n_2-1)$.

证明略.

例 6.1 （1）设 X 与 Y 相互独立，且有 $X \sim N(5,15)$，$Y \sim \chi^2(5)$，求概率 $P\{X-5>3.5\sqrt{Y}\}$；

（2）设总体 $X \sim N(2.5,6^2)$，X_1,X_2,X_3,X_4,X_5 是来自 X 的样本，求概率 $P\{1.3<\overline{X}<3.5,\ 6.3<S^2<9.6\}$.

解 （1）因为 $\dfrac{X-5}{\sqrt{15}} \sim N(0,1)$，$Y \sim \chi^2(5)$ 且两者独立，通过查 t 分布双侧分位数表（附表2），有

$$P\{X-5>3.5\sqrt{Y}\} = P\left\{\frac{X-5}{\sqrt{Y}}>3.5\right\}$$

$$= P\left\{\frac{(X-5)/\sqrt{15}}{\sqrt{Y/5}}>\frac{3.5/\sqrt{15}}{\sqrt{1/5}}\right\}$$

$$= P\{t(5)>2.02\} = 0.05.$$

（2）因为 $\overline{X}$ 与 S^2 相互独立，所以通过查 χ^2 分布上侧分位数表（附表 3）和标准正态分布表（附表 1），有

$$p = P\{1.3 < \overline{X} < 3.5, 6.3 < S^2 < 9.6\}$$
$$= P\{1.3 < \overline{X} < 3.5\}P\{6.3 < S^2 < 9.6\},$$

而 $\overline{X} \sim N(2.5, 6^2/5)$，即有

$$P(1.3 < \overline{X} < 3.5)$$
$$= P\left\{\frac{1.3 - 2.5}{6/\sqrt{5}} < \frac{\overline{X} - 2.5}{6/\sqrt{5}} < \frac{3.5 - 2.5}{6/\sqrt{5}}\right\}$$
$$= \Phi\left\{\frac{3.5 - 2.5}{6/\sqrt{5}}\right\} - \Phi\left\{\frac{1.3 - 2.5}{6/\sqrt{5}}\right\}$$
$$\approx \Phi(0.37) - \Phi(-0.45) \approx 0.3179,$$
$$P\{6.3 < S^2 < 9.6\}$$
$$= P\left\{6.3 \times \frac{4}{6^2} < \frac{4S^2}{6^2} < 9.6 \times \frac{4}{6^2}\right\}$$
$$\approx P\{0.7 < \chi^2(4) < 1.067\}$$
$$= P\{\chi^2(4) > 0.7\} - P\{\chi^2(4) > 1.067\}$$
$$\approx 0.95 - 0.90 = 0.05.$$

于是

$$P\{1.3 < \overline{X} < 3.5,\ 6.3 < S^2 < 9.6\} = 0.3179 \times 0.05 \approx 0.0159.$$

3. F 分布

定义 6.10 （F 分布）设 $U \sim \chi^2(n_1)$，$V \sim \chi^2(n_2)$，且 U, V 相互独立，则称随机变量

$$F = \frac{U/n_1}{V/n_2}$$

服从自由度为 (n_1, n_2) 的 F 分布，记为 $F \sim F(n_1, n_2)$. F 分布的概率密度函数为

$$f(x) = \begin{cases} \dfrac{\Gamma[(n_1 + n_2)/2](n_1/n_2)^{n_1/2} x^{n_1/2 - 1}}{\Gamma(n_1/2)\Gamma(n_2/2)[1 + (n_1 x/n_2)]^{(n_1 + n_2)/2}}, & x > 0, \\ 0, & \text{其他.} \end{cases}$$

不同自由度的 F 分布的概率密度函数的图形如图 6-3 所示.

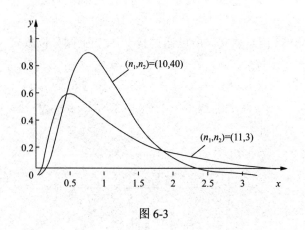

图 6-3

  典型问题答疑解惑

问题 1 数理统计研究的基本内容是什么？

问题 2 样本分布函数和总体分布函数有何关系？

问题 3 频数分布与相应的总体分布有何关系？

问题 4 为什么要引入统计量？为什么统计量中不能含有未知参数？

问题 5 什么是自由度？

问题 6 关于 χ^2 分布主要有哪些结论？

问题 7 关于 F 分布主要有哪些结论？

问题 8 样本均值与样本方差具有哪些性质与常用的结论？

 习题6

一、单项选择题

1. 设总体 $X \sim N(\mu, \sigma^2)$，其中 μ 未知，σ^2 已知，$(X_1, X_2, \cdots, X_n)$ 是来自总体 X 的样本，则下列表达式中不是统计量的是（　　）.

    A. $\bar{X}/\sigma^2$ B. $\dfrac{1}{n}\sum_{i=1}^{n}(X_i - \mu)^2$ C. $\dfrac{1}{n}\sum_{i=1}^{n}(X_i - \bar{X})^2$ D. $\min_{1 \leq i \leq n}\{X_i\}$

2. 设总体 X 和 Y 相互独立且都服从正态分布 $N(\mu, \sigma^2)$，$\bar{X}$，$\bar{Y}$ 分别是来自总体 X 和 Y 的容量为 n 的样本均值，则当 n 固定时，概率 $P\{|\bar{X}-\bar{Y}| > \sigma\}$ 的值随着 σ 的增大而（　　）.

    A. 单调增大   B. 单调减小   C. 保持不变   D. 增减不定

3．设$(X_1, X_2, \cdots, X_n)$是来自总体$N(0, \sigma^2)$的样本，$\overline{X}$为样本均值，S^2为样本方差，则下列统计量中，服从自由度为$n-1$的t分布的是（　　　）．

　　A．$\dfrac{\sqrt{n}\overline{X}}{S}$　　　　　B．$\dfrac{n\overline{X}}{S}$　　　　　C．$\dfrac{\sqrt{n}\overline{X}}{S^2}$　　　　　D．$\dfrac{n\overline{X}}{S^2}$

4．设随机变量X和Y都服从标准正态分布，则（　　　）．

　　A．$X+Y$服从正态分布　　　　　　　B．X^2+Y^2服从χ^2分布

　　C．$\dfrac{X^2}{Y^2}$服从F分布　　　　　　　D．X^2和Y^2都服从χ^2分布

5．设$(X_1, X_2, \cdots, X_{10})$是来自总体$X \sim N(0, \sigma^2)$的样本，$Y^2 = \dfrac{1}{10}\sum\limits_{i=1}^{10} X_i^2$，则下列选项正确的是（　　　）．

　　A．$X^2 \sim \chi^2(1)$　　B．$Y^2 \sim \chi^2(10)$　　C．$\dfrac{X}{Y} \sim t(10)$　　D．$\dfrac{X^2}{Y^2} \sim F(10,1)$

二、填空题

6．设随机变量$X \sim N(1, 2^2)$，$(X_1, X_2, \cdots, X_{100})$是取自总体$X$的样本，$\overline{X}$为样本均值，已知$Y = a\overline{X} + b \sim N(0,1)$，则$a = $_____，$b = $_____．

7．设$(X_1, X_2, \cdots, X_{100})$是取自总体$X \sim N(12, 2^2)$的样本，则样本均值和总体均值之差的绝对值大于1的概率为_____．$P\{\max\{X_1, X_2, \cdots, X_5\} > 15\} = $_____．

8．设总体X服从正态分布$N(0, 2^2)$，$X_1, X_2, \cdots, X_{15}$是来自总体X的样本，则随机变量$Y = \dfrac{X_1^2 + \cdots + X_{10}^2}{2(X_{11}^2 + \cdots + X_{15}^2)}$服从_____分布，参数为_____．

9．若$U \sim N(0,1)$，则$U^2 \sim$_____．

10．若$X \sim t(n)$，则$\dfrac{1}{X^2} \sim$_____．

11．设$(X_1, X_2, \cdots, X_{16})$为来自标准正态总体$X \sim N(0,1)$的样本，记$Y = \left(\sum\limits_{i=1}^{4} X_i\right)^2 + \left(\sum\limits_{i=5}^{8} X_i\right)^2 + \left(\sum\limits_{i=9}^{12} X_i\right)^2 + \left(\sum\limits_{i=13}^{16} X_i\right)^2$，则当$c = $_____时，$cY$服从$\chi^2$分布，$E(cY) = $_____．

12．设$(X_1, X_2, \cdots, X_n)$是来自总体$X \sim N(\mu, \sigma^2)$的一个样本，$\overline{X}$为样本均值，S^2为样本方差，则$E(\overline{X}) = $_____，$E(S^2) = $_____，$D(S^2) = $_____．

13．设$(X_1, X_2, \cdots, X_n)$是来自正态总体$X \sim N(\mu, \sigma^2)$的简单随机样本，$S^2 = \dfrac{1}{n-1}\sum\limits_{k=1}^{n}(X_k - \overline{X})^2$是样本方差，则$\dfrac{(n-1)S^2}{\sigma^2} \sim$_____，$X_i \sim$_____，$\dfrac{\overline{X} - \mu}{\sigma / \sqrt{n}}$_____．

三、解答题

14. 设总体 X 服从正态分布 $N(12, 2^2)$，现从中抽取容量为 5 的样本 $(X_1, X_2, \cdots, X_5)$，试求样本的平均值 $\overline{X}$ 大于 13 的概率.

15. 设总体 X 服从泊松分布 $P(\lambda)$，求样本的平均值 $\overline{X}$ 的渐近分布.

16. 设总体 X 服从正态分布 $N(20, 3^2)$，现从中抽取容量为 10 及 15 的两个独立样本，试求这两个样本的平均值之差的绝对值大于 0.3 的概率.

17. 设 $X_1, X_2, \cdots, X_n$ 相互独立且分别服从正态分布 $N(\mu_i, \sigma_i^2)$，试证 $Y = \sum_{i=1}^{n} c_i X_i$ 服从正态分布 $N\left(\sum_{i=1}^{n} c_i \mu_i, \ \sum_{i=1}^{n} c_i^2 \sigma_i^2 \right)$.

18. 某一工厂制造一种工具，已知 2% 是次品. 在一批含 500 个这种工具的样本中求下列概率：

（1）次品多于 3%；

（2）次品少于 2%.

19. 设 $(X_1, X_2, \cdots, X_{16})$ 是总体 $X \sim N(\mu, \sigma^2)$ 的一个样本，μ, σ^2 为未知，而 $\overline{x} = 12.5$，$s^2 = 5.333$. 求 $P\{|\overline{x} - \mu| < 0.4\}$.

20. 从方差相等的正态总体中抽出 $n_1 = 8$ 和 $n_2 = 12$ 两个独立样本，其样本方差分别为 S_1^2 和 S_2^2，求 $P\left\{ \dfrac{S_1^2}{S_2^2} < 4.89 \right\}$.

21. （1）设样本 $(X_1, X_2, \cdots, X_6)$ 来自总体 $X \sim N(0, 1)$，$Y = (X_1 + X_2 + X_3)^2 + (X_4 + X_5 + X_6)^2$，试确定常数 C，使 CY 服从 χ^2 分布；

（2）设样本 $(X_1, X_2, \cdots, X_5)$ 来自总体 $X \sim N(0, 1)$，$Y = \dfrac{C(X_1 + X_2)}{(X_3^2 + X_4^2 + X_5^2)^{1/2}}$，试确定常数 C，使 Y 服从 t 分布；

（3）已知 $X \sim t(n)$，求证：$X^2 \sim F(1, n)$.

22. 设总体 $X \sim N(\mu, \sigma^2)$，$(X_1, X_2, \cdots, X_{n+1})$ 是取自总体 X 的一个样本，样本容量为 $n-1$，记 $\overline{X}_n = \dfrac{1}{n} \sum_{i=1}^{n} X_i$，$S_n^2 = \dfrac{1}{n-1} \sum_{i=1}^{n} (X_i - \overline{X}_n)^2$，求统计量 $T = \sqrt{\dfrac{n}{n+1}} \dfrac{X_{n+1} - \overline{X}_n}{S_n}$ 的分布.

23. 设在总体 $X \sim N(\mu, \sigma^2)$ 中抽得一个容量为 16 的样本，这里 μ, σ^2 均未知. 求：

（1）$P\left\{ \dfrac{S^2}{\sigma^2} \leqslant 2.041 \right\}$，其中 S^2 为样本方差；

（2）$D(S^2)$.

第7章 参数估计

在第 6 章我们主要介绍了数理统计的基本概念和常用的几个抽样分布,本章将开始讨论数理统计的统计推断理论,统计推断主要有四类基本问题:**估计问题、检验问题、方差分析和回归分析问题**. 本章主要研究估计问题,主要有**参数估计**(parametric hypothesis)和**非参数估计**(non-parametric hypothesis)两类问题.

本章重点讨论参数估计问题,即如何根据样本信息对总体分布中未知参数做出估计,参数估计又分为**点估计**和**区间估计**.

7.1 参数的点估计

内容概要

1. 矩估计法的基本步骤

设总体 X 的分布中含 k 个未知参数 $\theta_1, \theta_2, \cdots, \theta_k$,总体 X 的前 k 阶原点矩 $\alpha_1, \alpha_2, \cdots, \alpha_k$ 存在,这里 $\alpha_m = E(X^m)(m=1,2,\cdots,k)$. 它们是这 k 个未知参数 $\theta_1, \theta_2, \cdots, \theta_k$ 的函数,即

$$\alpha_m = g_m(\theta_1, \theta_2, \cdots, \theta_k) \quad (m=1,2,\cdots,k).$$

(1)将上式看作一个包含 k 个未知参数 $\theta_1, \theta_2, \cdots, \theta_k$ 的方程组,解得

$$\theta_m = h_m(\mu_1, \mu_2, \cdots, \mu_k) \quad (m=1,2,\cdots,k);$$

(2)将样本原点矩 $A_m(m=1,2,\cdots,k)$ 作为总体原点矩 $\alpha_m(m=1,2,\cdots,k)$ 的估计,代入上式,即可得 $\theta_m(m=1,2,\cdots,k)$ 的矩估计量:

$$\hat{\theta}_m = h_m(A_1, A_2, \cdots, A_k) \quad (m=1,2,\cdots,k);$$

(3)将样本值 $(x_1, x_2, \cdots, x_n)$ 代入,即得矩估计值.

2. 最大似然估计的求解步骤

由于对数函数($\ln x$)是单调增函数,所以函数 $L(\theta_1, \theta_2, \cdots, \theta_k)$ 与其对数函数 $\ln L(\theta_1, \theta_2, \cdots, \theta_k)$ 有相同的最大值点,为了方便运算,似然函数 $L(\theta_1, \theta_2, \cdots, \theta_k)$ 的最大值点常常通过求对数似然函数 $\ln L(\theta_1, \theta_2, \cdots, \theta_k)$ 的最大值点得到. 最大似然估计法具体求法如下:

(1)写出似然函数 $L(\theta_1, \theta_2, \cdots, \theta_k) = \prod_{i=1}^{n} f(x_i; \theta_1, \theta_2, \cdots, \theta_k)$;

(2)当似然函数 $L(\theta_1, \theta_2, \cdots, \theta_k)$ 对 $\theta_1, \theta_2, \cdots, \theta_k$ 存在连续的偏导数时,令

$$\frac{\partial L(x_1, x_2, \cdots, x_n; \theta)}{\partial \theta_j} = 0 \ \text{或} \ \frac{\partial \ln L(x_1, x_2, \cdots, x_n; \theta)}{\partial \theta_j} = 0 \quad (j = 1, 2, \cdots, k),$$

解之，求出驻点．上述方程称为似然方程或对数似然方程．

（3）判断并求出最大值点，即为最大似然估计量．将样本值代入最大似然估计量的表达式中，得到参数的最大似然估计值．

设 θ 为总体 X 的分布函数中的未知参数，$(X_1, X_2, \cdots, X_n)$ 为来自 X 的一个样本，$(x_1, x_2, \cdots, x_n)$ 是相应的一个样本值，构造一个适当的统计量 $\hat{\theta} = \hat{\theta}(X_1, X_2, \cdots, X_n)$，用其观察值 $\hat{\theta}(x_1, x_2, \cdots, x_n)$ 作为未知参数 θ 的近似值，称 $\hat{\theta}(X_1, X_2, \cdots, X_n)$ 为参数 θ 的**点估计量**，$\hat{\theta}(x_1, x_2, \cdots, x_n)$ 为参数 θ 的**点估计值**．

参数 θ 的点估计量 $\hat{\theta}(X_1, X_2, \cdots, X_n)$ 为样本的函数，是一个随机变量．对于随机获取的不同的样本值 $x_1, x_2, \cdots, x_n$，参数 θ 的点估计值 $\hat{\theta}(x_1, x_2, \cdots, x_n)$ 一般取不同的值．根据实际含义，在可区分的情况下，**点估计量**和**点估计值**统称为**点估计**（Point Estimation）．

下面介绍两种常用的构造点估计量的方法：**矩估计法**和**最大似然估计法**．

7.1.1 矩估计法

矩估计法（method of moment）是由英国统计学家皮尔逊于 1894 年首次提出的，虽然它是一种古老的方法，但由于它直观简单，运用方便，目前仍是一种常用的方法．

由于来自总体的样本，可在一定程度上反映总体的概率特性，所以可以通过样本矩来估计总体矩．可以证明，样本原点矩与总体原点矩之间存在如下关系：

若总体的 r 阶原点矩存在，当样本容量 n 无限增大时，样本的 $k (k \leqslant r)$ 阶原点矩依概率收敛于总体的 k 阶原点矩．因此，当 n 足够大时，可以用样本的 k 阶原点矩近似代替总体的 k 阶原点矩．

事实上，总体参数与总体原点矩往往存在一定的关系．根据未知参数与总体原点矩的关系，运用"替代"的思想，将样本的 k 阶原点矩作为总体 k 阶原点矩的估计，用样本的 k 阶原点矩的函数来估计总体 k 阶原点矩相应的同一函数，进而得到总体参数的估计量．这种估计方法称为**矩估计法**．

设总体 X 的分布中含 k 个未知参数 $\theta_1, \theta_2, \cdots, \theta_k$，总体 X 的前 k 阶原点矩 $\alpha_1, \alpha_2, \cdots, \alpha_k$ 存在，这里 $\alpha_m = E(X^m)(m = 1, 2, \cdots, k)$，它们是这 k 个未知参数 $\theta_1, \theta_2, \cdots, \theta_k$ 的函数，即

$$\alpha_m = g_m(\theta_1, \theta_2, \cdots, \theta_k) \quad (m = 1, 2, \cdots, k) \tag{7.1}$$

设 $(X_1, X_2, \cdots, X_n)$ 为来自总体 X 的样本，其相应的样本前 k 阶原点矩为

$$A_m = \frac{1}{n} \sum_{i=1}^{n} X_i^m \quad (m = 1, 2, \cdots, k).$$

矩估计法的基本步骤如下：

（1）将式（7.1）看作一个包含 k 个未知参数 $\theta_1, \theta_2, \cdots, \theta_k$ 的方程组，解得

$$\theta_m = h_m(\alpha_1, \alpha_2, \cdots, \alpha_k) \quad (m = 1, 2, \cdots, k);$$

（2）将样本原点矩 $A_m(m=1,2,\cdots,k)$ 作为总体原点矩 $\alpha_m(m=1,2,\cdots,k)$ 的估计，代入上式，即可得 $\theta_m(m=1,2,\cdots,k)$ 的矩估计量：

$$\hat{\theta}_m = h_m(A_1,A_2,\cdots,A_k) \quad (m=1,2,\cdots,k);$$

（3）将样本值 $(x_1,x_2,\cdots,x_n)$ 代入，即得矩估计值.

例 7.1 设总体 X 服从几何分布，其概率分布律为

$$P\{X=k\}=(1-p)^{k-1}p \quad (k=1,2,\cdots),$$

$(X_1,X_2,\cdots,X_n)$ 为来自 X 的样本，求参数 p 的矩估计量.

解 总体 X 的一阶原点矩为

$$\alpha_1 = E(X) = \sum_{k=1}^{+\infty} k\cdot P\{X=k\} = \sum_{k=1}^{+\infty} k\cdot(1-p)^{k-1}p = \frac{1}{p},$$

解得

$$p = \frac{1}{\alpha_1}.$$

用样本一阶原点矩 $A_1=\overline{X}$ 估计总体一阶原点矩 α_1，代入上式，得参数 p 的矩估计量为

$$\hat{p} = \frac{1}{\overline{X}}.$$

例 7.2 设总体 X 的概率密度函数为 $f(x,\theta)=\begin{cases} e^{-(x-\theta)}, & x\geqslant\theta, \\ 0, & x<\theta, \end{cases}$ θ 为总体参数，$(X_1,$

$X_2,\cdots,X_n)$ 为来自总体 X 的一个样本，求参数 θ 的矩估计量.

解 总体 X 的一阶原点矩为

$$\alpha_1 = E(X) = \int_{-\infty}^{+\infty} xf(x)\mathrm{d}x = \int_{\theta}^{+\infty} x\cdot e^{-(x-\theta)}\mathrm{d}x = e^{\theta}\cdot\int_{\theta}^{+\infty} xe^{-x}\mathrm{d}x$$

$$= e^{\theta}\cdot(-xe^{-x}-e^{-x})\Big|_{\theta}^{+\infty} = \theta+1.$$

解得

$$\theta = \alpha_1 - 1.$$

用样本一阶原点矩 $A_1=\overline{X}$ 估计总体一阶原点矩 α_1，代入上式，得参数 θ 的矩估计量为

$$\hat{\theta} = \overline{X}-1.$$

例 7.3 设总体 X 的均值 μ 及方差 σ^2 都存在，且有 $\sigma^2>0$，但 μ,σ^2 均未知，$(X_1,$

$X_2,\cdots,X_n)$ 为来自 X 的样本，求 μ 和 σ^2 的矩估计量.

解 总体一阶原点矩和二阶原点矩分别为

$$\alpha_1 = E(X) = \mu,$$
$$\alpha_2 = E(X^2) = D(X) + [E(X)^2] = \sigma^2 + \mu^2,$$

解得

$$\begin{cases} \mu = \alpha_1, \\ \sigma^2 = \alpha_2 - \alpha_1^2. \end{cases}$$

分别以 $A_1 = \dfrac{1}{n}\sum_{i=1}^{n} X_i = \bar{X}$，$A_2 = \dfrac{1}{n}\sum_{i=1}^{n} X_i^2$ 估计 α_1, α_2，代入上式，得 μ 和 σ^2 的矩估计量分别为

$$\begin{cases} \hat{\mu} = \bar{X}, \\ \hat{\sigma}^2 = \dfrac{1}{n}\sum_{i=1}^{n} X_i^2 - \bar{X}^2 = \dfrac{1}{n}\sum_{i=1}^{n}(X_i - \bar{X})^2. \end{cases} \tag{7.2}$$

例 7.3 表明，对于任意总体，其均值 μ（总体的一阶原点矩）的矩估计量为样本的一阶原点矩 $\bar{X}$，其方差（总体的二阶中心矩）的矩估计量为样本的二阶中心矩 $\dfrac{1}{n}\sum_{i=1}^{n}(X_i - \bar{X})^2$．需要注意的是，这里并不等于样本方差 $S^2 = \dfrac{1}{n-1}\sum_{i=1}^{n}(X_i - \bar{X})^2$，而是等于 $\dfrac{n-1}{n}S^2$．

由例 7.3 还可以得到：

（1）对于正态总体 $X \sim N(\mu, \sigma^2)$，总体参数 μ, σ^2 未知，μ 为总体均值，σ^2 为总体方差，它们的矩估计量分别为

$$\hat{\mu} = \bar{X},$$
$$\hat{\sigma}^2 = \frac{1}{n}\sum_{i=1}^{n}(X_i - \bar{X})^2.$$

（2）对于服从参数为 λ 的泊松分布的总体 X，参数 λ 未知，而 $\lambda = E(X) = D(X)$，则由式（7.2）可得下面两个估计量：

$$\hat{\lambda}_1 = \bar{X},$$
$$\hat{\lambda}_2 = \frac{1}{n}\sum_{i=1}^{n}(X_i - \bar{X})^2$$

均为参数 λ 的矩估计量．这里说明用矩估计法得到的矩估计量并不是唯一的．

一般地，总体的 k 阶中心矩 $\beta_k = E\{[X - E(X)^2]\}$ 总可展开并表达成总体不超过 k 阶的原点矩的函数，样本的 k 阶中心矩 $B_k = \dfrac{1}{n}\sum_{i=1}^{n}(X_i - \bar{X})^k$ 也可展开并表达成样本不超过 k 阶原点矩的同样函数．因此，可以用样本的 k 阶中心矩 B_k 作为总体的 k 阶中心矩 β_k 的估计量．

例 7.4 设总体 X 服从 $[a,b]$ 上的均匀分布, a,b 为未知参数, $(X_1, X_2, \cdots, X_n)$ 为来自总体 X 的一个样本, 求 a,b 的矩估计量.

解 总体 X 的一阶原点矩和二阶中心矩分别为

$$\alpha_1 = E(X) = \frac{a+b}{2},$$

$$\beta_2 = D(X) = \frac{(b-a)^2}{12}.$$

解出 a,b, 得

$$a = \alpha_1 - \sqrt{3\beta_2}, \quad b = \alpha_1 + \sqrt{3\beta_2}.$$

分别以 $A_1 = \dfrac{1}{n}\sum_{i=1}^{n} X_i = \bar{X}$, $B_2 = \dfrac{1}{n}\sum_{i=1}^{n}(X_i - \bar{X})^2 = S^{*2}$ 估计 α_1, β_2, 代入上式, 得 a 和 b 的矩估计量分别为

$$\hat{a} = \bar{X} - \sqrt{3}S^*,$$

$$\hat{b} = \bar{X} + \sqrt{3}S^*.$$

矩估计法适用广泛, 只要确定了未知参数和总体矩的关系, 就可以很方便地运用, 而不必以已知总体分布的具体类型为条件. 下面介绍的最大似然估计法, 其运用前提是已知总体的分布类型, 这样就可以充分利用概率分布给出的信息, 从而得到估计效果更好的估计量, 是一种重要的点估计方法.

7.1.2 最大似然估计

1. 基本思想

定义 7.1 设总体 X 的分布密度 (或概率密度函数) 为 $f(x; \theta_1, \theta_2, \cdots, \theta_k)$, 其中 θ_1, $\theta_2, \cdots, \theta_k$ 为 k 个未知参数, $(\theta_1, \theta_2, \cdots, \theta_k) \in \Theta$, Θ 为 k 维向量空间, 称为参数空间. 设 $(X_1, X_2, \cdots, X_n)$ 为来自 X 的样本, $(x_1, x_2, \cdots, x_n)$ 是相应的一个样本值, 由于样本的独立性, 所以 $(X_1, X_2, \cdots, X_n)$ 的联合分布密度 (或联合分布律) 为

$$\prod_{i=1}^{n} f(x_i; \theta_1, \theta_2, \cdots, \theta_k).$$

对于取定的一组样本 $(x_1, x_2, \cdots, x_n)$, 它是待估参数 $\theta_1, \theta_2, \cdots, \theta_k$ 的函数, 称为似然函数. 记为

$$L(\theta_1, \theta_2, \cdots, \theta_k) = \prod_{i=1}^{n} f(x_i; \theta_1, \theta_2, \cdots, \theta_k).$$

最大似然估计 (maximum likelihood estimate, MLE) 法的基本思想:

似然函数 $L(\theta_1, \theta_2, \cdots, \theta_k) = \prod_{i=1}^{n} f(x_i; \theta_1, \theta_2, \cdots, \theta_k)$ 是样本 $(x_1, x_2, \cdots, x_n)$ 的联合分布密度 (或

联合分布律），其值的大小反映随机变量($X_1, X_2, \cdots, X_n$)取得样本值($x_1, x_2, \cdots, x_n$)的概率大小． n 次观察中，在样本($x_1, x_2, \cdots, x_n$)已经出现的情况下，应该在参数空间 Θ 内选取使($x_1, x_2, \cdots, x_n$)出现概率最大，也就是使似然函数 $L(\theta_1, \theta_2, \cdots, \theta_k)$ 达到最大的参数值 $\hat{\theta}_1, \hat{\theta}_2, \cdots, \hat{\theta}_k$ 分别作为参数 $\theta_1, \theta_2, \cdots, \theta_k$ 的估计值．这种求点估计的方法称为最大似然估计法．

定义 7.2 对于任意给定的样本值($X_1, X_2, \cdots, X_n$)，若存在统计量 $\hat{\theta} = (\hat{\theta}_1, \hat{\theta}_2, \cdots, \hat{\theta}_k)$ ，满足

$$L(\hat{\theta}_1, \hat{\theta}_2, \cdots, \hat{\theta}_k) = \max_{(\theta_1, \theta_2, \cdots, \theta_k) \in \Theta} L(\theta_1, \theta_2, \cdots, \theta_k), \tag{7.3}$$

其中 $\hat{\theta}_j = \hat{\theta}_j(X_1, X_2, \cdots, X_n)$ ， $j = 1, 2, \cdots, k$ ，则称统计量 $\hat{\theta}_j$ 为参数 $\theta = (\theta_1, \theta_2, \cdots, \theta_k)$ 的最大似然估计量，这里 Θ 为参数空间．

这样，求未知参数 $\theta = (\theta_1, \theta_2, \cdots, \theta_k)$ 的最大似然估计量的问题就归结为求似然函数 $L(\theta_1, \theta_2, \cdots, \theta_k)$ 的最大值点问题，这是一个多元函数求最大值点的问题．

2. 最大似然估计的解法

由于对数函数（ $\ln x$ ）是单调增函数，所以函数 $L(\theta_1, \theta_2, \cdots, \theta_k)$ 与其对数函数 $\ln L(\theta_1, \theta_2, \cdots, \theta_k)$ 有相同的最大值点，为了方便运算，似然函数 $L(\theta_1, \theta_2, \cdots, \theta_k)$ 的最大值点常常通过求对数似然函数 $\ln L(\theta_1, \theta_2, \cdots, \theta_k)$ 的最大值点得到．最大似然估计法的具体求法如下：

（1）写出似然函数 $L(\theta_1, \theta_2, \cdots, \theta_k) = \prod_{i=1}^{n} f(x_i; \theta_1, \theta_2, \cdots, \theta_k)$ ；

（2）当似然函数 $L(\theta_1, \theta_2, \cdots, \theta_k)$ 对 $\theta_1, \theta_2, \cdots, \theta_k$ 存在连续的偏导数时，令

$$\frac{\partial L(x_1, x_2, \cdots, x_n; \theta)}{\partial \theta_j} = 0 \quad \text{或} \quad \frac{\partial \ln L(x_1, x_2, \cdots, x_n; \theta)}{\partial \theta_j} = 0 \quad (j = 1, 2, \cdots, k),$$

解之，求出驻点．上述方程称为似然方程或对数似然方程．

（3）判断并求出最大值点，即为最大似然估计量．将样本值代入最大似然估计量的表达式中，就得到参数的最大似然估计值．

需要说明的是，似然方程或对数似然方程的解，只是驻点，需要判别是否是最大值点，判别的过程有时会相当复杂．当似然方程（或对数似然方程）的解是唯一解时，我们常常简单地把它当作最大似然估计值；当似然方程（或对数似然方程）无解时，或似然函数 $L(\theta_1, \theta_2, \cdots, \theta_k)$ 对 $\theta_1, \theta_2, \cdots, \theta_k$ 不可微时，可考虑用最大似然估计的基本思想或寻找其他方法进行估计．

例 7.5 设总体 $X \sim B(1, p)$ ， p 为未知参数， $X_1, X_2, \cdots, X_n$ 为来自 X 的一个样本，$x_1, x_2, \cdots, x_n$ 是相应的一个样本值，求参数 p 的最大似然估计．

解 由于总体 X 服从两点分布，其概率分布律为

$$P\{X = x\} = p^x (1-p)^{1-x}, \ x = 0, 1.$$

设$(x_1, x_2, \cdots, x_n)$为样本的一组观测值, 则似然函数为

$$L(p) = \prod_{i=1}^{n} P\{X_i = x_i\} = \prod_{i=1}^{n} p^{x_i}(1-p)^{1-x_i} = p^{\sum_{i=1}^{n} x_i}(1-p)^{n-\sum_{i=1}^{n} x_i}.$$

两边取对数, 得

$$\ln L(p) = \left(\sum_{i=1}^{n} x_i\right) \cdot \ln p + \left(n - \sum_{i=1}^{n} x_i\right) \ln(1-p).$$

这里, 虽然总体 X 是一个离散型随机变量, 但似然函数 $L(p)$ 关于 p 是连续且可导的. 将上式两边对 p 求导, 得

$$\frac{\mathrm{d}\ln L}{\mathrm{d}p} = \frac{\sum_{i=1}^{n} x_i}{p} - \frac{n - \sum_{i=1}^{n} x_i}{1-p} = \frac{\sum_{i=1}^{n} x_i - np}{p(1-p)}.$$

令 $\dfrac{\mathrm{d}\ln L}{\mathrm{d}p} = 0$, 解得 $p = \dfrac{1}{n}\sum_{i=1}^{n} x_i = \bar{x}$, 它是 $\ln L$ 的一个极大值点, 也是 L 的极大值点. 又由于 L 在 $0 < p < 1$ 时只有一个极值点, 所以它也是 L 的最大值点, 故 p 的最大似然估计值为

$$\hat{p} = \frac{1}{n}\sum_{i=1}^{n} x_i = \bar{x}.$$

从而 p 的最大似然估计量为

$$p = \frac{1}{n}\sum_{i=1}^{n} X_i = \bar{X}.$$

例 7.6 已知总体 X 服从正态分布 $N(\mu, \sigma^2)$, 参数 μ, σ^2 均未知, $(X_1, X_2, \cdots, X_n)$ 为来自总体 X 的一个样本, 求总体均值 μ 和方差 σ^2 的最大似然估计量.

解 正态分布的概率密度函数为

$$f(x; \mu, \sigma^2) = \frac{1}{\sqrt{2\pi}\sigma} \mathrm{e}^{-\frac{(x-\mu)^2}{2\sigma^2}},$$

似然函数为

$$L(\mu, \sigma^2) = \prod_{i=1}^{n} f(x_i, \mu, \sigma^2)$$

$$= \prod_{i=1}^{n} \frac{1}{\sqrt{2\pi}\sigma} \mathrm{e}^{-\frac{(x-\mu)^2}{2\sigma^2}}$$

$$= \left(\frac{1}{2\pi\sigma^2}\right)^{\frac{n}{2}} \mathrm{e}^{-\frac{1}{2\sigma^2}\sum_{i=1}^{n}(x_i-\mu)^2}.$$

两边取对数，得

$$\ln L(\mu, \sigma^2) = -\frac{n}{2}\ln(2\pi\sigma^2) - \frac{1}{2\sigma^2}\sum_{i=1}^{n}(x_i - \mu)^2.$$

似然方程为

$$\begin{cases} \dfrac{\partial \ln L}{\partial \mu} = \dfrac{1}{\sigma^2}\sum_{i=1}^{n}(x_i - \mu) = 0, \\[3mm] \dfrac{\partial \ln L}{\partial \sigma^2} = -\dfrac{n}{2\sigma^2} + \dfrac{1}{2\sigma^4}\sum_{i=1}^{n}(x_i - \mu)^2 = 0. \end{cases}$$

解得

$$\mu = \frac{1}{n}\sum_{i=1}^{n}x_i, \quad \sigma^2 = \frac{1}{n}\sum_{i=1}^{n}(x_i - \overline{x})^2.$$

这是唯一驻点，且为最大值点. 故 μ, σ^2 的最大似然估计量分别为

$$\hat{\mu} = \frac{1}{n}\sum_{i=1}^{n}X_i = \overline{X},$$

$$\hat{\sigma}^2 = \frac{1}{n}\sum_{i=1}^{n}(X_i - \overline{X})^2 = \frac{1}{n}\left(\sum_{i=1}^{n}X_i^2 - n\overline{X}^2\right).$$

它们分别为样本均值 $\overline{X}$ 与样本二阶中心距，与例 7.3 矩估计法得到的结果一致.

可以证明，$\hat{\theta}$ 是总体参数 θ 的最大似然估计量，且 $f(\theta)$ 为单调函数，则 $f(\hat{\theta})$ 一定是 $f(\theta)$ 的最大似然估计量.

例 7.7 已知某电子元件的寿命（单位：h）服从正态分布，总体参数均未知. 现从生产的电子元件中随机抽取 10 件，经计算 $\sum_{i=1}^{10}x_i = 1024$，$\sum_{i=1}^{10}x_i^2 = 107107.6$，试用最大似然估计法估计该天生产的元件能使用 120h 以上的概率.

解 由 $\sum_{i=1}^{10}x_i = 1024$，$\sum_{i=1}^{10}x_i^2 = 107107.6$，得总体参数 μ, σ^2 的最大似然估计值分别为

$$\hat{\mu} = \overline{x} = 102.4,$$

$$\hat{\sigma}^2 = \frac{1}{10}\sum_{i=1}^{10}(x_i - \overline{x})^2 = \frac{1}{10}\sum_{i=1}^{10}x_i^2 - \overline{x}^2 = 225.$$

故 $P\{X > 120\}$ 的最大似然估计值为 $1 - \Phi\left(\dfrac{120 - 102.4}{\sqrt{225}}\right) \approx 0.12.$

例 7.8 设总体 X 服从 $[a,b]$ 上的均匀分布，a,b 为未知参数，$(X_1,X_2,\cdots,X_n)$ 为来自总体 X 的一个样本，$(x_1,x_2,\cdots,x_n)$ 是相应的一个样本值，求 a,b 的最大似然估计.

解 X 的概率密度函数为

$$f(x)=\begin{cases}\dfrac{1}{b-a}, & a\leqslant x\leqslant b,\\ 0, & \text{其他}.\end{cases}$$

似然函数为

$$L(a,b)=\prod_{i=1}^{n}f(x_i)=\begin{cases}\dfrac{1}{(b-a)^n}, & a\leqslant x_1,x_2,\cdots,x_n\leqslant b,\\ 0, & \text{其他}.\end{cases}$$

对数似然函数为

$$\ln L(a,b)=-n\ln(b-a).$$

对数似然方程组为

$$\begin{cases}\dfrac{\partial \ln L(a,b)}{\partial a}=\dfrac{n}{b-a}=0,\\[2mm] \dfrac{\partial \ln L(a,b)}{\partial b}=\dfrac{-n}{b-a}=0.\end{cases}$$

此方程组无解. 这里，用解似然方程的方法求 $L(a,b)$ 的最大值是不可行的.

下面我们从似然函数的表达式来分析. 对于似然函数 $L(a,b)$，显然，当 $b-a$ 最小时，$L(a,b)$ 取得最大值. 对于满足 $a\leqslant x_1,x_2,\cdots,x_n\leqslant b$ 的 a,b，当且仅当 $a=\min\limits_{1\leqslant i\leqslant n}\{x_i\}$，$b=\max\limits_{1\leqslant i\leqslant n}\{x_i\}$ 时，$b-a$ 最小，此时 $L(a,b)$ 取得最大值. 故 a,b 的最大似然估计分别是

$$\hat{a}=\min_{1\leqslant i\leqslant n}\{x_i\},\quad \hat{b}=\max_{1\leqslant i\leqslant n}\{x_i\}.$$

3. 最大似然估计的不变性

求未知参数 θ 的某种函数 $g(\theta)$ 的极大似然估计可用极大似然估计的**不变原则**进行，即设 $\hat{\theta}$ 是 θ 的极大似然估计，$g(\theta)$ 是 θ 的连续函数，则 $g(\theta)$ 的极大似然估计为 $g(\hat{\theta})$.

例 7.9 设某元件失效时间服从参数为 λ 的指数分布，其概率密度函数为 $f(x;\lambda)=\lambda e^{-\lambda x}$，$x\geqslant 0$，$\lambda$ 未知. 现从中抽取了 n 个元件，测得其失效时间分别为 $x_1,x_2,\cdots,x_n$，试求 λ 及平均寿命的极大似然估计.

分析 可先求 λ 的极大似然估计，由于元件的平均寿命即为 X 的期望值，在指数分布中，有 $E(X)=\dfrac{1}{\lambda}$，它是 λ 的函数，故可用极大似然估计的不变原则求其极大似然估计.

解 似然函数为

$$L(\lambda) = \prod_{i=1}^{n} \lambda e^{-\lambda x_i} = \lambda^n e^{-\lambda \sum_{i=1}^{n} x_i}.$$

对上式两边分别取对数，得对数似然函数

$$\ln L(\lambda) = n \ln \lambda - \lambda \sum_{i=1}^{n} x_i.$$

对 λ 求导，得似然方程为

$$\frac{d \ln L(\lambda)}{d\lambda} = \frac{n}{\lambda} - \sum_{i=1}^{n} x_i = 0.$$

解似然方程，得

$$\hat{\lambda} = \frac{n}{\sum_{i=1}^{n} x_i} = \frac{1}{\bar{x}}.$$

经验证，$\hat{\lambda}$ 能使 $\ln L(\lambda)$ 达到最大，从而使 $L(\lambda)$ 达到最大. 由于上述过程对一切样本观察值成立，故 λ 的极大似然估计为

$$\hat{\lambda} = \frac{1}{\bar{X}}.$$

根据极大似然估计的不变原则知，元件的平均寿命的极大似然估计为

$$E(X) = \frac{1}{\hat{\lambda}} = \bar{X}.$$

应用案例 7.1 最大似然估计法的应用——如何估计湖中的鱼数？

假设湖中有 N 条鱼，钓出 r 条，做上记号后全部放回湖中，然后钓出 s 条，发现其中有 x_0 条有记号，试以此估计湖中鱼的条数 N.

解法 1 （最大似然估计估计法）要求 N，使 $P\{X = x_0\}$ 最大，记 $L(x_0, N) = P\{X = x_0\}$，则

$$\frac{L(x_0, N)}{L(x_0, N-1)} = \frac{C_r^{x_0} C_{N-r}^{s-x_0}}{C_N^s} \times \frac{C_{N-1}^s}{C_r^{x_0} C_{N-r-1}^{s-x_0}} = \frac{N^2 - (r+s)N + rs}{N^2 - (r+s)N + Nx_0}.$$

为使 $L(x_0, N) > L(x_0, N-1)$，应有 $rs > Nx_0$，所以 $N < \dfrac{rs}{x_0}$.

为使 $L(x_0, N) > L(x_0, N+1)$，应有 $rs < (N+1)x_0$，所以 $N > \dfrac{rs}{x_0} - 1$.

所以 N 的最大似然估计为

$$\hat{N} = \left[\frac{rs}{x_0} \right].$$

解法 2 ［比例法（用频率估计）］依题意，湖中有记号鱼的比例为 $P = \dfrac{r}{N}$，而在

钓出的 s 条鱼中有记号鱼的比例是 $\dfrac{x_0}{s}$，由于钓出的鱼是随机的，每一条鱼是独立的，所以应该有 $\dfrac{r}{N}=\dfrac{x_0}{s}$，即 $N=\dfrac{rs}{x_0}$，从而 N 的估计为 $\hat{N}=\left[\dfrac{rs}{x_0}\right]$.

应用案例 7.2 未发现的印刷错误有多少？

实际问题 甲、乙两个校对员彼此独立地校对同一本书的校样. 甲共发现 a 个印刷错误，乙共发现 b 个印刷错误，其中甲和乙共同发现的错误有 c 个，试由此估计未被发现的印刷错误的个数.

解 设此书印刷的错误个数为 N，每个印刷错误被甲发现的概率为 p_1，被乙发现的概率为 p_2，被甲、乙共同发现的概率为 p_{12}，则 p_1,p_2,p_{12} 的矩估计分别为

$$\hat{p}_1=\frac{a}{N},\quad \hat{p}_2=\frac{b}{N},\quad \hat{p}_{12}=\frac{c}{N}.$$

由于甲、乙发现错误彼此独立，所以 $\hat{p}_{12}=\hat{p}_1\hat{p}_2$，即 $\dfrac{c}{N}=\dfrac{a}{N}\times\dfrac{c}{N}$，所以 N 的矩估计为 $\hat{N}=\dfrac{ab}{c}$，而未被发现的印刷错误的个数的估计值为 $\hat{N}-a-b+c=\dfrac{ab}{c}-a-b+c$.

7.2 估计量的优良性

内容概要

1. 无偏性

设 $\hat{\theta}=\hat{\theta}(x_1,x_2,\cdots,x_n)$ 是 θ 的一个估计，θ 的参数空间为 Θ，若对任意的 $\theta\in\Theta$，有 $E(\hat{\theta})=\theta$，则称 $\hat{\theta}$ 是 θ 的无偏估计，否则称为有偏估计.

2. 有效性

设 $\hat{\theta}_1$，$\hat{\theta}_2$ 是 θ 的两个无偏估计，若对任意的 $\theta\in\Theta$，有 $D(\hat{\theta}_1)\leqslant D(\hat{\theta}_2)$，且至少有一个 $\theta\in\Theta$ 使得上述不等号严格成立，则称 $\hat{\theta}_1$ 比 $\hat{\theta}_2$ 有效.

3. 相合性

设 $\theta\in\Theta$ 为未知参数，$\hat{\theta}=\hat{\theta}(x_1,x_2,\cdots,x_n)$ 是 θ 的一个估计量，n 是样本容量，若对任意的 $\varepsilon>0$，有

$$\lim_{n\to\infty}P\left(|\hat{\theta}_n-\theta|<\varepsilon\right)=1,\ \forall\theta\in\Theta,$$

则称 $\hat{\theta}$ 为参数 θ 的相合估计.

对总体未知参数的估计有许多方法，从而可以得到许多不同的估计量. 我们希望选取效果好的估计量，使其尽可能地准确地估计未知参数的真值. 究竟什么样的估计量效果更好呢？本节我们将学习对估计量进行优良性评价的三个标准：无偏性、有效性和相合性.

7.2.1 无偏性

设未知参数 θ 的估计量为 $\hat{\theta}(X_1, X_2, \cdots, X_n)$，则它是样本的一个函数，也是一个随机变量. 对于不同的样本值 $x_1, x_2, \cdots, x_n$，可以得到不同的估计值 $\hat{\theta}(x_1, x_2, \cdots, x_n)$，虽然它不等于未知参数 θ 的真值，但希望 $\hat{\theta}(X_1, X_2, \cdots, X_n)$ 的取值的波动是以 θ 的真值为中心，且 $\hat{\theta}(X_1, X_2, \cdots, X_n)$ 与 θ 的真值的偏差只是随机性的，而不是系统性的. 这就提出了无偏性的标准，即要求估计量 $\hat{\theta}(X_1, X_2, \cdots, X_n)$ 的数学期望等于 θ 的真值.

定义 7.3 （无偏性）设 $\hat{\theta} = \hat{\theta}(x_1, x_2, \cdots, x_n)$ 是 θ 的一个估计，θ 的参数空间为 Θ，若对任意的 $\theta \in \Theta$，有

$$E(\hat{\theta}) = \theta，\tag{7.4}$$

则称 $\hat{\theta}$ 为 θ 的**无偏估计量**（unbiased estimator）.

例 7.10 设 $(X_1, X_2, \cdots, X_n)$ 为来自总体 X 的样本，且 $E(X) = \mu$ 存在，问：估计量 $\sum\limits_{i=1}^{n} a_i X_i$（其中 $a_1, a_2, \cdots, a_n$ 为常数）是总体均值 μ 的无偏估计量吗？

解 由于

$$E\left(\sum_{i=1}^{n} a_i X_i\right) = \sum_{i=1}^{n} E(a_i X_i) = \sum_{i=1}^{n} a_i E(X) = \left(\sum_{i=1}^{n} a_i\right) \mu，$$

所以当 $\sum\limits_{i=1}^{n} a_i = 1$ 时，估计量 $\sum\limits_{i=1}^{n} a_i X_i$ 是总体均值 μ 的无偏估计量；当 $\sum\limits_{i=1}^{n} a_i \neq 1$ 时估计量 $\sum\limits_{i=1}^{n} a_i X_i$ 不是总体均值 μ 的无偏估计量.

特别地，取 $a_1 = a_2 = \cdots = a_n = \dfrac{1}{n}$，可知样本均值 $\bar{X} = \dfrac{1}{n}\sum\limits_{i=1}^{n} X_i$ 是总体均值 μ 的无偏估计量.

对于任意常数 $a_1, a_2, \cdots, a_n$，当 $\sum\limits_{i=1}^{n} a_i \neq 0$ 时，由例 7.10 可得 $\widehat{X} = \left(\sum\limits_{i=1}^{n} a_i X_i\right) \Big/ \left(\sum\limits_{i=1}^{n} a_i\right)$ 也是总体均值 μ 的无偏估计量.

例 7.11 设总体 X 的均值 μ 和方差 σ^2 存在，$X_1, X_2, \cdots, X_n$ 为来自总体 X 的样本，证明：

（1）当总体均值 μ 已知时，估计量 $S_0^2 = \dfrac{1}{n}\sum\limits_{i=1}^{n}(X_i - \mu)^2$ 是总体方差 σ^2 的无偏估计量；

（2）（修正）样本方差 $S^2 = \dfrac{1}{n-1}\sum\limits_{i=1}^{n}(X_i - \overline{X})^2$ 是总体方差 σ^2 的无偏估计量.

证 （1）由于

$$E(S_0^2) = E\left[\frac{1}{n}\sum_{i=1}^{n}(X_i - \mu)^2\right] = \frac{1}{n}\sum_{i=1}^{n}E[(X_i - \mu)^2],$$

而

$$E[(X_i - \mu)^2] = \sigma^2 \quad (i=1,2,\cdots,n),$$

故

$$E(S_0^2) = \frac{1}{n}\sum_{i=1}^{n}\sigma^2 = \sigma^2.$$

所以估计量 $S_0^2 = \dfrac{1}{n}\sum\limits_{i=1}^{n}(X_i - \mu)^2$ 是总体方差 σ^2 的无偏估计量.

（2）由 $\sum\limits_{i=1}^{n}(X_i - \overline{X})^2 = \sum\limits_{i=1}^{n}X_i^2 - n\overline{X}^2$，可得

$$E\left[\sum_{i=1}^{n}(X_i - \overline{X})^2\right] = E\left(\sum_{i=1}^{n}X_i^2 - n\overline{X}^2\right) = n[E(X^2) - E(\overline{X}^2)].$$

又因为

$$E(X^2) = D(X^2) + [E(X)]^2 = \sigma^2 + \mu^2,$$

$$E(\overline{X}^2) = D(\overline{X}^2) + [E(\overline{X})]^2 = D\left(\frac{1}{n}\sum_{i=1}^{n}X_i\right) + \left[E\left(\frac{1}{n}\sum_{i=1}^{n}X_i\right)\right]^2 = \frac{\sigma^2}{n} + \mu^2.$$

所以

$$E\left[\sum_{i=1}^{n}(X_i - \overline{X})^2\right] = n\left[(\sigma^2 + \mu^2) - \left(\frac{\sigma^2}{n} + \mu^2\right)\right] = (n-1)\sigma^2.$$

故

$$E(S^2) = E\left[\frac{1}{n-1}\sum_{i=1}^{n}(X_i - \overline{X})^2\right] = \frac{1}{n-1}\cdot(n-1)\sigma^2 = \sigma^2.$$

所以样本方差 $S^2 = \dfrac{1}{n-1}\sum\limits_{i=1}^{n}(X_i - \overline{X})^2$ 也是总体方差 σ^2 的无偏估计量. 但对于样本的二

阶中心矩 $S^{*2} = \dfrac{1}{n}\sum\limits_{i=1}^{n}(X_i - \overline{X})^2$，由于 $E(S^{*2}) = \dfrac{n-1}{n}\sigma^2$，所以二阶中心矩 $S^{*2} =$

$\dfrac{1}{n}\sum\limits_{i=1}^{n}(X_i - \overline{X})^2$ 不是总体方差 σ^2 的无偏估计量.

根据无偏性的标准，修正的样本方差 $S^2 = \dfrac{1}{n-1}\sum\limits_{i=1}^{n}(X_i - \overline{X})^2$ 作为总体方差 σ^2 的估计

量，比未修正的样本方差 $S^{*2} = \dfrac{1}{n}\sum_{i=1}^{n}(X_i - \overline{X})^2$ 更合理. 不过，在大样本的情况下，$\dfrac{n-1}{n}$ 接近于 1，因此 $S^2 = \dfrac{1}{n-1}\sum_{i=1}^{n}(X_i - \overline{X})^2$ 与 $S^{*2} = \dfrac{1}{n}\sum_{i=1}^{n}(X_i - \overline{X})^2$ 其实差别并不大.

需要说明的是，样本标准差 $S = \sqrt{\dfrac{1}{n-1}\sum_{i=1}^{n}(X_i - \overline{X})^2}$ 并不是总体标准差 σ 的无偏估计量. 一般地，若 $\hat{\theta}$ 是总体参数 θ 的无偏估计量，其函数 $f(\hat{\theta})$ 不一定是 $f(\theta)$ 的无偏估计，但是若 f 是线性函数，则 $f(\hat{\theta})$ 是 $f(\theta)$ 的无偏估计.

例 7.12 设 $\hat{\theta}$ 是参数 θ 的无偏估计，且有 $D(\hat{\theta}) > 0$，试证明 $\hat{\theta}^2$ 不是 θ^2 的无偏估计.

分析 证明无偏性，可直接用定义即 $E(\hat{\theta}) = \theta$ 进行证明.

证 由 $D(\hat{\theta}) = E(\hat{\theta}^2) - [E(\hat{\theta})]^2$，$E(\hat{\theta}) = \theta$，$D(\hat{\theta}) > 0$，可以得出

$$E(\hat{\theta}^2) = D(\hat{\theta}) + [E(\hat{\theta})]^2 = \theta^2 + D(\hat{\theta}) \neq \theta^2 .$$

因此，$\hat{\theta}^2$ 不是 θ^2 的无偏估计.

例 7.13 已知总体 X 的概率密度函数为 $f(x, \theta) = \begin{cases} \dfrac{1}{\theta}\mathrm{e}^{-\frac{x}{\theta}}, & x \geq 0, \\ 0, & x < 0, \end{cases}$ $(X_1, X_2, \cdots, X_n)$

为来自总体 X 的一个样本，试证 $nZ = n(\min\{X_1, X_2, \cdots, X_n\})$ 是 θ 的无偏估计量.

证 由于 $X_1, X_2, \cdots, X_n$ 相互独立且同分布，所以 $Z = \min\{X_1, X_2, \cdots, X_n\}$ 的分布函数为

$$F_Z(z) = 1 - [1 - F_X(z)]^n .$$

由于总体 X 服从参数为 $\lambda = \dfrac{1}{\theta}$ 的指数分布，于是其分布函数为

$$F_X(x) = \begin{cases} 1 - \mathrm{e}^{-\frac{x}{\theta}}, & x > 0, \\ 0, & \text{其他}. \end{cases}$$

代入 $F_Z(z)$ 的表达式，得

$$F_Z(z) = \begin{cases} 1 - \mathrm{e}^{-\frac{nx}{\theta}}, & z > 0, \\ 0, & \text{其他}. \end{cases}$$

由此可知 Z 服从参数为 $\lambda = \dfrac{n}{\theta}$ 的指数分布，故

$$E(nZ) = nE(Z) = n \cdot \dfrac{\theta}{n} = \theta .$$

所以 nZ 是参数 θ 的无偏估计量.

7.2.2 有效性

对于总体某一待估参数，其无偏估计量并不是唯一的. 无偏性只是表明估计量 $\hat{\theta}$ 的数学期望等于 θ 的真值，而不能说明所有取值在 θ 的真值附近的集中程度或波动的大小. 在无偏估计量中，我们认为波动小的更有效，于是提出了判断估计量优劣的又一个标准——有效性.

定义 7.4 （有效性）设 $\hat{\theta}_1 = \hat{\theta}_1(X_1, X_2, \cdots, X_n)$ 和 $\hat{\theta}_2 = \hat{\theta}_2(X_1, X_2, \cdots, X_n)$ 都是 θ 的无偏估计量，若对任意的 $\theta \in \Theta$，有

$$D(\hat{\theta}_1) \leqslant D(\hat{\theta}_2), \tag{7.5}$$

且至少对于某一个 $\theta \in \Theta$，上式中的不等号成立，则称估计量 $\hat{\theta}_1$ 比 $\hat{\theta}_2$ **有效**.

例 7.14 设 $(X_1, X_2, \cdots, X_n)$ 为来自总体 X 的一个样本，且 $E(X) = \mu$，$D(X) = \sigma^2$，试比较总体期望 μ 的两个无偏估计量 $\bar{X} = \dfrac{1}{n}\sum_{i=1}^{n} X_i$ 与 $\widehat{X} = \dfrac{1}{k}\sum_{i=1}^{k} X_i \ (k < n)$ 的有效性.

解 显然，$E(\bar{X}) = E(\widehat{X}) = \mu$，$\bar{X}$ 与 $\widehat{X}$ 都是无偏估计量. 由于

$$D(\bar{X}) = D\left(\frac{1}{n}\sum_{i=1}^{n} X_i\right) = \frac{1}{n^2}\sum_{i=1}^{n} D(X_i) = \frac{1}{n^2} \cdot n\sigma^2 = \frac{\sigma^2}{n},$$

$$D(\widehat{X}) = D\left(\frac{1}{k}\sum_{i=1}^{k} X_i\right) = \frac{1}{k^2}\sum_{i=1}^{k} D(X_i) = \frac{1}{k^2} \cdot k\sigma^2 = \frac{\sigma^2}{k},$$

故由 $k > n$，得 $D(\bar{X}) < D(\widehat{X})$，即 $\bar{X}$ 是比 $\widehat{X}$ 更有效的无偏估计量. 这说明，样本容量越大，用样本均值作为总体均值的估计量，估计值越精确.

例 7.15 设 $X_1, X_2, \cdots, X_n$ 为来自总体 X 的一个样本，且 $E(X) = \mu$，$D(X) = \sigma^2$，试证：对于总体均值 μ 的线性无偏估计量 $\hat{\mu} = \sum_{i=1}^{n} a_i X_i$（其中 $a_1, a_2, \cdots, a_n$ 为常数，且 $\sum_{i=1}^{n} a_i = 1$），都有 $D(\bar{X}) \leqslant D(\hat{\mu})$，即样本均值 $\bar{X}$ 是总体均值 μ 的最小方差线性无偏估计量.

证 由于 $a_i^2 + a_j^2 \geqslant 2a_i a_j$，于是

$$\left(\sum_{i=1}^{n} a_i\right)^2 = \sum_{i=1}^{n} a_i^2 + \sum_{i=1}^{n} 2a_i a_j \leqslant \sum_{i=1}^{n} a_i^2 + \sum_{i<j}^{n} (a_i^2 + a_j^2)$$

$$= \sum_{i=1}^{n} a_i^2 + (n-1)\sum_{i=1}^{n} a_i^2$$

$$= n\sum_{i=1}^{n} a_i^2.$$

再由 $\sum\limits_{i=1}^{n}a_i=1$，得

$$\sum_{i=1}^{n}a_i^2 \geqslant \frac{1}{n}\left(\sum_{i=1}^{n}a_i\right)^2 = \frac{1}{n}.$$

当且仅当 $a_1 = a_2 = \cdots = a_n = \dfrac{1}{n}$ 时，等号成立. 因而

$$D(\hat{\mu}) = D\left(\sum_{i=1}^{n}a_iX_i\right) = \left(\sum_{i=1}^{n}a_i^2\right)\sigma^2 \geqslant \frac{\sigma^2}{n},$$

$$D(\overline{X}) = D\left(\frac{1}{n}\sum_{i=1}^{n}X_i\right) = \frac{1}{n^2}\sum_{i=1}^{n}D(X_i) = \frac{\sigma^2}{n}.$$

故 $D(\overline{X}) \leqslant D(\hat{\mu})$，即样本均值 $\overline{X} = \dfrac{1}{n}\sum\limits_{i=1}^{n}X_i$ 是总体均值 μ 的最小方差线性无偏估计量.

7.2.3 相合性

在给定样本容量 n 时，估计值一般不会等于总体待估参数 θ 的真值，但我们希望，一个好的估计量，能随着样本容量 n 的增大，其估计值能稳定地趋于 θ 的真值，从而使估计更准确. 这就是判断估计量优劣的第三个标准——相合性.

定义 7.5 （**相合性**）设 $\hat{\theta}(X_1, X_2, \cdots, X_n)$ 是总体分布中未知参数 θ 的估计量，若对一切 $\theta \in \Theta$，当 $n \to +\infty$ 时，$\hat{\theta}(X_1, X_2, \cdots, X_n)$ 依概率收敛于 θ，即对任意 $\varepsilon > 0$，有

$$\lim_{n \to +\infty} P\{|\hat{\theta} - \theta| < \varepsilon\} = 1, \tag{7.6}$$

则称（$\hat{\theta}$ 是 θ 的**相合估计量**（或**一致估计量**）.

设 $(X_1, X_2, \cdots, X_n)$ 为来自总体 X 的一个样本，且 $E(X) = \mu$ 存在，则 $X_1, X_2, \cdots, X_n$ 相互独立且同分布，且

$$E(X_i) = E(X) = \mu \quad (i = 1, 2, \cdots, n).$$

根据辛钦大数定理，对任意的 $\varepsilon > 0$，有

$$\lim_{n \to +\infty} P\{|\overline{X} - \mu| < \varepsilon\} = \lim_{n \to +\infty}\left\{\left|\frac{1}{n}\sum_{i=1}^{n}X_i - \mu\right| < \varepsilon\right\} = 1,$$

即当 $n \to +\infty$ 时，$\overline{X} = \dfrac{1}{n}\sum\limits_{i=1}^{n}X_i$ 依概率收敛于 μ. 因此样本均值 $\overline{X} = \dfrac{1}{n}\sum\limits_{i=1}^{n}X_i$ 是总体均值 μ 的相合估计量.

可以证明，样本的 k 阶原点矩 $A_k = \dfrac{1}{n}\sum\limits_{i=1}^{n}X_i^k$ 是总体的 k 阶原点矩 $\alpha_k = E(X^k)$ 的相合估计量.

7.3 参数的区间估计

1. 置信区间的概念

设 θ 是总体的一个参数, 其参数空间为 Θ, $(X_1, X_2, \cdots X_n)$ 是来自该总体的样本, 对给定的一个 $\alpha(0 < \alpha < 1)$, 若有两个统计量 $\hat\theta_1 = \hat\theta_1(X_1, X_2, \cdots, X_n)$ 和 $\hat\theta_2 = \hat\theta_2(X_1, X_2, \cdots, X_n)$, 使得对任意的 $\theta \in \Theta$, 有

$$P\{\hat\theta_1 < \theta < \hat\theta_2\} \geqslant 1 - \alpha,$$

则称区间 $(\hat\theta_1, \hat\theta_2)$ 是 θ 的置信度为 $1 - \alpha$ 的置信区间.

2. 常用的置信区间

设 $(X_1, X_2, \cdots X_n)$ 是来自 $N(\mu, \sigma^2)$ 的样本, $\overline{X}$ 为样本均值, S 为样本标准差, u_p 为标准正态分布的 p 分位数, $t_p(k)$ 为自由度是 k 的 t 分布 $t(k)$ 的 p 分位数, $\chi_p^2(k)$ 为自由度是 k 的 χ^2 分布 $\chi^2(k)$ 的 p 分位数, 取置信水平 $1 - \alpha$, 则

（1）σ 已知时, μ 的置信区间为 $\left(\overline{X} - u_{\alpha/2} \dfrac{\sigma}{\sqrt{n}}, \overline{X} + u_{\alpha/2} \dfrac{\sigma}{\sqrt{n}} \right)$;

（2）σ 未知时 μ 的置信区间为 $\left(\overline{X} - t_{\alpha/2}(n-1) \dfrac{S}{\sqrt{n}}, \overline{X} + t_{\alpha/2}(n-1) \dfrac{S}{\sqrt{n}} \right)$;

（3）μ 已知时, σ^2 的置信区间为 $\left(\dfrac{\sum\limits_{i=1}^n (X_i - \mu)^2}{\chi_{\alpha/2}^2(n)}, \dfrac{\sum\limits_{i=1}^n (X_i - \mu)^2}{\chi_{1-\alpha/2}^2(n)} \right)$;

（4）μ 未知时, σ^2 的置信区间为 $\left(\dfrac{(n-1)S^2}{\chi_{\alpha/2}^2(n-1)}, \dfrac{(n-1)S^2}{\chi_{1-\alpha/2}^2(n-1)} \right)$;

（5）μ 未知时, σ 的置信区间为 $\left(\dfrac{S\sqrt{n-1}}{\sqrt{\chi_{\alpha/2}^2(n-1)}}, \dfrac{S\sqrt{n-1}}{\sqrt{\chi_{1-\alpha/2}^2(n-1)}} \right)$.

7.3.1 置信区间的概念

参数的点估计方法是先求出待估参数 θ 的点估计量 $\hat\theta(X_1, X_2, \cdots, X_n)$, 再将样本值 $x_1, x_2, \cdots, x_n$ 代入, 得到估计值 $\hat\theta(x_1, x_2, \cdots, x_n)$. 但将它作为参数 θ 的近似值时, 与未知参数 θ 的真值会有偏差, 并且点估计法并没有对其误差范围及可靠程度做出说明. 我们希望能得到参数的一个估计范围, 并且能够说明这个范围包含参数 θ 真值的可靠程度, 这就是区间估计问题.

定义 7.6 设 θ 是总体 X 分布中的未知参数, 对给定的 $\alpha(0 < \alpha < 1)$, 若由样本 X_1, $X_2, \cdots, X_n$ 确定的两个统计量 $\hat{\theta}_1(X_1, X_2, \cdots, X_n)$ 和 $\hat{\theta}_2(X_1, X_2, \cdots, X_n)$, 满足

$$P\{\hat{\theta}_1(X_1, X_2, \cdots, X_n) < \theta < \hat{\theta}_2(X_1, X_2, \cdots, X_n)\} \geqslant 1-\alpha,$$

则称区间 $(\hat{\theta}_1, \hat{\theta}_2)$ 为参数 θ 的置信度为 $1-\alpha$ 的置信区间 (confidence interval), $\hat{\theta}_1, \hat{\theta}_2$ 分别称为参数 θ 的置信下限和置信上限, 概率 $1-\alpha$ 称为置信度 (或置信系数或置信水平).

置信区间是一个随机区间, 对于样本的每一个观察值, 都可以确定相应的一个区间. 参数 θ 的置信度为 $1-\alpha$ 的置信区间的意义是, 对于一次抽样所确定的置信区间, 它包含 θ 真值的概率为 $1-\alpha$.

置信区间的长度反映了区间估计的精确程度, 置信区间短表明估计的精确性高. 在给定置信度 $1-\alpha$ 的情况下, 置信区间的长度当然是越小越好.

置信度 $1-\alpha$ 表示置信区间包含参数的真值的可靠程度, 由不同的置信度, 得到的置信区间也不同. 置信度可以根据问题需要选取, 通常取 $1-\alpha = 0.90$, 0.95, 0.98 或 0.99 等.

下面我们对于正态总体 $X \sim N(\mu, \sigma^2)$ 中的参数 μ 和 σ^2 进行区间估计.

7.3.2 单个正态总体的均值和方差的区间估计

1. 正态总体 $X \sim N(\mu, \sigma^2)$ 的均值 μ 的区间估计

对于正态总体 $X \sim N(\mu, \sigma^2)$, $(X_1, X_2, \cdots, X_n)$ 为来自总体 X 的样本, 下面分别在 σ^2 已知和 σ^2 未知的情况下, 讨论总体均值 μ 的区间估计.

1) σ^2 已知, 求总体均值 μ 的 $1-\alpha$ 的置信区间

对于总体 $X \sim N(\mu, \sigma^2)$, 有 $\bar{X} \sim \left(\mu, \dfrac{\sigma^2}{n}\right)$, 将其标准化, 得

$$U = \frac{\bar{X} - \mu}{\dfrac{\sigma}{\sqrt{n}}} \sim N(0,1).$$

对于给定的置信度 $1-\alpha$ ($0 < \alpha < 1$), 由标准正态分布表 (附表 1) 可查出数 $u_{\alpha/2}$ (标准正态分布的 $\alpha/2$ 分位数), 使

$$P\{|U| < u_{\alpha/2}\} = 1-\alpha,$$

即

$$P\left\{\left|\frac{\bar{X} - \mu}{\dfrac{\sigma}{\sqrt{n}}}\right| < u_{\alpha/2}\right\} = 1-\alpha,$$

或

$$P\{\overline{X} - u_{\alpha/2} \cdot \frac{\sigma}{\sqrt{n}} < \mu < \overline{X} + u_{\alpha/2} \cdot \frac{\sigma}{\sqrt{n}}\} = 1 - \alpha .$$

故总体均值 μ 的置信度为 $1-\alpha$ 的置信区间是

$$\left(\overline{X} - u_{\alpha/2} \cdot \frac{\sigma}{\sqrt{n}}, \overline{X} + u_{\alpha/2} \cdot \frac{\sigma}{\sqrt{n}} \right) \tag{7.7}$$

这是一个以 $\overline{X}$ 为中心，$u_{\alpha/2} \cdot \frac{\sigma}{\sqrt{n}}$ 为半径的对称区间，区间长度为 $2u_{\alpha/2} \cdot \frac{\sigma}{\sqrt{n}}$. 对于不同的置信度 $1-\alpha$ ，参数 μ 的置信区间也不同. 可以看出，给定的置信度 $1-\alpha$ 越大，$u_{\alpha/2}$ 也越大，由式（7.7）确定的置信区间也越长.

例 7.16 设总体 $X \sim N(\mu, 2^2)$ ，$(X_1, X_2, \cdots, X_{25})$ 为来自总体 X 的简单随机样本，样本均值为 8，求总体均值 μ 的置信度为 95% 的置信区间.

解 这是总体方差已知的总体均值的区间估计，所求置信区间为

$$\left(\overline{X} - u_{\alpha/2} \cdot \frac{\sigma}{\sqrt{n}}, \overline{X} + u_{\alpha/2} \cdot \frac{\sigma}{\sqrt{n}} \right).$$

当 $1-\alpha = 0.95$ 时，查标准正态分布表（附表 1），得 $u_{\alpha/2} = u_{0.025} = 1.96$ ，代入，得

$$\overline{X} - u_{\alpha/2} \frac{\sigma}{\sqrt{n}} = 8 - 1.96 \times \frac{2}{\sqrt{25}} = 7.216,$$

$$\overline{X} + u_{\alpha/2} \frac{\sigma}{\sqrt{n}} = 8 + 1.96 \times \frac{2}{\sqrt{25}} = 8.784.$$

故总体均值 μ 的置信度为 95% 的置信区间是 (7.216, 8.784).

例 7.17 从总体 X 中抽取容量为 4 的简单随机样本为 0.50，1.25，0.80，2.00，又已知 $X = \ln Y$ ，$Y \sim N(\mu, 1)$.

（1）求 X 的数学期望 $E(X)$ （记为 b）；

（2）求 μ 的置信度为 95% 的置信区间.

解 （1）由 $Y \sim N(\mu, 1)$ ，得 Y 的概率密度函数为

$$f(y) = \frac{1}{\sqrt{2\pi}} e^{-\frac{(y-\mu)^2}{2}} \quad (y \in \mathbf{R}).$$

于是

$$b = E(X) = E(e^y) = \int_{-\infty}^{+\infty} e^y \cdot \frac{1}{\sqrt{2\pi}} e^{-\frac{(y-\mu)^2}{2}} dy,$$

令 $t = y - u$ ，则

$$b = \frac{1}{\sqrt{2\pi}} \int_{-\infty}^{+\infty} e^{t+\mu} \cdot e^{-\frac{t^2}{2}} dt = e^{\mu+\frac{1}{2}} \cdot \int_{-\infty}^{+\infty} \frac{1}{\sqrt{2\pi}} e^{-\frac{(t-1)^2}{2}} dt = e^{\mu+\frac{1}{2}}.$$

（2）当$1-\alpha=0.95$时，查标准正态分布表（附表 1）得$u_{\alpha/2}=u_{0.025}=1.96$，故由$\overline{Y}\sim$

$N\left(\mu,\dfrac{1}{4}\right)$，得

$$P\left\{\overline{Y}-1.96\times\frac{1}{\sqrt{4}}<\mu<\overline{Y}+1.96\times\frac{1}{\sqrt{4}}\right\}=0.95\,,$$

其中

$$\overline{Y}=\frac{1}{4}\times(\ln 0.50+\ln 1.25+\ln 0.80+\ln 2.00)=\frac{1}{4}\times\ln 1=0\,.$$

从而

$$P\{-0.98<\mu<0.98\}=0.95\,. \tag{7.8}$$

故μ的置信度为 95% 的置信区间为$(-0.98,0.98)$.

2）σ^2未知，求总体均值μ的$1-\alpha$的置信区间

在很多实际问题中，总体方差σ^2常常是未知的，此时，很自然地想到用修正的样本方差$S^2=\dfrac{1}{n-1}\displaystyle\sum_{i=1}^{n}(X_i-\overline{X})^2$做$\sigma^2$的估计. 由于

$$T=\frac{\overline{X}-\mu}{S/\sqrt{n}}\sim t(n-1)\,,$$

对于给定的置信度$1-\alpha\,(0<\alpha<1)$，查自由度为$n-1$个的t分布双侧分位数表（附表 2），得双侧分位数$t_{\alpha/2}(n-1)$，使

$$P\{|T|\geqslant t_{\alpha/2}(n-1)\}=\alpha\,,$$

即

$$P\left\{\left|\frac{\overline{X}-\mu}{S/\sqrt{n}}\right|<t_{\alpha/2}(n-1)\right\}=1-\alpha\,.$$

因此，

$$P\left\{\overline{X}-t_{\alpha/2}(n-1)\cdot\frac{S}{\sqrt{n}}<\mu<\overline{X}+t_{\alpha/2}(n-1)\cdot\frac{S}{\sqrt{n}}\right\}=1-\alpha\,.$$

故μ的置信度为$1-\alpha$的置信区间为

$$\left(\overline{X}-t_{\alpha/2}(n-1)\cdot\frac{S}{\sqrt{n}},\overline{X}+t_{\alpha/2}(n-1)\cdot\frac{S}{\sqrt{n}}\right) \tag{7.9}$$

例 7.18 设包装生产线上某药品的质量服从正态分布. 现从生产线抽取容量为 16 的样本，观测到的质量（单位：g）分别为

6.0, 5.8, 5.7, 6.0, 6.2, 5.7, 5.9, 6.0,

5.9, 5.6, 5.7, 6.0, 6.1, 5.7, 5.8, 5.9.

求药品平均质量的 95% 的置信区间.

    解 经计算，得

$$\bar{X} = \frac{1}{16}\sum_{i=1}^{16} X_i = 5.875 , \quad S = \sqrt{\frac{1}{15}\sum_{i=1}^{16}(X_i - \bar{X})^2} \approx 0.1693 .$$

当 $1-\alpha = 0.95$ 时，查 t 分布双侧分位数表（附表 2）得

$$t_{\alpha/2}(n-1) = t_{0.025}(15) \approx 2.1315 .$$

于是，置信下限和置信上限分别为

$$\bar{X} - \frac{S}{\sqrt{n}} t_{\alpha/2}(n-1) = 5.875 - 2.1315 \times \frac{0.1693}{\sqrt{16}} \approx 5.785$$

$$\bar{X} + \frac{S}{\sqrt{n}} t_{\alpha/2}(n-1) = 5.875 + 2.1315 \times \frac{0.1693}{\sqrt{16}} \approx 5.965$$

故药品平均质量的 95% 的置信区间为 (5.785, 5.965).

    2. 正态总体 $X \sim N(\mu, \sigma^2)$ 的方差 σ^2 的区间估计

    1）μ 已知，求总体方差 σ^2 的 $1-\alpha$ 的置信区间

由 $X \sim N(\mu, \sigma^2)$，可得 $U = \dfrac{X-\mu}{\sigma} \sim N(0,1)$. 设样本 $(X_1, X_2, \cdots, X_n)$ 来自总体 X，则

$$U_i = \frac{X_i - \mu}{\sigma} \sim N(0,1) .$$

由定义，有

$$W = \sum_{i=1}^{n} U_i^2 \sim \chi(n) ,$$

即

$$W = \frac{\sum_{i=1}^{n}(X_i - \mu)^2}{\sigma^2} \sim \chi^2(n) .$$

对于给定的置信度 $1-\alpha$（$0 < \alpha < 1$），设

$$P\{\lambda_1 < W < \lambda_2\} = 1 - \alpha ,$$

并取

$$P\{W < \lambda_1\} = P\{W > \lambda_2\} = \frac{\alpha}{2} ,$$

查 χ^2 分布上侧分位数表（附表 3），有

$$\lambda_1 = \chi^2_{1-\alpha/2}(n) , \quad \lambda_2 = \chi^2_{\alpha/2}(n) ,$$

即

$$P\left\{\chi_{1-\alpha/2}^2(n) < \frac{\sum\limits_{i=1}^{n}(X_i - \mu)^2}{\sigma^2} < \chi_{\alpha/2}^2(n)\right\} = 1 - \alpha .$$

因此,

$$P\left\{\frac{\sum\limits_{i=1}^{n}(X_i - \mu)^2}{\chi_{\alpha/2}^2(n)} < \sigma^2 < \frac{\sum\limits_{i=1}^{n}(X_i - \mu)^2}{\chi_{1-\alpha/2}^2(n)}\right\} = 1 - \alpha .$$

故 σ^2 的置信度为 $1-\alpha$ 的置信区间为

$$\left(\frac{\sum\limits_{i=1}^{n}(X_i - \mu)^2}{\chi_{\alpha/2}^2(n)} , \frac{\sum\limits_{i=1}^{n}(X_i - \mu)^2}{\chi_{1-\alpha/2}^2(n)}\right) . \tag{7.10}$$

2）μ 未知,求总体方差 σ^2 的 $1-\alpha$ 的置信区间

根据定理 6.3,有

$$\chi^2 = \frac{(n-1)S^2}{\sigma^2} \sim \chi^2(n-1) .$$

用同样的方法可以得到 σ^2 的置信度为 $1-\alpha$ 的置信区间为

$$\left(\frac{(n-1)S^2}{\chi_{\alpha/2}^2(n-1)} , \frac{(n-1)S^2}{\chi_{1-\alpha/2}^2(n-1)}\right)$$

或

$$\left(\frac{\sum\limits_{i=1}^{n}(X_i - \bar{X})^2}{\chi_{\alpha/2}^2(n-1)} , \frac{\sum\limits_{i=1}^{n}(X_i - \bar{X})^2}{\chi_{1-\alpha/2}^2(n-1)}\right) . \tag{7.11}$$

例 7.19　某厂生产的钢丝的抗拉强度 $X \sim N(\mu, \sigma^2)$,其中 μ, σ^2 均未知,从中任取 9 根钢丝,测得其强度(单位:kg)为

578, 582, 574, 568, 596, 572, 570, 584, 578.

求总体方差 σ^2、均方差 σ 的置信度为 0.99 的置信区间.

分析　由于参数 μ, σ^2 均未知,故取统计量 $\dfrac{(n-1)S^2}{\sigma^2} \sim \chi^2(n-1)$,从而得 σ^2, σ 置信度为 $1-\alpha$ 的置信区间分别为

$$\left(\frac{(n-1)S^2}{\chi_{\alpha/2}^2(n-1)} , \frac{(n-1)S^2}{\chi_{1-\alpha/2}^2(n-1)}\right) , \left(\sqrt{\frac{(n-1)S^2}{\chi_{\alpha/2}^2(n-1)}} , \sqrt{\frac{(n-1)S^2}{\chi_{1-\alpha/2}^2(n-1)}}\right) .$$

解　经计算,得

$$\bar{x} = \frac{1}{9} \sum_{i=1}^{9} x_i = 578, \quad S^2 = \frac{1}{8} \sum_{i=1}^{9} (x_i - \bar{x})^2 = \frac{1}{8} \times 592 = 74,$$

$$\alpha = 0.01, \quad \chi^2_{\alpha/2}(n-1) = \chi^2_{0.005}(8) = 21.955, \quad \chi^2_{1-\alpha/2}(n-1) = \chi^2_{0.995}(8) = 1.344,$$

所以方差 σ^2 的置信度为 0.99 的置信区间为

$$\left(\frac{592}{21.955}, \frac{592}{1.344} \right), \quad \text{即}(26.96, 440.48);$$

均方差 σ 的置信度为 0.99 的置信区间为

$$\left(\sqrt{\frac{592}{21.955}}, \sqrt{\frac{592}{1.344}} \right), \quad \text{即}(5.19, 20.99).$$

7.3.3 两个正态总体的均值差和方差比的区间估计

1. 两个总体 $X \sim N(\mu_1, \sigma_1^2)$ 和 $Y \sim N(\mu_2, \sigma_2^2)$ 的均值差 $\mu_1 - \mu_2$ 的区间估计

设 $(X_1, X_2, \cdots, X_{n_1})$ 和 $(Y_1, Y_2, \cdots, Y_{n_2})$ 为分别来自正态总体 $X \sim N(\mu_1, \sigma_1^2)$ 和 $Y \sim N(\mu_2, \sigma_2^2)$ 的样本,且 X 与 Y 相互独立,取样本均值之差 $\bar{X} - \bar{Y}$ 作为两总体期望差 $\mu_1 - \mu_2$ 的估计量,下面讨论 $\mu_1 - \mu_2$ 的置信区间.

1) σ_1^2, σ_2^2 已知,求两个总体的均值差 $\mu_1 - \mu_2$ 的 $1-\alpha$ 置信区间

由 $X \sim N(\mu_1, \sigma_1^2)$ 和 $Y \sim N(\mu_2, \sigma_2^2)$,得

$$\bar{X} \sim N\left(\mu_1, \frac{\sigma_1^2}{n_1} \right),$$

$$\bar{Y} \sim N\left(\mu_2, \frac{\sigma_2^2}{n_2} \right),$$

且

$$E(\bar{X} - \bar{Y}) = \mu_1 - \mu_2,$$

$$D(\bar{X} - \bar{Y}) = \frac{\sigma_1^2}{n_1} + \frac{\upsilon_2^2}{n_2}.$$

从而

$$\bar{X} - \bar{Y} \sim N\left(\mu_1 - \mu_2, \ \frac{\sigma_1^2}{n_1} + \frac{\sigma_2^2}{n_2} \right).$$

因此,

$$U = \frac{(\bar{X} - \bar{Y}) - (\mu_1 - \mu_2)}{\sqrt{\dfrac{\sigma_1^2}{n_1} + \dfrac{\sigma_2^2}{n_2}}} \sim N(0,1).$$

对给定的置信度 $1-\alpha$,查标准正态分布表(附表 1)得 $u_{\alpha/2}$,使

$$P\{|U| < u_{\alpha/2}\} = 1 - \alpha,$$

即

$$P\left\{\left|\frac{(\overline{X}-\overline{Y})-(\mu_1-\mu_2)}{\sqrt{\dfrac{\sigma_1^2}{n_1}+\dfrac{\sigma_2^2}{n_2}}}\right|<u_{\alpha/2}\right\}=1-\alpha.$$

因此,

$$P\left\{(\overline{X}-\overline{Y})-u_{\alpha/2}\sqrt{\frac{\sigma_1^2}{n_1}+\frac{\sigma_2^2}{n_2}}\leqslant\mu_1-\mu_2\leqslant(\overline{X}-\overline{Y})+u_{\alpha/2}\sqrt{\frac{\sigma_1^2}{n_1}+\frac{\sigma_2^2}{n_2}}\right\}=1-\alpha.$$

故 $\mu_1-\mu_2$ 的置信度为 $1-\alpha$ 的置信区间为

$$\left(\overline{X}-\overline{Y}-u_{\alpha/2}\sqrt{\frac{\sigma_1^2}{n_1}+\frac{\sigma_2^2}{n_2}},\ \overline{X}-\overline{Y}+u_{\alpha/2}\sqrt{\frac{\sigma_1^2}{n_1}+\frac{\sigma_2^2}{n_2}}\right).\tag{7.12}$$

例 7.20 设总体 $X\sim N(\mu_1,64)$ 与 $Y\sim N(\mu_2,36)$ 相互独立,从 X 中抽取 $n_1=75$ 的样本,得 $\overline{x}=82$;从 Y 中抽取 $n_2=50$ 的样本,得 $\overline{y}=76$. 试求 $\mu_1-\mu_2$ 的置信度为 96%的置信区间.

解 依题意,两个总体的方差均已知,分别为 $\sigma_1^2=64$, $\sigma_2^2=36$,查标准正态分布表(附表 1),得 $u_{\alpha/2}=u_{0.02}=2.05$,故 $\mu_1-\mu_2$ 的置信度为 96%的置信区间为

$$\left((82-76)-2.05\sqrt{\frac{64}{75}+\frac{36}{50}},\ (82-76)+2.05\sqrt{\frac{64}{75}+\frac{36}{50}}\right),$$

即 $(3.43,8.57)$.

2) $\sigma_1^2=\sigma_2^2=\sigma^2$,但 σ^2 未知,求两个总体的均值差 $\mu_1-\mu_2$ 的 $1-\alpha$ 置信区间

根据定理 6.5,有

$$T=\frac{(\overline{X}-\overline{Y})-(\mu_1-\mu_2)}{S_\omega\sqrt{\dfrac{1}{n_1}+\dfrac{1}{n_2}}}\sim t(n_1+n_2-2),$$

其中

$$S_\omega^2=\frac{(n_1-1)S_1^2+(n_2-1)S_2^2}{n_1+n_2-2},$$

$$S_1^2=\frac{1}{n_1-1}\sum_{i=1}^{n_1}(X_i-\overline{X})^2,$$

$$S_2^2=\frac{1}{n_2-1}\sum_{i=1}^{n_2}(Y_i-\overline{Y})^2.$$

对于给定的置信水平 $1-\alpha$，查自由度为 n_1+n_2-2 的 t 分布双侧分位数表（附表 2），得双侧分位数 $t_{\alpha/2}(n_1+n_2-2)$，使

$$P\{|T| \geqslant t_{\alpha/2}(n_1+n_2-2)\} = \alpha,$$

即

$$P\left\{\left|\frac{(\overline{X}-\overline{Y})-(\mu_1-\mu_2)}{S_{\omega}\sqrt{\dfrac{1}{n_1}+\dfrac{1}{n_2}}}\right| < t_{\alpha/2}(n_1+n_2-2)\right\} = 1-\alpha.$$

故 $\mu_1-\mu_2$ 的置信度为 $1-\alpha$ 的置信区间为

$$\left(\overline{X}-\overline{Y}-t_{\alpha/2}(n_1+n_2-2)\cdot S_{\omega}\sqrt{\frac{1}{n_1}+\frac{1}{n_2}},\ \overline{X}-\overline{Y}+t_{\alpha/2}(n_1+n_2-2)\cdot S_{\omega}\sqrt{\frac{1}{n_1}+\frac{1}{n_2}}\right). \quad (7.13)$$

2. 两个总体 $X \sim N(\mu_1,\sigma_1^2)$ 和 $Y \sim N(\mu_2,\sigma_2^2)$ 的方差比 $\dfrac{\sigma_1^2}{\sigma_2^2}$ 的区间估计

设总体 $X \sim N(\mu_1,\sigma_1^2)$，$Y \sim N(\mu_2,\sigma_2^2)$，且 X 和 Y 相互独立，其中 μ_1，μ_2，σ_1^2，σ_2^2 均未知，$(X_1,X_2,\cdots,X_{n_1})$ 和 $(Y_1,Y_2,\cdots,Y_{n_2})$ 分别为来自总体 X 和 Y 的样本，下面对两个总体的方差比 $\dfrac{\sigma_1^2}{\sigma_2^2}$ 做区间估计.

根据定理 6.5，有

$$F = \frac{S_1^2/S_2^2}{\sigma_1^2/\sigma_2^2} \sim F(n_1-1,\ n_2-1).$$

对给定的置信度 $1-\alpha$，查 F 分布上侧分位数表（附表 4），得 $F_{\alpha/2}(n_1-1,\ n_2-1)$ 及 $F_{1-\alpha/2}(n_1-1,\ n_2-1)$，使

$$P\left\{F_{1-\alpha/2}(n_1-1,\ n_2-1) < \frac{S_1^2/S_2^2}{\sigma_1^2/\sigma_2^2} < F_{\alpha/2}(n_1-1,\ n_2-1)\right\} = 1-\alpha,$$

即

$$P\left\{\frac{1}{F_{\alpha/2}(n_1-1,\ n_2-1)}\frac{S_1^2}{S_2^2} < \frac{\sigma_1^2}{\sigma_2^2} < F_{1-\alpha/2}(n_1-1,\ n_2-1)\frac{S_1^2}{S_2^2}\right\} = 1-\alpha.$$

由于

$$F_{1-\alpha/2}(n_1-1,\ n_2-1) = \frac{1}{F_{\alpha/2}(n_1-1,\ n_2-1)},$$

故 $\dfrac{\sigma_1^2}{\sigma_2^2}$ 的置信度为 $1-\alpha$ 的置信区间为

$$\left(\frac{1}{F_{\alpha/2}(n_1-1,\ n_2-1)}\frac{S_1^2}{S_2^2},\ F_{\alpha/2}(n_1-1,\ n_2-1)\frac{S_1^2}{S_2^2}\right). \quad (7.14)$$

例 7.21 已知两个正态总体 $X \sim N(\mu_1, \sigma_1^2)$，$Y \sim N(\mu_2, \sigma_2^2)$ 相互独立，其中参数均未知，现从两个总体中各随机抽取一个样本，容量分别为 $n_1 = 21$，$n_2 = 16$，且 $S_1 = 9$，$S_2 = 10$，求 $\dfrac{\sigma_1^2}{\sigma_2^2}$ 的置信度为 0.98 的置信区间.

解 由题意 $1 - \alpha = 0.98$，得 $\alpha = 0.02$，查 F 分布上侧分位数表（附表 4），得

$$F_{\alpha/2}(n_1 - 1, \ n_2 - 1) = F_{0.01}(20, 15) = 3.372,$$
$$F_{\alpha/2}(n_2 - 1, \ n_1 - 1) = F_{0.01}(15, 20) = 3.088.$$

代入式（7.14）即得 $\dfrac{\sigma_1^2}{\sigma_2^2}$ 的置信度为 0.98 的置信区间为

$$\left(\frac{1}{3.372} \times \frac{9^2}{10^2}, \ 3.088 \times \frac{9^2}{10^2} \right),$$

即 $(0.24, 2.5)$.

  典型问题答疑解惑

问题 1 点估计和区间估计有何不同？

问题 2 如何理解置信度 $1 - \alpha$ 的意义？

问题 3 如何处理区间估计中精确程度与可信程度之间的矛盾？

问题 4 常用的点估计方法有哪些？它们的优缺点是什么？

问题 5 估计量的三个评选标准各有何意义？

问题 6 一个未知参数的无偏估计是否存在且唯一？无偏估计是否一定合理？

问题 7 如何正确理解置信区间和置信度？

问题 8 均值的置信区间长度与哪些因素有关？

问题 9 关于正态分布参数的无偏估计有哪些重要结论？

习题 7

一、单项选择题

1. 设 (X_1, X_2, X_3) 是来自正态总体 $N(\mu, \sigma^2)$ 的样本，则（　　）是 μ 的无偏估计.

A. $X_1 + X_2 + X_3$ B. $\dfrac{2}{3}X_1 + \dfrac{2}{3}X_2 + \dfrac{1}{3}X_3$

C. $\dfrac{2}{3}X_1 + \dfrac{1}{3}X_2 + \dfrac{1}{3}X_3$ D. $\dfrac{1}{3}X_1 + \dfrac{1}{3}X_2 + \dfrac{1}{3}X_3$

2. 设 $(X_1, X_2, \cdots, X_n)$ 是来自总体 X 的样本，$D(X)=\sigma^2$，S^2 为样本方差，则（　　）.

　　A. S 是 σ 的矩估计量　　　　　　　　B. S 是 σ 的最大似然估计量

　　C. S 是 σ 的无偏估计量　　　　　　　　D. S 是 σ 的一致估计量

3. 设总体 X 服从正态分布 $N(\mu, \sigma^2)$，其中 σ^2 已知. 当样本容量固定时，均值 μ 的置信区间长度 L 与置信度 $1-\alpha$ 的关系是（　　）.

　　A. 当 $1-\alpha$ 减小时，L 增大　　　　　　B. 当 $1-\alpha$ 减小时，L 变小

　　C. 当 $1-\alpha$ 减小时，L 不变　　　　　　D. 当 $1-\alpha$ 减小时，L 增减不定

4. 从正态分布 $N(\mu, \sigma^2)$ 中抽取一个容量为 9 的样本，测得样本均值 $\bar{x}=15$，样本方差 $s^2 = 0.4^2$. 当 σ^2 未知时，总体期望 μ 的置信度为 0.95 的单侧置信下限为（　　）.（参考数据：$t_{0.05}(8)=1.8595$，$t_{0.05}(9)=1.8331$）

　　A. $15-(0.4/3)\times 1.8595$　　　　　　B. $15-(0.4/3)\times 1.8331$

　　C. $15-(0.16/9)\times 1.8595$　　　　　　D. $15-(0.16/9)\times 1.8331$

5. 与总体方差的置信区间优劣无关的量是（　　）.

　　A. 样本容量　　　B. 区间长度　　　C. 总体方差　　　D. 总体均值

二、填空题

6. 设总体 $X \sim b(m, p)$，其中 m 已知，$p\,(0<p<1)$ 未知，$X_1, X_2 \cdots, X_n$ 为来自总体 X 的样本，则 p 的矩估计量为_____.

7. 已知 $\hat{\theta}_1$，$\hat{\theta}_2$ 是未知参数 θ 的两个无偏估计量，且 $\hat{\theta}_1$ 与 $\hat{\theta}_2$ 不相关，$D(\hat{\theta}_1)=4D(\hat{\theta}_2)$. 如果 $\hat{\theta}_3 = a\hat{\theta}_1 + b\hat{\theta}_2$ 也是 θ 的无偏估计量，且是 $\hat{\theta}_1$，$\hat{\theta}_2$ 的所有同类型线性组合中方差最小的，则 $a=$_____，$b=$_____.

8. 设 $\hat{\theta}$ 是某总体分布中未知参数 θ 的最大似然估计量，则 $2\theta^2 +1$ 的最大似然估计量为_____.

9. 从正态总体 $N(\mu, \sigma^2)$ 中抽取一个容量为 9 的样本，测得样本均值 $\bar{x}=10$，样本方差 $s^2 = 0.3^2$，则方差 σ^2 的置信度为 0.95 的单侧置信上限为_____.（参考数据：$\chi^2_{0.95}(8)=2.733$，$\chi^2_{0.05}(8)=15.507$）

10. 设 $\hat{\theta}$ 是未知参数 θ 的一个估计，当满足 $D(\hat{\theta})=$_____，称 $\hat{\theta}$ 为 θ 的无偏估计.

三、解答题

11. 设总体 X 的概率密度函数为 $f(x, \alpha) = \begin{cases} \dfrac{2}{\alpha^2}(\alpha - x), & 0 < x < \alpha, \\ 0, & \text{其他}, \end{cases}$ α 为总体参数，$(X_1, X_2, \cdots, X_n)$ 为来自总体 X 的一个样本，求参数 α 的矩估计量.

12. 设 $(X_1, X_2, \cdots, X_n)$ 为来自总体 X 的一个样本，X 服从几何分布，其概率分布律为

$$P\{X = x\} = p(1-p)^{x-1}, \quad x = 1, 2, \cdots,$$

其中未知参数 $p \in (0,1)$，试求 p 的最大似然估计量.

13. 已知总体 X 服从参数为 λ 的指数分布，求参数 λ 的矩估计量和最大似然估计量.

14. 设总体 X 的概率密度函数为

$$f(x,\beta) = \begin{cases} \beta x^{\beta-1}, & 0 < x < 1, \\ 0, & 其他, \end{cases}$$

β 为未知参数，$(X_1, X_2, \cdots, X_n)$ 为来自总体 X 的一个样本，求参数 β 的矩估计量和最大似然估计量.

15. 设总体 X 的概率密度函数为 $f(x,\theta) = \begin{cases} \mathrm{e}^{-(x-\theta)}, & x \geqslant \theta, \\ 0, & x < \theta, \end{cases}$ θ 为总体参数，$(X_1, X_2, \cdots, X_n)$ 为来自总体 X 的一个样本，求参数 θ 的最大似然估计量.

16. 设总体 X 的对数函数 $\ln X$ 服从正态分布 $N(\mu, \sigma^2)$，$(X_1, X_2, \cdots, X_n)$ 为来自总体 X 的一个样本，求参数 μ 和 σ^2 的最大似然估计量.

17. 总体 X 服从参数为 λ 的泊松分布，试证 $\left(\dfrac{2}{3}\bar{X} + \dfrac{1}{3}S^2 \right)$ 是总体均值的无偏估计量.

18. 设 $X_1, X_2, \cdots, X_n$ 为来自总体 $N(\mu, \sigma^2)$ 的一个样本，试选择常数 C，使得 $C \displaystyle\sum_{i=1}^{n-1} (X_{i+1} - X_i)^2$ 为 σ 的无偏估计量.

19. 设总体 $X \sim N(\mu_1, \sigma^2)$ 与 $Y \sim N(\mu_2, \sigma^2)$ 相互独立，$(X_1, X_2, \cdots, X_{n_1})$ 为取自 X 的简单随机样本，$Y_1, Y_2, \cdots, Y_{n_2}$ 为取自 Y 的简单随机样本.

试证：$S_\omega^2 = \dfrac{1}{n_1 + n_2 - 2} \left[\displaystyle\sum_{i=1}^{n_2} (X_i - \bar{X})^2 + \sum_{i=1}^{n_2} (Y_i - \bar{Y})^2 \right]$ 是 σ^2 的无偏估计量.

20. 设 $\hat{\theta}_1$ 和 $\hat{\theta}_2$ 为参数 θ 的两个独立的无偏估计量，且假定 $D(\hat{\theta}_1) = 2D(\hat{\theta}_2)$，求常数 c 和 d，使 $\hat{\theta} = c\hat{\theta}_1 + d\hat{\theta}_2$ 为 θ 的无偏估计，并使方差 $D(\hat{\theta})$ 最小.

21. 从长期实践中得知，某车间生产滚珠的直径 $X \sim N(\mu, 0.06)$. 从某天生产的产品中随机抽取 6 件，测得其直径（单位：mm）数据如下：

14.60, 15.10, 14.90, 14.80, 15.20, 15.10.

（1）求 μ 的置信度为 0.95 的置信区间；

（2）若题目中 σ^2 未知，则 μ 的置信度为 0.95 的置信区间是多少？

22. 对于方差 σ^2 已知的正态总体，问：需取容量 n 为多大的样本，才能使总体均值 μ 的置信度为 $1 - \alpha$ 的置信区间平均长度不大于 L？

23. 设某产品的某质量指标服从正态分布 $N(\mu, \sigma^2)$，现从这批产品中随机抽取 25 件，测得 $S = 10$，试求 $\alpha = 0.05$ 时的 σ 的置信区间.

24. 设甲、乙两种元件的某强度指标都服从正态分布，标准差均为 0.5，现取样本容量 $n_1 = n_2 = 20$，得平均强度指标分别为 $\bar{x} = 18$，$\bar{y} = 24$，求这两个元件的平均强度之差的 99% 的置信区间.

25. 随机地从 A 种导线中抽取 4 根，测得其电阻（单位：Ω）为

$$0.143, 0.142, 0.143, 0.147;$$

再从 B 种导线中抽取 5 根，测得其电阻为

$$0.140, 0.142, 0.136, 0.138, 0.140.$$

设测试数据分别服从正态分布 $N(\mu_1, \sigma^2)$ 和 $N(\mu_2, \sigma^2)$，并且相互独立，其中 μ_1, μ_2, σ^2 均未知，试求 $\mu_1 - \mu_2$ 的置信度为 0.95 的置信区间.

26. 设有两个正态总体，$X \sim N(\mu_1, \sigma_1^2)$，$Y \sim N(\mu_2, \sigma_2^2)$. 分别从 X 和 Y 中抽取容量为 $n_1 = 25$，$n_2 = 8$ 的两个样本，并求得 $S_1 = 8$，$S_2 = 7$. 试求两正态总体方差比 $\dfrac{\sigma_1^2}{\sigma_2^2}$ 的置信度为 0.98 的置信区间.

第8章 假设检验

参数空间 $\Theta = \{\theta\}$ 的非空子集或有关参数 θ 的命题，称为统计假设，简称假设（hypothesis）.

原假设（也称为零假设），根据需要而设立的假设，常记为 $H_0 : \theta \in \Theta_1$；

备择假设，在原假设被拒绝后采用（接受）的假设，常记为 $H_1 : \theta \in \Theta_2$.

假设检验是数理统计的另一个重要内容，在数理统计的理论研究与实际应用中都占有重要地位. 所谓假设检验是指根据样本信息来检验总体的分布参数或总体分布形式。假设检验问题主要有**参数假设检验**和**非参数假设检验**两类.

参数假设检验是指在总体的分布完全未知或只知道其分布形式，但存在未知参数的情况下，提出某些关于总体的假设，然后通过样本信息去检验推断是接受还是拒绝总体参数的某些未知特性. **非参数假设检验**是指总体分布未知，提出总体服从某种分布的假设，然后根据样本信息对所提出的假设做出是接受还是拒绝的决策.

8.1 假设检验的基本概念

▌ 内容概要 ▐

1. 两类错误及其发生概率

（1）原假设 H_0 正确，但被拒绝，这种判断错误称为弃真错误，也称为第一类错误，其发生概率称为犯第一类错误的概率，或称为弃真概率，常记为 α；

（2）原假设 H_0 不真，但被接受，这种判断错误称为取伪错误，也称为第二类错误，其发生概率称为犯第二类错误的概率，或称为取伪概率，常记为 β.

2. 假设检验的基本步骤

（1）建立假设. 根据要求建立原假设 H_0 和备择假设 H_1；

（2）选择检验统计量，给出拒绝域 S_0 的形式；

（3）选择显著性水平 $\alpha(0 < \alpha < 1)$，并求出临界值；

（4）根据样本观测值做出判断. 若样本 $(x_1, x_2, \cdots, x_n) \in S_0$，则拒绝 H_0，即接受 H_1；若样本 $(x_1, x_2, \cdots, x_n) \notin S_0$，则接受 H_0.

8.1.1 假设检验问题

1. 假设检验的解题思路

估计理论与假设检验的基本任务是相同的，但它们对问题的提法与解决问题的途径不同．什么是假设检验问题？我们先看一些实例．

例如，（1）假定按国家规定，某种产品的次品率不得超过 1%，现从一批产品中随机抽出 200 件，经检查发现有 3 件次品，试问：这批产品的次品率 p 是否符合国家标准？

在本例中，我们关心的问题是根据抽样的结果来判断 $p \leqslant 0.01$ 是否成立．

（2）有一批枪弹，其初速度 $v \sim N(\mu_0, \sigma_0^2)$，其中 $\mu_0 = 950\text{m/s}$，$\sigma_0^2 = 10\text{m}^2/\text{s}^2$．经过较长时间储存后，问：这批枪弹的初速度的均值与方差是否发生了变化？根据实践经验及理论分析，枪弹经储存后，其初速度仍服从正态分布 $v \sim N(\mu_0, \sigma_0^2)$．我们关心的问题是通过抽样，利用样本提供的信息来判断

$$\mu = \mu_0 = 950\text{m/s}, \quad \sigma^2 = \sigma_0^2 = 10\text{m}^2/\text{s}^2$$

是否成立．

（3）某种建筑材料，其抗断强度的分布一直是服从正态分布的，现改变配料方案，希望确定新产品的抗断强度 X 的分布是否仍然服从正态分布，或者不管抗断强度 X 服从什么分布，抗断强度 X 的平均值 $E(X)$ 是否符合规定的要求．

在本例，我们关心的问题是抽取一定数量的新产品进行抗断强度试验，利用试验得到的样本值所提供的信息，判断

$$X \sim N(\mu_0, \sigma_0^2) \quad \text{或} \quad E(X) \geqslant c$$

是否成立，其中 c 为规定的常数．

这些例子所代表的问题称为假设检验问题，它们有共同的解题思路．

首先根据实际问题的要求提出一个论断，称为**统计假设**，记为 H_0．例如，以上三个例子的统计假设分别如下：

（1）H_0： $p \leqslant 0.01$；

（2）H_0： $\mu = \mu_0$ 或 H_0： $\sigma^2 = \sigma_0^2$；

（3）H_0： $X \sim N(\mu_0, \sigma_0^2)$ 或 H_0： $E(X) \geqslant c$．

然后抽取样本和集中样本的有关信息，要求对假设 H_0 的真伪进行判断，称为检验假设．最后对假设 H_0 做出拒绝（认为 H_0 不正确）或不拒绝的决策．

假设检验问题分为**参数假设检验**与**非参数假设检验**两类．若总体的分布函数 $F(x; \theta_1, \cdots, \theta_m)$ 或概率函数 $p(x; \theta_1, \cdots, \theta_m)$ 的数学表达式已知，只是分布中的部分参数未知，假设针对未知参数而提出并要求检验，这样的问题称为**参数假设检验问题**；若总体的分布函数或概率函数未知，假设 H_0 针对总体的分布、分布的特性或总体的数字特征而提出，并要求检验，这类问题的检验不依赖于总体分布，称为**非参数假设检验问题**．

上例中的（1）、（2）属于参数假设检验问题；例（3）是非参数假设检验问题．

一般我们用 H_0 表示原来的假设，称为**原假设或零假设**，而把所考察的问题的反面称为**备择假设或对立假设**，记为 H_1．例如：

在例（1）中，原假设 H_0：$p \leqslant 0.01$；备择假设 H_1：$p > 0.01$．

在例（2）中，原假设 H_0：$\mu = \mu_0$；备择假设 H_1：$\mu < \mu_0$（这里排除了初速度的平均值 $\mu > \mu_0$ 的可能性，因为枪弹的初速度不会因储存而增加），或原假设 H_0：$\sigma^2 = \sigma_0^2$；备择假设 H_1：$\sigma^2 \neq \sigma_0^2$．

在例（3）中，原假设 H_0：$X \sim N(\mu, \sigma^2)$；备择假设 H_1：X 不服从 $N(\mu, \sigma^2)$，或原假设 H_0：$E(X) \geqslant c$；备择假设 H_1：$E(X) < c$．

2. 假设检验的基本思想

首先提出原假设 H_0，显然这个假设可能是对的，也可能是错误的，现在我们要在对与错之间做出一个选择．选择的依据只能是样本，也可以说是试验结果．我们要计算出在原假设 H_0 下，这种试验结果出现的概率有多大，根据此概率对 H_0 的正确与否做出评判．对 H_0 对错的评判标准必须人为事先规定，即试验结果出现的概率为多大时，认为 H_0 是错误的．一般的做法是规定一个阈值，如对：错=95：5，即试验结果出现的概率为 5%，若出现则认为 H_0 是错误的，从而拒绝 H_0．

为什么试验结果出现的概率小于 5% 就拒绝 H_0 呢？因为要对 H_0 进行检验，先假定 H_0 正确，在此假设下构造一个事件 A 及其对立事件 $\overline{A}$，使其概率为 $P(A \mid H_0$真$) = 5\%$，$P(\overline{A} \mid H_0$真$) = 95\%$．如果 H_0 是对的，那么在一次试验中，事件 A 出现的概率是 5%，可以认为几乎是不可能出现的，而 $\overline{A}$ 出现的概率（95%）是极大的，可以认为几乎必然出现．于是在一次试验中 $\overline{A}$ 应该出现而 A 不应该出现，因此，若 A 出现了就可以否定 H_0．

为什么要否定 H_0？我们由条件概率 $P(A \mid H_0$真$)$ 和 $P(\overline{A} \mid H_0$真$)$ 并不能得出有关 $P(A \mid H_0$假$)$ 和 $P(\overline{A} \mid H_0$假$)$ 的任何信息．事实上，$P(A \mid H_0$真$)$、$P(\overline{A} \mid H_0$真$)$ 与 $P(A \mid H_0$假$)$、$P(\overline{A} \mid H_0$假$)$ 没有任何联系．若 H_0 为假，则 $P(A \mid H_0$假$)$ 和 $P(\overline{A} \mid H_0$假$)$ 就应该有其相应的概率值，假如实际是 $P(A \mid H_0$假$) = 90\%$，$P(\overline{A} \mid H_0$假$) = 10\%$，则在 H_0 为假的情况下，A 出现的概率很大，而 $\overline{A}$ 出现的概率很小．在一次试验中，A 应该出现而 $\overline{A}$ 则不应该出现．若假设 H_0 为真而得出 A 出现的概率很小，从而认为在一次试验中 A 不应该出现，可事实上 H_0 不真，而且 A 出现的概率很大，从而导致在一次试验中 A 以很大的概率出现．现在 A 出现了，在 H_0 不真时，A 的出现是很正常的；相反若 H_0 为真，则 A 的出现就不正常了．按照 H_0，A 不应该出现，但现在 A 出现了，这使得我们不得不怀疑一定是 H_0 错了．这就是在 A 出现以后我们要否定 H_0 的理由．当然我们也是在冒着犯错的可能的情况下做出判断的．

为什么会犯错误？能犯哪几种错误？

当 H_0 为真时，A 的出现是小概率事件，但并不是说 A 一定不能出现，因为 A 出现从而拒绝 H_0，进而犯错误，犯错误的概率很小．由于样本的随机性，犯错误在所难免，我们称这种错误为犯第一类错误（弃真错误）．

当 H_0 为假时，$\bar{A}$ 出现，因而不能拒绝 H_0，从而犯错误，这时犯错误的概率就很难计算了. 我们称这种错误为犯第二类错误（取伪错误）（可能有人会提出疑问：弃真不就是取伪吗？需要注意的是，这里的真、伪都是直接针对 H_0 而言的，针对 H_0 的真、伪来谈弃真和取伪）. 一般来说，样本越多，犯错误的概率越小；$P(A|H_0$假$)$ 越大，犯错误的概率越小. 因为 $P(A|H_0$真$)$ 很小，因而当拒绝 H_0 时，我们有足够的把握认为自己没有犯错误（即使犯错误，其概率也很小），然而当不拒绝 H_0 时，因为我们并不知道 $P(A|H_0$假$)$ 的概率值，若我们接受 H_0，则我们就不知道有多大的把握是对的 [$P(A|H_0$假$)$ 可能不易计算，这需要具体问题具体分析]. 因此，当不拒绝 H_0 时，我们并不是接受 H_0，而只说不拒绝 H_0，意味着我们可能进行进一步的检验.

一般情况下，我们称这种检验为显著性检验，即当 H_0 的对立面与 H_0 具有比较大的差异时，我们通过显著性检验进行检验.

8.1.2　假设检验的基本原理

不论假设如何，进行检验的基本思想都是一个，就是所谓的**概率性质的反证法**. 为了检验原假设 H_0 是否正确，我们先假定 H_0 这个假设正确，看由此能推出什么结果，如果导致一个不合理现象的出现，则表明"假设 H_0 正确"是错误的，即原假设 H_0 不正确，因此我们拒绝原假设 H_0. 如果没有导致不合理现象出现，则不能认为原假设 H_0 不正确，因此我们不拒绝 H_0，此时根据问题的需要或做进一步的试验考察或接受 H_0.

概率性质的反证法的根据是**小概率事件原理**（也称为**实际推断原理**），即"小概率事件（即概率很小的事件）在一次试验中几乎是不可能发生的.

利用概率性质的反证法进行假设检验的一般做法：设有某个假设 H_0 需要检验，先假定 H_0 正确，在此假定下，构造一个事件 A，在 H_0 正确的条件下 A 是一个小概率事件，如 $P(A|H_0$为真$)=0.05$. 现在进行一次试验 [我们经常把 n 个样本作为一个整体来看待，即抽得一个容量为 n 的样本观测值 $(x_1, x_2, \cdots, x_n)$]，如果事件 A 发生了，那便是出现了一个小概率事件，这与小概率事件原理相"矛盾"，这表明"假定 H_0 正确"是错误的，因而拒绝 H_0；反之，如果小概率事件 A 没有出现，则没有理由拒绝 H_0，通常就接受 H_0.

概率性质的反证法与纯数学中的反证法，在推理过程上是类似的，但它们毕竟还是不相同的. 小概率事件在一次试验中发生与小概率事件原理相"矛盾"，这种"矛盾"并不是形式逻辑中的绝对矛盾，因为"小概率事件在一次试验中几乎是不可能发生的"，并不是"小概率事件在一次试验中绝对不会发生". 因此，若 H_0 正确，但碰巧小概率事件在一次试验中发生了，那么，根据概率性质的反证法就应该做出拒绝 H_0 的决策，而这一决策是错误的（后面会把犯这类错误的概率控制在适当小的范围内）. 换句话说，在假设检验中，我们做出接受 H_0 或拒绝 H_0 的决策，并不等于我们证明了原假设 H_0 正确或错误，而只是根据样本所提供的信息以一定的可信程度认为 H_0 是正确或错误的.

概率要小到什么程度才算小概率呢？这没有一个绝对标准，要根据所讨论的具体问题来确定，一般取 $p \leqslant 0.10$，还可以取 $0.01, 0.05$ 等.

例 8.1 设某粮食加工厂用打包机包装大米，规定每袋的标准质量为 100kg，设打包机包装的大米质量服从正态分布，由以往长期经验知其标准差 $\sigma = 0.9$kg，且保持不变. 某天开工后，为了检验打包机的工作是否正常，随机抽取该打包机包装的 9 袋大米，称得其净重为（单位：kg）

$$99.3, 98.7, 100.5, 101.2, 98.3, 99.7, 105.1, 102.6, 100.5.$$

问：该天打包机的工作是否正常？

解 设打包机所包装的每袋大米的质量为 X，由题意 $X \sim N(\mu, \sigma^2)$，其中 $\sigma = 0.9$ 为已知. 现在的问题是不知道总体均值 μ 是否等于规定的标准 $\mu_0 = 100$，若 $\mu = \mu_0$，就意味着打包机工作正常，否则就要对打包机进行调整.

提出原假设与备择假设，即

$$H_0: \ \mu = \mu_0 = 100; \quad H_1: \ \mu \neq \mu_0.$$

我们知道 $\hat{\mu} = \bar{X}$ 是正态总体均值 μ 的无偏估计量，如果原假设 H_0 为真，则样本均值 $\bar{X}$ 的观测值 $\bar{x}$ 应该比较集中在 μ_0 的附近，即 $\bar{x}$ 与 μ_0 的差别不显著（由于随机因素的影响，$\bar{x}$ 与 μ_0 有些小差别是不可避免的）. 若 $|\bar{X} - \mu_0|$ 比较大就应该认为是小概率事件，即 $|\bar{X} - \mu_0| \geq k$ 是小概率事件，其中 k 是待定的正数. k 取决于把多大的概率作为小概率，还取决于样本容量 n.

假设 $H_0: \ \mu = \mu_0$ 为真，把抽得的一个样本值 $(x_1, x_2, \cdots, x_n)$ 看成一次试验（由 n 次重复独立试验所构成）的结果，若在一次试验中出现了小概率事件 $|\bar{x} - \mu_0| \geq k$，则根据概率性质的反证法就应该拒绝 H_0.

下面来确定正数 k.

假定取 $\alpha = 0.05$ 作为小概率事件的标准，当 H_0 为真时，$\{|\bar{X} - \mu_0| \geq k\}$ 是小概率事件，取

$$P\{|\bar{X} - \mu_0| \geq k \,|\, H_0 真\} = P\{|\bar{X} - 100| \geq k \,|\, H_0 真\} = \alpha.$$

当 H_0 为真时，有 $X \sim N(\mu_0, \sigma^2) = N(100, 0.9^2)$，从而有

$$\bar{X} \sim N(\mu_0, \sigma^2 / n) = N(100, 0.9^2 / 9).$$

于是

$$\frac{\bar{X} - \mu_0}{\sigma / \sqrt{n}} = \frac{\bar{X} - 100}{0.9 / \sqrt{9}} \sim N(0,1),$$

所以

$$P\{|\bar{X} - \mu_0| \geq k \,|\, H_0 真\} = P\left\{ \left| \frac{\bar{X} - \mu_0}{\sigma / \sqrt{n}} \right| \geq \frac{k}{\sigma / \sqrt{n}} \,\middle|\, H_0 真 \right\} = \alpha.$$

当 H_0 为真时，由标准正态变量的分位数，有

$$P\left\{ \left| \frac{\bar{X} - \mu_0}{\sigma / \sqrt{n}} \right| \geq u_{\alpha/2} \right\} = \alpha,$$

故

$$\frac{k}{\sigma / \sqrt{n}} = u_{\alpha/2},$$

即

$$k = \frac{\sigma}{\sqrt{n}} u_{\alpha/2} = \frac{0.9}{\sqrt{9}} \times 1.96 = 0.588.$$

于是，对于一个样本值 $(x_1, x_2, \cdots, x_n)$，若出现

$$|\bar{x} - 100| \geqslant k = 0.588,$$

则应拒绝 H_0，即认为平均每袋的质量不是 100kg.

易算得 $\bar{x} = 100.66$，得

$$|\bar{x} - 100| = 0.66 \geqslant k = 0.588.$$

因此拒绝原假设 H_0，即认为该天的打包机工作不正常，需要停机进行调整.

由例 8.1 可以看到，当 $|\bar{x} - 100| \geqslant 0.588$ 时，拒绝 H_0；当 $|\bar{x} - 100| < 0.588$ 时，接受 H_0. 这就是检验例 8.1 中原假设 H_0 的检验法则. 这里给出拒绝 H_0 或接受 H_0 的法则，实际上是把样本空间 S 划分为两部分：

$$S_0 = \{(x_1, x_2, \cdots, x_9) \in S \,|\, |\bar{x} - 100| \geqslant 0.588\};$$
$$S_1 = \{(x_1, x_2, \cdots, x_9) \in S \,|\, |\bar{x} - 100| < 0.588\}.$$

显然 $S = S_0 \cup S_1$，于是例 8.1 的检验法则又可表示为，当获得的观测值 $(x_1, x_2, \cdots, x_9) \in S_0$ 时，拒绝 H_0；$(x_1, x_2, \cdots, x_9) \in S_1$ 时，暂时接受 H_0.

一般地，所谓对假设 H_0 进行检验，就是要找到一个用作检验的统计量 $T = T(X_1, X_2, \cdots, X_n)$，以此统计量构造一个检验法则，这个检验法则本质上就是对样本空间 S 的一个划分，$S = S_0 \cup S_1$（其中 $S_0 \cap S_1 = \varnothing$），使得对于给定的小概率 α，满足

$$P\{(x_1, x_2, \cdots, x_n) \in S_0 \,|\, H_0 为真\} = \alpha.$$

当 $(x_1, x_2, \cdots, x_9) \in S_0$ 时，拒绝 H_0；当 $(x_1, x_2, \cdots, x_9) \in S_1$ 时，暂时接受 H_0. 称 S_0 为检验的**拒绝域**（rejection region），S_1 为检验的**接受域**（acceptance region）. 拒绝 H_0 还是接受 H_0 的界限值，称为**临界值**.

例 8.1 的拒绝域可表示为

$$\{(x_1, x_2, \cdots, x_9) \,|\, |\bar{x} - 100| \geqslant 0.588\}$$

或

$$\left\{(x_1, x_2, \cdots, x_9) \,\left|\, \left|\frac{\bar{x} - 100}{0.9 / \sqrt{9}}\right| \geqslant u_{\alpha/2}\right.\right\},$$

而 0.588 或 $u_{\alpha/2} = 1.96$ 都可作为例 8.1 的临界值.

由于一个统计问题的样本空间是可以事先知道的，又 $S_1 = S - S_0$，所以只要知道拒绝域 S_0 也就知道了检验法则，每一个检验法则对应一个拒绝域. 反之，任意给定 S 的一个子集 S^*，则有唯一的检验法则，以 S^* 作为它的拒绝域.

从假设检验的基本思想及例 8.1 的解答过程可以看出，在一次试验中，拒绝 H_0 有充

分的根据，而接受 H_0 仅是由于没有充分根据拒绝 H_0，并不是对接受 H_0 提供了充分根据．这表明原假设 H_0 处于被保护的地位，不会轻易被否定．对此，在实际问题中是有其作用的，例 8.1 中拒绝 H_0 意味着生产不正常，从而要停产检修，产品也就不能出厂．工厂做此决定当然要持慎重态度，除非有充分把握，一般不轻易做出停产检修的决定．由于 H_0 在假设检验中的被保护地位，所以在解决具体问题时往往把久已存在的状态作为原假设，而对立假设则反映新改变．

8.1.3 两类错误

用样本来推断总体，实质上是用部分推断整体，这本身就决定了不能保证绝对不犯错误．在假设检验中，可能犯的错误有以下两类：

（1）原假设 H_0 本来正确，但我们却拒绝了 H_0，这类错误称为**弃真错误**，也称为**第一类错误**．其发生概率称为弃真概率或犯第一类错误的概率，通常记为 α，即

$$P\{\text{拒绝} H_0 \mid H_0 \text{为真}\} = \alpha;$$

（2）原假设 H_0 本来不正确，但我们却接受了 H_0，这类错误称为**取伪错误**，也称为**第二类错误**．其发生的概率称为取伪概率或犯第二类错误的概率，通常记为 β，即

$$P\{\text{接受} H_0 \mid H_1 \text{为真}\} = \beta.$$

当然，α, β 越小越好．但进一步的讨论表明，当样本容量 n 固定时，不可能同时把 α, β 都减得很小，而是减小其中一个，另一个就会增大．要使 α, β 都很小，只有通过无限增大样本容量 n 才能实现，但实际上这是办不到的．解决这类问题的一种原则是限定犯第一类错误的最大概率 α，在此限制下使犯第二类错误的概率 β 尽可能小，但具体实行这一原则还会有许多理论上和实际上的困难．因而，有时把这一原则简化成只对犯第一类错误的最大概率 α 加以限制，而不考虑犯第二类错误的概率 β．这种统计假设检验问题称为**显著性检验**，并将犯第一类错误的最大概率 α 称为假设检验的**显著性水平**（significance level）．

在例 8.1 中我们使用的是双侧检验，在下面的例 8.2 中我们要使用单侧检验并简单比较一下两种检验的区别．

例 8.2 设总体 $X \sim N(\mu, \sigma^2)$，σ^2 为已知，μ 只能取两个值 μ_0 与 μ_1（$\mu_0 < \mu_1$）．从总体 X 中抽取一个样本 $(X_1, X_2, \cdots, X_n)$，在显著性水平 α 下，检验假设

$$H_0: \ \mu = \mu_0; \ H_1: \mu = \mu_1.$$

解 先假定 $H_0: \mu = \mu_0$ 为真，则 $X \sim N(\mu_0, \sigma^2)$，从而 $\bar{X} \sim N(\mu_0, \sigma^2/n)$．显著性水平 α 就是犯第一类错误的概率，即

$$P\{\text{拒绝} H_0 \mid H_0 \text{为真}\} = \alpha.$$

当 H_0 为真时，$\bar{X}$ 的观测值应接近 μ_0．如果 $\bar{X}$ 的观测值比 μ_0 大了许多，自然就认为 H_0 不成立，于是由

$$P\{\bar{X} - \mu_0 \geqslant k \mid H_0 \text{为真}\} = \alpha,$$

确定 H_0 的拒绝域, 其中 k 为适当大的待定正数, 可得

$$P\left\{\frac{\overline{X}-\mu_0}{\sigma/\sqrt{n}} \geqslant \frac{k}{\sigma/\sqrt{n}} \bigg| H_0 为真\right\} = \alpha.$$

当 H_0 为真时, $\dfrac{\overline{X}-\mu_0}{\sigma/\sqrt{n}} \sim N(0,1)$. 由标准正态分布的分位数, 得

$$P\left\{\frac{\overline{X}-\mu_0}{\sigma/\sqrt{n}} \geqslant u_\alpha\right\} = \alpha,$$

于是

$$\frac{k}{\sigma/\sqrt{n}} = u_\alpha, \quad 即 \ k = \frac{\sigma}{\sqrt{n}} u_\alpha,$$

所以

$$P\left\{\overline{X}-\mu_0 \geqslant \frac{\sigma}{\sqrt{n}} u_\alpha\right\} = \alpha,$$

即

$$P\left\{\overline{X} \geqslant \mu_0 + \frac{\sigma}{\sqrt{n}} u_\alpha\right\} = \alpha.$$

记 $\lambda = \mu_0 + \dfrac{\sigma}{\sqrt{n}} u_\alpha$, 则上式成为

$$P\{\overline{X} \geqslant \lambda\} = \alpha.$$

因此, 对于本例只需看 $\overline{x} \geqslant \lambda$ 是否成立, 若成立则拒绝原假设, 否则不拒绝原假设.

下面我们来探讨犯第二类错误的概率计算问题.

画出 H_0 为真时 $\overline{X}$ 的概率密度曲线, λ, α 的几何意义如图 8-1 所示.

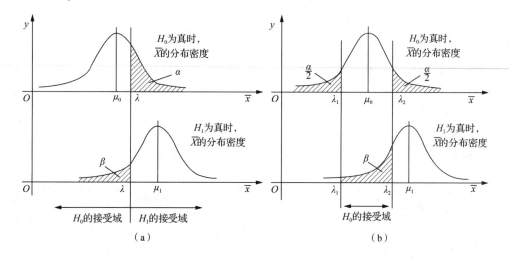

图 8-1

现在假定 H_0 不真（即 H_1 为真），则 $X \sim N(\mu_1, \sigma^2)$，从而 $\overline{X} \sim N(\mu_1, \sigma^2/n)$. 根据犯第二类错误概率 β 的含义，得

$$P\{\text{接受} H_0 \mid H_0 \text{不真}\} = \beta,$$

即

$$P\{\text{接受} H_0 \mid H_1 \text{为真}\} = \beta.$$

前面已经得到，当 $\overline{X} \geqslant \lambda$ 时拒绝 H_0；而 $\overline{X} < \lambda$ 时接受 H_0，若 H_1 为真，这就意味着犯了第二类错误，于是有

$$P\{\overline{X} < \lambda \mid H_1 \text{为真}\} = \beta.$$

画出 H_1 为真时 $\overline{X}$ 的概率密度曲线，λ, β 的几何意义如图 8-1（a）所示.

从图 8-1（a）可以看出以下几点：

（1）在其他条件不变时，若减小 α（即临界点 λ 右移），则 β 增大；反之，若增大 α（即 λ 左移），则 β 减小. 可见 α，β 不能同时减小.

（2）设想把 H_0 的拒绝域固定下来（即临界点 λ 固定），则当样本容量 n 增大时，$\overline{X}$ 的方差 σ^2/n 变小，即 $\overline{X}$ 取值更集中于均值附近，$\overline{X}$ 的分布密度 $f_0(x; \mu_0)$ 与 $f_1(x; \mu_1)$ 的曲线变陡，所以 α，β 同时减少.

（3）利用已知条件 $\mu_0 < \mu_1$ 做检验时，由

$$P\{\overline{X} - \mu_0 \geqslant k \mid H_0 \text{为真}\} = \alpha$$

确定 H_0 的拒绝域，从而得到临界值为

$$\lambda = \mu_0 + \frac{\sigma}{\sqrt{n}} u_\alpha.$$

若没有已知条件 $\mu_0 < \mu_1$，则做检验时应该由

$$P\{|\overline{X} - \mu_0| \geqslant k \mid H_0 \text{为真}\} = \alpha$$

来确定 H_0 的拒绝域. 此时，易得到临界值为

$$\lambda_1 = \mu_0 - \frac{\sigma}{\sqrt{n}} u_{\alpha/2}, \quad \lambda_2 = \mu_0 + \frac{\sigma}{\sqrt{n}} u_{\alpha/2},$$

如图 8-1（b）所示.

这两种检验，前面的称为**单侧检验**，后面的称为**双侧检验**. 比较图 8-1（a）、（b）可以看出：当 α 固定时，双侧检验的 β 比单侧检验的 β 大，因此在实际工作中凡是可以采用单侧检验的尽量采用单侧检验，这样可以在取定 α 时有效地减少 β.

例 8.3 设总体 $X \sim N(\mu, \sigma^2)$，$\sigma^2 = 25$，μ 只能取 0 或 2. 从总体 X 中抽取 16 个个体 $(X_1, X_2, \cdots, X_{16})$，经计算 $\overline{X}$ 的观测值为 1，在显著性水平 $\alpha = 0.05$ 的情况下，使用双侧检验假设

$$H_0: \mu = 0; \quad H_1: \mu = 2,$$

并计算犯第二类错误的概率.

解 假定 H_0 为真，则 $X \sim N(0, 25)$，从而 $\overline{X} \sim N(0, 25/16)$，于是，令

$$Y = \frac{\overline{X} - 0}{\sigma / \sqrt{n}} = \frac{\overline{X} - 0}{5/4} \sim N(0,1).$$

所以 H_0 拒绝域为 $P\{|Y| > u_{\alpha/2}\} = 0.05$，查附表 1，得 $u_{\alpha/2} = 1.96$．将 $\overline{X}$ 的观测值代入 $|Y| > u_{\alpha/2}$ 中有 $0.8 > 1.96$ 不成立，从而不拒绝 H_0．

下面计算犯第二类错误的概率.

若 H_1 为真，则 $\overline{X} \sim N(2, 25/16)$，于是

$$P\{H_0\text{的接受域} \mid H_1\text{为真}\} = P\{|Y| \leqslant u_{\alpha/2}\}$$

$$= P\left\{\left|\frac{\overline{X} - 0}{\sigma / \sqrt{n}}\right| \leqslant u_{\alpha/2}\right\} = P\left\{\left|\frac{\overline{X} - 0}{5/4}\right| \leqslant 1.96\right\}$$

$$= P\{|0.8\overline{X}| \leqslant 1.96\} = P\{-1.96 \leqslant 0.8\overline{X} \leqslant 1.96\}$$

$$= P\left\{-3.56 \leqslant \frac{\overline{X} - 2}{5/4} \leqslant 0.36\right\} = \Phi(0.36) - \Phi(-3.56)$$

$$\approx 0.64.$$

因此，犯第二类错误的概率为 0.64．请读者对例 8.3 使用单侧检验并计算犯第二类错误的概率．

在制定检验法则时，显著性水平 α 是事先给定的．如何选定 α，往往由该问题所涉及的各方协商决定，一般要以犯两类错误的后果而定．由于 α 是犯第一类错误的概率，α 越小，拒绝 H_0 的说服力越强．但是，当 α 较小时，相应地犯第二类错误的概率 β 就会增大，若用来检验产品质量，就易使不合格的一批产品被抽样检验判定为合格品而接受．如果犯第二类错误的后果严重（如药品生产中，若不合格产品被接受，有时会造成严重事故），此时为了限制 β，则应该将 α 适当取大些．但是，α 较大时，又易使合格的一批产品在抽样检验时被判定为不合格品而被拒绝，这就会给厂方造成经济损失．因此，在选取 α 时要兼顾厂方和用户的利益协商决定．习惯上，一般把 α 取得较小且标准化，如取 $\alpha = 0.001, 0.005, 0.01, 0.05, 0.10$ 等值，而不取 0.0412 这类值．

8.1.4 假设检验的一般步骤

通过前面一些例子已看到，对通常的假设检验问题，首先要明确：总体的分布函数 $F(x;\theta)$ 或概率函数 $p(x;\theta)$ 的表达式是否为已知；若为已知时还要明确哪些参数也是已知的等．这些是解决问题的前提，是解决问题的出发点，必须先明确．

假设检验的一般步骤如下．

1）根据问题的要求提出原假设 H_0 与备择假设 H_1

参数 θ 的假设检验的原假设 H_0，用参数 θ 的等式、$\geqslant$、$\leqslant$ 来表示，而相应的备择假设 H_1 分别用参数 θ 的不等式、<、> 来表示．通常等号只出现在 H_0 中．

2）构造检验统计量与确定拒绝域的形式

当概率密度 $p(x;\theta)$ 的表达式为已知时，通常以 θ 的极大似然估计 $\hat{\theta}$ 为基础构造一个检验统计量 $T = T(X_1, X_2, \cdots, X_n)$，并在 H_0 成立的条件下确定 T 的精确分布或渐近分布．

确定了检验统计量 T 后，根据原假设 H_0 与备择假设 H_1 确定拒绝域 S_0 的形式．一般

S_0 的形式有以下几种可能性:

（1）单侧拒绝域

$$S_0 = \{(x_1, x_2, \cdots, x_n) \big| T(x_1, x_2, \cdots, x_n) \leqslant c\}$$

或

$$S_0 = \{(x_1, x_2, \cdots, x_n) \big| T(x_1, x_2, \cdots, x_n) > c\} \text{；}$$

（2）双侧拒绝域

$$S_0 = \{(x_1, x_2, \cdots, x_n) \big| T(x_1, x_2, \cdots, x_n) \leqslant c_1 \text{ 或 } T(x_1, x_2, \cdots, x_n) \geqslant c_2\}$$

或

$$S_0 = \{(x_1, x_2, \cdots, x_n) \big| T(x_1, x_2, \cdots, x_n) \geqslant c\} \text{.}$$

其中临界值 c，c_1，c_2 待定.

3）选定适当的显著性水平 $\alpha(0 < \alpha < 1)$，并求出临界值

由 $P\{$拒绝域 $S_0|\ H_0$ 为真$\} \leqslant \alpha$ 出发，使得检验犯第一类错误的概率尽可能接近 α. 特别地，当总体为连续型随机变量时，往往使它等于 α，以此确定临界值，从而确定拒绝域 S_0.

4）根据样本观测值确定是否拒绝 H_0

由样本观测值 $(x_1, x_2, \cdots, x_n)$ 计算得 $T(x_1, x_2, \cdots, x_n)$，并把它与临界值做比较，若 $(x_1, x_2, \cdots, x_n) \in S_0$ 则拒绝 H_0，否则不拒绝 H_0.

8.2　单个正态总体的均值与方差的检验

▌内容概要 ▌

1. 假设检验与置信区间的关系（以下 α 为显著性水平，$1-\alpha$ 为置信度）

（1）双侧检验问题，即 H_0: $\mu = \mu_0$；H_1: $\mu \neq \mu_0$. 利用其接受域 S_0 可定出正态均值 μ 的 $1-\alpha$ 置信区间.

（2）单侧（右侧）检验问题，即 H_0: $\mu \leqslant \mu_0$；H_1: $\mu > \mu_0$. 利用其接受域 S_0 可定出正态均值 μ 的 $1-\alpha$ 置信上限.

（3）单侧（左侧）检验问题，即 H_0: $\mu \geqslant \mu_0$；H_1: $\mu < \mu_0$，利用其接受域 S_0 可定出正态均值 μ 的 $1-\alpha$ 置信下限.

2. 单个正态总体均值的检验法则

情形	H_0	H_1	σ^2 已知	σ^2 未知
			在显著性水平 α 的条件下拒绝 H_0，若	
1	$\mu = \mu_0$	$\mu \neq \mu_0$	$\dfrac{\|\bar{x} - \mu_0\|}{\sigma / \sqrt{n}} \geqslant u_{\alpha/2}$	$\dfrac{\|\bar{x} - \mu_0\|}{s / \sqrt{n}} \geqslant t_{\alpha/2}(n-1)$
2	$\mu = \mu_0$	$\mu > \mu_0$	$\dfrac{\bar{x} - \mu_0}{\sigma / \sqrt{n}} \geqslant u_{\alpha}$	$\dfrac{\bar{x} - \mu_0}{s / \sqrt{n}} \geqslant t_{\alpha}(n-1)$
3	$\mu \leqslant \mu_0$	$\mu > \mu_0$		
4	$\mu = \mu_0$	$\mu < \mu_0$	$\dfrac{\bar{x} - \mu_0}{\sigma / \sqrt{n}} \leqslant -u_{\alpha}$	$\dfrac{\bar{x} - \mu_0}{s / \sqrt{n}} \geqslant -t_{\alpha}(n-1)$
5	$\mu \geqslant \mu_0$	$\mu < \mu_0$		

3.单个正态总体方差的检验法则

情形	H_0	H_1	μ 已知	μ 未知
			在显著性水平 α 的条件下拒绝 H_0，若	
1	$\sigma^2 = \sigma_0^2$	$\sigma^2 \neq \sigma_0^2$	$W_1 \geq \chi_{\alpha/2}^2(n)$ 或 $W_1 \leq \chi_{1-\alpha/2}^2(n)$	$W_1 \geq \chi_{\alpha/2}^2(n-1)$ 或 $W_1 \leq \chi_{1-\alpha/2}^2(n-1)$
2	$\sigma^2 = \sigma_0^2$	$\sigma^2 > \sigma_0^2$	$W_1 \geq \chi_\alpha^2(n)$	$W_2 \geq \chi_\alpha^2(n-1)$
3	$\sigma^2 \leq \sigma_0^2$	$\sigma^2 > \sigma_0^2$		
4	$\sigma^2 = \sigma_0^2$	$\sigma^2 < \sigma_0^2$	$W_1 \leq \chi_{1-\alpha}^2(n)$	$W_2 \geq \chi_{1-\alpha}^2(n-1)$
5	$\sigma^2 \geq \sigma_0^2$	$\sigma^2 < \sigma_0^2$		

　　注　没有特别声明时，本节总假定所讨论的总体 $X \sim N(\mu, \sigma^2)$，而 $X_1, X_2, \cdots, X_n$ 为 X 的一个样本，$(x_1, x_2, \cdots, x_n)$ 为其样本观测值.

8.2.1　方差 σ^2 为已知时均值 μ 的假设检验

　　当 σ^2 为已知时，在给定显著性水平 α 的条件下，关于正态总体均值 μ 的常见的假设检验问题有三种检验（其中 μ_0 为已知常数）：

　　（1）双侧检验，即
$$H_0: \mu = \mu_0; \quad H_1: \mu \neq \mu_0.$$

　　（2）右侧检验，即
$$H_0: \mu = \mu_0; \quad H_1: \mu > \mu_0.$$
$$H_0: \mu \leq \mu_0; \quad H_1: \mu > \mu_0.$$

　　（3）左侧检验，即
$$H_0: \mu = \mu_0; \quad H_1: \mu < \mu_0.$$
$$H_0: \mu \geq \mu_0; \quad H_1: \mu < \mu_0.$$

　　问题（1）实际上已经在例 8.2 中讨论过了，这里不再重复. 下面我们来推导出问题（2）的检验法则.

　　先讨论 $H_0: \mu = \mu_0; \quad H_1: \mu > \mu_0$.

　　对于正态总体，样本均值 $\overline{X}$ 是 μ 的无偏估计量. 当 H_0 为真时，$\overline{X}$ 的观测值 $\overline{x}$ 应该比较集中地分布在 μ_0 附近；当 H_1 为真时，$\overline{X}$ 则以较大的概率位于 μ_0 的右侧，而且 μ 与 μ_0 的差距越大，$\overline{x}$ 与 μ_0 的差距就越大，于是若 $\overline{x} - \mu_0$ 比较大则可以认为在假定 H_0 为真时出现了小概率事件，从而应该拒绝 H_0. 由于 α 是假设检验犯第一类错误的最大概率，即
$$P\{拒绝 H_0 \mid H_0 为真\} \leq \alpha,$$
于是取
$$P\{\overline{X} - \mu_0 \geq k \mid H_0 为真\} = \alpha,$$
其中 k 为适当大的正数. 上式也可写为

$$P\left\{\frac{\overline{X}-\mu_0}{\sigma/\sqrt{n}}\geqslant\frac{k}{\sigma/\sqrt{n}}\middle|H_0\text{为真}\right\}=\alpha\;.$$

在 H_0 为真时，令 $U=\dfrac{\overline{X}-\mu_0}{\sigma/\sqrt{n}}\sim N(0,1)$．取 U 为检验统计量，将上式改写为

$$P\left\{\frac{\overline{X}-\mu_0}{\sigma/\sqrt{n}}\geqslant u_\alpha\right\}=\alpha\;,$$

于是，得到检验的拒绝域为

$$S_0=\left\{(x_1,\cdots,x_n)\middle|\frac{\overline{x}-\mu_0}{\sigma/\sqrt{n}}\geqslant u_\alpha\right\}.$$

再讨论 $H_0:\mu\leqslant\mu_0$；$H_1:\mu>\mu_0$．

在 H_0 为真时，有

$$\frac{\overline{X}-\mu}{\sigma/\sqrt{n}}\geqslant\frac{\overline{X}-\mu_0}{\sigma/\sqrt{n}}\;,$$

于是得

$$\frac{\overline{X}-\mu_0}{\sigma/\sqrt{n}}\geqslant u_\alpha\Rightarrow\frac{\overline{X}-\mu}{\sigma/\sqrt{n}}\geqslant u_\alpha\;,$$

从而得到〔经常记 $(x_1,x_2,\cdots,x_n)$ 为 ω〕

$$\left\{\omega\middle|\frac{\overline{X}-\mu_0}{\sigma\sqrt{n}}\geqslant u_\alpha\right\}\subseteq\left\{\omega\middle|\frac{\overline{X}-\mu}{\sigma/\sqrt{n}}\geqslant u_\alpha\right\},\quad\omega=(x_1,\cdots,x_n)\;.$$

由于总体 $X\sim N(\mu,\sigma^2)$，所以 $\dfrac{\overline{X}-\mu}{\sigma/\sqrt{n}}\sim N(0,1)$，故有

$$\alpha=P\left(\frac{\overline{X}-\mu}{\sigma/\sqrt{n}}\geqslant u_\alpha\right)\geqslant P\left\{\frac{\overline{X}-\mu_0}{\sigma/\sqrt{n}}\geqslant u_\alpha\right\},$$

也就是说，$\left\{\dfrac{\overline{X}-\mu_0}{\sigma/\sqrt{n}}\geqslant u_\alpha\right\}$ 是 H_0 为真时的小概率事件，所以得到检验的拒绝域为

$$S_0=\left\{(x_1,x_2,\cdots,x_n)\middle|\frac{\overline{x}-\mu_0}{\sigma/\sqrt{n}}\geqslant u_\alpha\right\}.$$

综上所述，先后讨论的两个假设检验问题有相同的拒绝域，可以把它写成更便于使用的、假设检验问题（2）的检验法则：

若 $\dfrac{\overline{x}-\mu_0}{\sigma/\sqrt{n}}=u\geqslant u_\alpha$，则拒绝 H_0；若 $\dfrac{\overline{x}-\mu_0}{\sigma/\sqrt{n}}=u<u_\alpha$，则接受 H_0．

类似的讨论，可得到假设检验问题（3）的检验法则：

若 $\dfrac{\overline{x}-\mu_0}{\sigma/\sqrt{n}}\leqslant-u_\alpha$，则拒绝 H_0．

问题（1）的假设检验称为双侧检验，问题（2）与（3）的假设检验称为单侧检验，问题（2）又称为右侧检验问题，问题（3）又称为左侧检验问题．确定检验是双侧检验

还是单侧检验取决于备择假设 H_1，对于双侧检验的情形，备择假设 H_1 常常略而不写.

另外，我们指出，关于参数 $\theta \in \Theta$ 的假设检验的某假设，如果参数空间 Θ 中满足该假设条件的点只有一个，则该假设称为简单假设；如果 Θ 中满足该假设条件的点多于一个，则该假设称为复合假设. 本节开始列出的假设检验问题中，只有 $H_0 : \mu = \mu_0$ 是简单假设，其他都是复合假设.

对于单个正态总体均值的假设检验，当 σ^2 为已知时，不论是双侧检验还是单侧检验，都是用 $U \sim N(0,1)$ 进行检验. 这种用正态变量作为检验统计量的假设检验方法，称为 **U 检验法**.

例 8.4 已知有一批枪弹，其初速度 $v \sim N(\mu, \sigma^2)$，其中 $\mu = 950\mathrm{m/s}$，$\sigma^2 = 10^2\mathrm{m}^2/\mathrm{s}^2$. 经过较长时间储存后，现取出 9 发枪弹试射，测其初速度，得样本值如下（单位：m/s）：

$$914, \ 920, \ 910, \ 934, \ 953, \ 945, \ 912, \ 924, \ 940.$$

给定显著性水平 $\alpha = 0.05$，问：这批枪弹的初速度是否起了变化（假定 σ 没有变化）？

解 问题化为：$v \sim N(\mu, \sigma^2)$，$\sigma = 10$. 根据所给样本值，在显著性水平 $\alpha = 0.05$ 下，检验假设

$$H_0 : \mu = 950 ; \quad H_1 : \mu < 950 .$$

因为枪弹储存后初速度不可能增加，所以这是一个左侧检验问题.

由 $n = 9$，易算得

$$\bar{x} = 928 , \quad u = \frac{\bar{x} - \mu_0}{\sigma / \sqrt{n}} = \frac{928 - 950}{10 / \sqrt{9}} = -6.6 .$$

查标准正态分布表（附表 1），得

$$-u_\alpha = -u_{0.05} = -1.65 ,$$

所以

$$u = \frac{\bar{x} - \mu_0}{\sigma / \sqrt{n}} = -6.6 < -1.65 = -u_\alpha .$$

由左侧检验法则得应该拒绝 H_0，即接受 H_1. 也就是说，这批枪弹经过较长时间储存后初速度已经发生了变化，变小了.

8.2.2 方差 σ^2 为未知时均值 μ 的假设检验

当 σ^2 为未知时，在给定显著性水平 α 的条件下，关于正态总体均值 μ 的常见的假设检验问题，仍然是本节开始列出的三个问题（其中 μ_0 为已知常数）.

（1）双侧检验，即

$$H_0 = \mu = \mu_0 ; \quad H_1 : \mu \neq \mu_0 .$$

（2）右侧检验，即

$$H_0 : \mu = \mu_0 ; \quad H_1 : \mu > \mu_0 .$$
$$H_0 : \mu \leqslant \mu_0 ; \quad H_1 : \mu > \mu_0 .$$

（3）左侧检验，即

$$H_0 : \mu = \mu_0 ; \quad H_1 : \mu < \mu_0 .$$
$$H_0 : \mu \geqslant \mu_0 ; \quad H_1 : \mu < \mu_0 .$$

下面我们来推导问题（3）的检验法则，（1）和（2）的推导类似，最终结论总结在后面的表 8-1 中.

先讨论 $H_0 : \mu = \mu_0$ ；$H_1 : \mu < \mu_0$.

对于正态总体，$\bar{X}$ 是 μ 的无偏估计量，当 H_0 为真时，$\bar{X}$ 的观测值 $\bar{x}$ 应该比较集中地分布在 μ_0 的附近；当 H_1 为真时，$\bar{x}$ 则以较大的概率位于 μ_0 的左侧，而且 μ 与 μ_0 的差距越大，$\bar{x}$ 与 μ_0 的差距就越大，于是若 $\mu_0 - \bar{x}$ 比较大就应该认为在假定 H_0 为真时出现了小概率事件，从而应该拒绝 H_0 ，于是取

$$P\{\mu_0 - \bar{X} \geqslant k \,|\, H_0 \text{为真时}\} = \alpha ,$$

其中 k 为适当大的正数. 由于方差未知，但我们容易想到用样本的修正方差代替，那么上式可改写为

$$P\left\{\frac{\bar{X} - \mu_0}{S / \sqrt{n}} \leqslant \frac{-k}{S / \sqrt{n}} \,\bigg|\, H_0 \text{为真}\right\} = \alpha .$$

在 H_0 为真时，不难有 $T = \dfrac{\bar{X} - \mu_0}{S / \sqrt{n}} \sim t(n-1)$ ，取 T 作为检验统计量，将上式改写为

$$P\left\{\frac{\bar{X} - \mu_0}{S / \sqrt{n}} \leqslant t_{1-\alpha}(n-1)\right\} = \alpha .$$

于是，得到检验的拒绝域为

$$S_0 = \left\{(x_1, x_2, \cdots, x_n) \,\bigg|\, \frac{\bar{x} - \mu_0}{S / \sqrt{n}} \leqslant t_{1-\alpha}(n-1)\right\} .$$

再讨论 $H_0 : \mu \geqslant \mu_0$ ；$H_1 : \mu < \mu_0$.

在 H_0 为真时，有

$$\frac{\bar{X} - \mu}{S / \sqrt{n}} \leqslant \frac{\bar{X} - \mu_0}{S / \sqrt{n}} ,$$

于是得

$$\frac{\bar{X} - \mu}{S / \sqrt{n}} \leqslant t_{1-\alpha}(n-1) \Leftarrow \frac{\bar{X} - \mu_0}{S / \sqrt{n}} \leqslant t_{1-\alpha}(n-1) ,$$

从而得到

$$\left\{\omega \,\bigg|\, \frac{\bar{X} - \mu}{S / \sqrt{n}} \leqslant t_{1-\alpha}(n-1)\right\} \supseteq \left\{\omega \,\bigg|\, \frac{\bar{X} - \mu_0}{S / \sqrt{n}} \leqslant t_{1-\alpha}(n-1)\right\} .$$

由于总体 $X \sim N(\mu,\sigma^2)$，所以 $\dfrac{\overline{X}-\mu}{S/\sqrt{n}} \sim t(n-1)$，故有

$$\alpha = P\left\{\frac{\overline{X}-\mu}{S/\sqrt{n}} \leqslant t_{1-\alpha}(n-1)\right\} \geqslant P\left\{\frac{\overline{X}-\mu_0}{S/\sqrt{n}} \leqslant t_{1-\alpha}(n-1)\right\},$$

也就是说，$\left\{\dfrac{\overline{X}-\mu_0}{S/\sqrt{n}} \leqslant t_{1-\alpha}(n-1)\right\}$ 是在 H_0 为真时的小概率事件，所以得到检验的拒绝域为

$$S_0 = \left\{(x_1,x_2,\cdots,x_n)\left|\frac{\overline{x}-\mu_0}{s/\sqrt{n}} \leqslant t_{1-\alpha}(n-1)\right.\right\}.$$

综上所述，先后讨论的两个假设检验问题有相同的拒绝域，于是得到假设检验问题（3）的检验法则：

若 $\dfrac{\overline{x}-\mu_0}{s/\sqrt{n}} \leqslant t_{1-\alpha}(n-1)$，则拒绝 H_0；若 $\dfrac{\overline{x}-\mu_0}{s/\sqrt{n}} > t_{1-\alpha}(n-1)$，则接受 H_0.

对于单个正态总体均值的假设检验，当 σ^2 未知时，不论是双侧检验还是单侧检验，都是用 $T \sim t(n-1)$ 进行检验. 这种用 t 变量作为检验统计量的假设检验方法，称为 **t 检验法**. 我们把单个正态总体均值的各类检验法则总结在表 8-1 中.

表 8-1

情形	H_0	H_1	σ^2 已知	σ^2 未知
			在显著性水平 α 的条件下拒绝 H_0，若	
1	$\mu = \mu_0$	$\mu \neq \mu_0$	$\dfrac{|\overline{x}-\mu_0|}{\sigma/\sqrt{n}} \geqslant u_{\alpha/2}$	$\dfrac{|\overline{x}-\mu_0|}{s/\sqrt{n}} \geqslant t_{\alpha/2}(n-1)$
2	$\mu = \mu_0$	$\mu > \mu_0$	$\dfrac{\overline{x}-\mu_0}{\sigma/\sqrt{n}} \geqslant u_{\alpha}$	$\dfrac{\overline{x}-\mu_0}{s/\sqrt{n}} \geqslant t_{\alpha}(n-1)$
3	$\mu \leqslant \mu_0$	$\mu > \mu_0$		
4	$\mu = \mu_0$	$\mu < \mu_0$	$\dfrac{\overline{x}-\mu_0}{\sigma/\sqrt{n}} \leqslant -u_{\alpha}$	$\dfrac{\overline{x}-\mu_0}{s/\sqrt{n}} \geqslant -t_{\alpha}(n-1)$
5	$\mu \geqslant \mu_0$	$\mu < \mu_0$		

例 8.5　要比较甲、乙两种橡胶轮胎的耐磨性能，现从甲、乙两种轮胎中各抽取 8 个，并各取一个组成一对. 再随机选取 8 架飞机，将 8 对轮胎随机配给 8 架飞机，做耐磨试验. 在进行了一定时间的起落后，测得轮胎磨损量（单位：mg）数据如表 8-2 所示.

表 8-2

x_i（甲）	4900	5220	5500	6020	6340	7660	8650	4870
y_i（乙）	4930	4900	5140	5700	6110	6880	7930	5010

试问这两种轮胎的耐磨性能有无显著性的差异？取 $\alpha = 0.05$，假定甲、乙两种轮胎的磨损量分别为 X, Y，又 $X \sim N(\mu_1, \sigma_1^2)$，$Y \sim N(\mu_2, \sigma_2^2)$ 且两样本相互独立.

解 我们将试验数据配对进行分析.

记 $\psi = X - Y$，则 $\psi \sim N(\mu_1 - \mu_2, \sigma_1^2 + \sigma_2^2) \overset{\Delta}{=} N(\mu, \sigma^2)$. $z_i = x_i - y_i$ $(i = 1, 2, \cdots, 8)$ 为 ψ 的一组样本观测值，即

$$-30, 320, 360, 320, 230, 780, 720, -140.$$

于是问题转化为，在显著性水平 $\alpha = 0.05$ 的条件下，检验假设

$$H_0: \mu = \mu_0 = 0; \quad H_1: \mu \neq \mu_0 = 0 \ (\sigma^2 \text{未知}).$$

通过计算，得

$$\bar{z} = 320, \quad s^2 = 102200, \quad \frac{\bar{z} - \mu_0}{s / \sqrt{n}} = \frac{320 - 0}{\sqrt{102200 / 8}} \approx 2.83.$$

查 t 分布双侧分位数表（附表 2），得

$$t_{\alpha/2}(n-1) = t_{0.025}(7) = 2.3648,$$

于是有

$$\left| \frac{\bar{z} - \mu_0}{s / \sqrt{n}} \right| = 2.83 > 2.3648 = t_{\alpha/2}(n-1).$$

根据 σ^2 为未知的双侧检验的法则（表 8-1），应该拒绝 H_0，即认为这两种轮胎的耐磨性能有显著差异，且从 $\bar{z} > 0$ 可知，甲种轮胎磨损得较厉害（即乙种轮胎较耐磨）.

8.2.3 均值 μ 为已知时方差 σ^2 的假设检验

当 μ 为已知时，在给定显著性水平 α 的条件下，关于正态总体方差 σ^2 的常见的假设检验问题也有三种检验（其中 σ_0^2 为已知常数）：

（1）双侧检验，即

$$H_0: \sigma^2 = \sigma_0^2; \quad H_1: \sigma^2 \neq \sigma_0^2.$$

（2）右侧检验，即

$$H_0: \sigma^2 = \sigma_0^2; \quad H_1: \sigma^2 > \sigma_0^2.$$

$$H_0: \sigma^2 \leq \sigma_0^2; \quad H_1: \sigma^2 > \sigma_0^2.$$

（3）左侧检验，即

$$H_0: \sigma^2 = \sigma_0^2; \quad H_1: \sigma^2 < \sigma_0^2.$$

$$H_0: \sigma^2 \geq \sigma_0^2; \quad H_1: \sigma^2 < \sigma_0^2.$$

下面我们来推导问题（1）的检验法则.

对于正态总体，当 μ 为已知时，$\frac{1}{n} \sum_{i=1}^{n} (X_i - \mu)^2$ 是 σ^2 的无偏估计量. 因此，当 $H_0: \sigma^2 = \sigma_0^2$ 为真时，比值 $\frac{1}{n} \sum_{i=1}^{n} (X_i - \mu)^2 / \sigma_0^2$ 应该接近 1，如果比值接近 0 或比值比 1 大得多，就应该认为在假定 H_0 为真的条件下出现了小概率事件，从而应该拒绝 H_0. 于是，

我们取

$$P\left\{\sum_{i=1}^{n}\frac{(X_i-\mu)^2}{n\sigma_0^2}\leqslant k_1\right\}+P\left\{\sum_{i=1}^{n}\frac{(X_i-\mu)^2}{n\sigma_0^2}\geqslant k_2\right\}=\alpha,$$

其中, k_1 为适当小的正数, k_2 为适当大的正数.

为简便, 我们取

$$P\left\{\sum_{i=1}^{n}\frac{(X_i-\mu)^2}{\sigma_0^2}\leqslant nk_1\right\}=P\left\{\sum_{i=1}^{n}\frac{(X_i-\mu)^2}{\sigma_0^2}\geqslant nk_2\right\}=\alpha/2.$$

当 H_0 为真时, 易知 $\sum_{i=1}^{n}(X_i-\mu)^2/\sigma_0^2\sim\chi^2(n)$, 于是由 χ^2 分布的分位数, 得到假设检验问题（1）的拒绝域为

$$S_0=\left\{\omega\left|\sum_{i=1}^{n}\frac{(x_i-\mu)^2}{\sigma_0^2}\geqslant\chi_{\alpha/2}^2(n)或\sum_{i=1}^{n}\frac{(x_i-\mu)^2}{\sigma_0^2}\leqslant\chi_{1-\alpha/2}^2(n)\right\},\right.$$

即假设检验问题（1）的检验法则:

若 $\sum_{i=1}^{n}\dfrac{(x_i-\mu)^2}{\sigma_0^2}\leqslant\chi_{1-\alpha/2}^2(n)$ 或 $\sum_{i=1}^{n}\dfrac{(x_i-\mu)^2}{\sigma_0^2}\geqslant\chi_{\alpha/2}^2(n)$, 则拒绝 H_0, 即认为方差 σ^2 与 H_0 给定的 σ_0^2 之间有显著差异;

若 $\chi_{1-\alpha/2}^2(n)<\sum_{i=1}^{n}\dfrac{(x_i-\mu)^2}{\sigma_0^2}<\chi_{\alpha/2}^2(n)$, 则接受 H_0, 即认为观测结果与假设 H_0 给定的 σ_0^2 无显著差异.

当 μ 为已知时, 方差 σ^2 的单侧检验法则的推导, 可参考下一小节 μ 为未知时方差 σ^2 的单侧检验的讨论. 其他问题的检验法则如表 8-2 所示.

8.2.4 均值 μ 为未知时方差 σ^2 的假设检验

当 μ 为未知时, 在给定的显著性水平 α 下, 关于正态总体方差 σ^2 的常见的假设检验问题, 与 μ 为已知时的情形一样, 仍然是三个问题. 下面我们来推导问题（2）的检验法则, 也就是在 μ 为未知时, 在显著性水平 α 的条件下, 检验假设

$$H_0:\sigma^2=\sigma_0^2; \quad H_1:\sigma^2>\sigma_0^2;$$
$$H_0:\sigma^2\leqslant\sigma_0^2; \quad H_1:\sigma^2>\sigma_0^2.$$

先讨论 $H_0:\sigma^2=\sigma_0^2$; $H_1:\sigma^2>\sigma_0^2$.

因为 μ 为未知, 所以不能再取 $\sum_{i=1}^{n}(X_i-\mu)^2/\sigma_0^2$ 作为检验统计量. 但由

$$S^2=\frac{1}{n-1}\sum_{i=1}^{n}(X_i-\bar{X})^2$$

是正态总体方差 σ^2 的无偏估计量, 于是在 H_0 为真时, 有

$$\sum_{i=1}^{n}\frac{(X_i-\bar{X})^2}{\sigma_0^2}=\frac{(n-1)S^2}{\sigma_0^2}\sim\chi^2(n-1).$$

此时，若 $\sum\limits_{i=1}^{n}(X_i-\bar{X})^2/\sigma_0^2$ 比较大，则应该认为在假设 H_0 为真时出现了小概率事件，从而应该拒绝 H_0，于是取

$$P\left\{\sum_{i=1}^{n}\frac{(X_i-\bar{X})^2}{\sigma_0^2}\geqslant\chi_\alpha^2(n-1)\right\}=\alpha,$$

即得所讨论的假设检验问题的拒绝域为

$$S_0=\left\{(x_1,x_2,\cdots,x_n)\,\bigg|\,\sum_{i=1}^{n}\frac{(x_i-\bar{x})^2}{\sigma_0^2}\geqslant\chi_\alpha^2(n-1)\right\}.$$

再讨论 $H_0:\sigma^2\leqslant\sigma_0^2$；$H_1:\sigma^2>\sigma_0^2$.

当 H_0 为真时，有 $\sigma^2\leqslant\sigma_0^2$，从而得

$$\sum_{i=1}^{n}\frac{(X_i-\bar{X})^2}{\sigma_0^2}\leqslant\sum_{i=1}^{n}\frac{(X_i-\bar{X})^2}{\sigma^2},$$

由此可得

$$\left\{\sum_{i=1}^{n}\frac{(X_i-\bar{X})^2}{\sigma_0^2}\geqslant\chi_\alpha^2(n-1)\right\}\subseteq\left\{\sum_{i=1}^{n}\frac{(X_i-\bar{X})^2}{\sigma^2}\geqslant\chi_\alpha^2(n-1)\right\}.$$

由于总体 $X\sim N(\mu,\sigma^2)$，所以得

$$\sum_{i=1}^{n}\frac{(X_i-\bar{X})^2}{\sigma^2}=\frac{(n-1)S^2}{\sigma^2}\sim\chi^2(n-1).$$

又由 χ^2 分布的分位数，得

$$P\left\{\sum_{i=1}^{n}\frac{(X_i-\bar{X})^2}{\sigma^2}\geqslant\chi_\alpha^2(n-1)\right\}=\alpha,$$

故当 H_0 为真时，有

$$P\left\{\sum_{i=1}^{n}\frac{(X_i-\bar{X})^2}{\sigma_0^2}\geqslant\chi_\alpha^2(n-1)\right\}\leqslant P\left\{\sum_{i=1}^{n}\frac{(X_i-\bar{X})^2}{\sigma^2}\geqslant\chi_\alpha^2(n-1)\right\}=\alpha.$$

所以检验的拒绝域可取

$$S_0=\left\{(x_1,x_2,\cdots,x_n)\,\bigg|\,\sum_{i=1}^{n}\frac{(x_i-\bar{x})^2}{\sigma_0^2}\geqslant\chi_\alpha^2(n-1)\right\}.$$

综上所述，先后讨论的两个假设检验问题有相同的拒绝域. 于是，得到 μ 为未知时方差 σ^2 的假设检验问题（2）的检验法则：

若 $\sum\limits_{i=1}^{n}\dfrac{(x_i-\bar{x})^2}{\sigma_0^2}\geqslant\chi_\alpha^2(n-1)$，则拒绝 H_0；若 $\sum\limits_{i=1}^{n}\dfrac{(x_i-\bar{x})^2}{\sigma_0^2}<\chi_\alpha^2(n-1)$，则接受 H_0.

我们把均值 μ 为已知和未知时，方差 σ^2 的检验法则总结在表 8-3 中. 可以看到，对于单个正态总体方差 σ^2 的假设检验，不论均值 μ 是已知还是未知，也不论是双侧检验还是单侧检验，都是用 χ^2 变量作为检验的统计量. 这种检验法称为 χ^2 **检验法**.

表 8-3

情形	H_0	H_1	μ 已知	μ 未知
			在显著性水平 α 的条件下拒绝 H_0，若	
1	$\sigma^2 = \sigma_0^2$	$\sigma^2 \neq \sigma_0^2$	$W_1 \geqslant \chi_{\alpha/2}^2(n)$ 或 $W_1 \leqslant \chi_{1-\alpha/2}^2(n)$	$W_1 \geqslant \chi_{\alpha/2}^2(n-1)$ 或 $W_1 \leqslant \chi_{1-\alpha/2}^2(n-1)$
2	$\sigma^2 = \sigma_0^2$	$\sigma^2 > \sigma_0^2$	$W_1 \geqslant \chi_\alpha^2(n)$	$W_2 \geqslant \chi_\alpha^2(n-1)$
3	$\sigma^2 \leqslant \sigma_0^2$	$\sigma^2 > \sigma_0^2$		
4	$\sigma^2 = \sigma_0^2$	$\sigma^2 < \sigma_0^2$	$W_1 \leqslant \chi_{1-\alpha}^2(n)$	$W_2 \geqslant \chi_{1-\alpha}^2(n-1)$
5	$\sigma^2 \geqslant \sigma_0^2$	$\sigma^2 < \sigma_0^2$		

注：其中 $W_1 \overset{\Delta}{=} \sum\limits_{i=1}^{n} \dfrac{(x_i - \mu)^2}{\sigma_0^2}$，$W_2 \overset{\Delta}{=} \sum\limits_{i=1}^{n} \dfrac{(x_i - \bar{X})^2}{\sigma_0^2}$．

例 8.6 某类钢板的质量指标服从正态分布，它的制造规格规定，钢板质量的方差不得超过 $\sigma_0^2 = 0.016 \text{kg}^2$．现由 25 块钢板组成一个随机样本，给出的修正样本方差为 0.025，由这些数据能否得出钢板不合规格的结论？（取 $\alpha = 0.01, 0.05$）

解 可把问题转化为：设 μ 未知，在显著性水平 α 的条件下，检验假设

$$H_0: \sigma^2 \leqslant \sigma_0^2 = 0.016 ; \quad H_1: \sigma^2 > \sigma_0^2 = 0.016 .$$

由题目给定的样本数据，算得

$$\frac{(n-1)s^2}{\sigma_0^2} = \frac{(25-1) \times 0.025}{0.016} = 37.5 .$$

当 $\alpha = 0.01$ 时，查 χ^2 分布上侧分位数表（附表 3），得

$$\chi_\alpha^2(n-1) = \chi_{0.01}^2(24) = 42.98 ,$$

于是，有

$$\frac{(n-1)s^2}{\sigma_0^2} = \sum_{i=1}^{25} \frac{(x_i - \bar{x})^2}{\sigma_0^2} = 37.5 < 42.98 = \chi_\alpha^2(n-1) .$$

根据表 8-2 的检验法则，得应接受 H_0，即认为钢板的方差合格．

当 $\alpha = 0.05$ 时，查 χ^2 分布上侧分位数表（附表 3），得

$$\chi_\alpha^2(n-1) = \chi_{0.05}^2(24) = 36.42 ,$$

于是，有

$$\frac{(n-1)s^2}{\sigma_0^2} = \sum_{i=1}^{25} \frac{(x_i - \bar{x})^2}{\sigma_0^2} = 37.5 > 36.4 = \chi_\alpha^2(n-1) .$$

根据表 8-3 的检验法则，应该拒绝 H_0，即认为钢板的方差不合格．

综上可知，对原假设 H_0 所做的判断，与所取的显著性水平 α 的大小有关，α 越小，越不容易拒绝 H_0．

最后，我们指出，正态总体参数的区间估计与其参数的假设检验是一一对应的，置信度为 $1-\alpha$ 的置信区间对应一个显著性水平为 α 的检验法则. 以正态总体的参数 μ 为例，如果已知一个置信度为 $1-\alpha$ 的置信区间 (t_1,t_2)，则当 $\mu_0 \in (t_1,t_2)$ 时，接受假设 $H_0 : \mu = \mu_0$；当 $\mu_0 \notin (t_1,t_2)$ 时，拒绝假设 $H_0 : \mu = \mu_0$.

8.3 两个正态总体的均值差与方差的检验

▌ 内容概要 ▐

1. 两个正态总体的均值差的检验法则

情形	H_0	H_1	μ 已知	μ 未知
			在显著性水平 α 的条件下拒绝 H_0，若	
1	$\mu_1 - \mu_2 = \delta$	$\mu_1 - \mu_2 \neq \delta$	$|W_1| \geq u_{1-\alpha/2}$	$|W_2| \geq t_{1-\alpha/2}(m)$
2	$\mu_1 - \mu_2 = \delta$	$\mu_1 - \mu_2 > \delta$	$W_1 \geq u_{1-\alpha}$	$W_2 \geq u_{1-\alpha}(m)$
3	$\mu_1 - \mu_2 \leq \delta$	$\mu_1 - \mu_2 > \delta$		
4	$\mu_1 - \mu_2 = \delta$	$\mu_1 - \mu_2 < \delta$	$W_1 \leq -u_{1-\alpha}$	$W_2 \leq -t_{1-\alpha}(m)$
5	$\mu_1 - \mu_2 \geq \delta$	$\mu_1 - \mu_2 < \delta$		

2. 两个正态总体的方差的检验法则

情形	H_0	H_1	μ_1, μ_2 已知	μ_1, μ_2 未知
			在显著性水平 α 的条件下拒绝 H_0，若	
1	$\sigma_1^2 = \sigma_2^2$	$\sigma_1^2 \neq \sigma_2^2$	$W_1 \geq F_{\alpha/2}(n_1,n_2)$ 或 $W_1 \leq F_{1-\alpha/2}(n_1,n_2)$	$W_2 \geq F_{\alpha/2}(n_1-1,n_2-1)$ 或 $W_2 \leq F_{1-\alpha/2}(n_1-1,n_2-1)$
2	$\sigma_1^2 = \sigma_2^2$	$\sigma_1^2 > \sigma_2^2$	$W_1 \geq F_{\alpha}(n_1,n_2)$	$W_2 \geq F_{\alpha}(n_1-1,n_2-1)$
3	$\sigma_1^2 \leq \sigma_2^2$	$\sigma_1^2 > \sigma_2^2$		
4	$\sigma_1^2 = \sigma_2^2$	$\sigma_1^2 < \sigma_2^2$	$W_1 \leq F_{1-\alpha}(n_1,n_2)$	$W_2 \leq F_{1-\alpha}(n_1-1,n_2-1)$
5	$\sigma_1^2 \geq \sigma_2^2$	$\sigma_1^2 < \sigma_2^2$		

注 没有特别声明时，本节总假定所讨论的总体 $X \sim N(\mu_1,\sigma_1^2)$，$(X_1,X_2,\cdots,X_{n_1})$ 为 X 的一个样本，$(x_1,x_2,\cdots,x_{n_1})$ 为其样本观测值；$Y \sim N(\mu_2,\sigma_2^2)$，$(Y_1,Y_2,\cdots,Y_{n_2})$ 为 Y 的一个样本，$(y_1,y_2,\cdots,y_{n_2})$ 为其样本观测值. 还假定这两个样本独立. 其他记号 $\overline{X},\overline{Y},\overline{x},\overline{y},S_1^2,S_2^2,S_1^{*2},S_2^{*2}$ 用到时也不再说明.

8.3.1 方差已知时均值差 $\mu_1 - \mu_2$ 的假设检验

当 σ_1^2,σ_2^2 为已知时，在给定显著性水平 α 的条件下，关于两个正态总体 X,Y 的均值差 $\mu_1 - \mu_2$ 的常见的假设检验问题有三种检验.

（1）双侧检验，即
$$H_0 : \mu_1 - \mu_2 = \delta \;;\;\; H_1 : \mu_1 - \mu_2 \neq \delta .$$

（2）右侧检验，即
$$H_0 : \mu_1 - \mu_2 = \delta \;;\;\; H_1 : \mu_1 - \mu_2 > \delta .$$
$$H_0 : \mu_1 - \mu_2 \leq \delta \;;\;\; H_1 : \mu_1 - \mu_2 > \delta .$$

（3）左侧检验，即
$$H_0 : \mu_1 - \mu_2 = \delta \;;\;\; H_1 : \mu_1 - \mu_2 < \delta ,$$
$$H_0 : \mu_1 - \mu_2 \geq \delta \;;\;\; H_1 : \mu_1 - \mu_2 < \delta .$$

其中 δ 可以是任意的已知常数，但应用上最常遇见的是 $\delta = 0$.

这些假设检验问题的检验法则如表 8-4 所示，其中，
$$W_1 \overset{\Delta}{=} \frac{(\bar{x} - \bar{y}) - \delta}{\sqrt{\sigma_1^2 / n_1 + \sigma_2^2 / n_2}} , \quad W_2 \overset{\Delta}{=} \frac{(\bar{x} - \bar{y}) - \delta}{s_\omega \sqrt{1/n_1 + 1/n_2}} ,$$
$$m \overset{\Delta}{=} n_1 + n_2 - 2 , \quad s_\omega = \sqrt{\frac{(n_1 - 1)s_1^2 + (n_2 - 1)s_2^2}{n_1 + n_2 - 2}} .$$

表 8-4　两正态总体均值差的检验法则

序号	H_0	H_1	μ 已知	μ 未知
			在显著性水平 α 的条件下拒绝 H_0，若	
1	$\mu_1 - \mu_2 = \delta$	$\mu_1 - \mu_2 \neq \delta$	$\lvert W_1 \rvert \geq u_{1-\alpha/2}$	$\lvert W_2 \rvert \geq t_{1-\alpha/2}(m)$
2	$\mu_1 - \mu_2 = \delta$	$\mu_1 - \mu_2 > \delta$	$W_1 \geq u_{1-\alpha}$	$W_2 \geq u_{1-\alpha}(m)$
3	$\mu_1 - \mu_2 \leq \delta$	$\mu_1 - \mu_2 > \delta$		
4	$\mu_1 - \mu_2 = \delta$	$\mu_1 - \mu_2 < \delta$	$W_1 \leq -u_{1-\alpha}$	$W_2 \leq -t_{1-\alpha}(m)$
5	$\mu_1 - \mu_2 \geq \delta$	$\mu_1 - \mu_2 < \delta$		

下面我们来推导问题（2）的检验法则.

先讨论 $H_0 : \mu_1 - \mu_2 = \delta$；$H_1 : \mu_1 - \mu_2 > \delta$.

当 H_0 为真时，$(\bar{X} - \bar{Y}) - \delta$ 比较大时可以认为是出现了小概率事件，从而应该拒绝 H_0，于是
$$P\{(\bar{X} - \bar{Y}) - \delta \geq k \,|\, H_0 为真\} = \alpha ,$$
其中 k 为适当大的正数. 上式可变形为
$$P\left\{ \frac{(\bar{X} - \bar{Y}) - \delta}{\sqrt{\sigma_1^2 / n_1 + \sigma_2^2 / n_2}} \geq \frac{k}{\sqrt{\sigma_1^2 / n_1 + \sigma_2^2 / n_2}} \,\middle|\, H_0 为真 \right\} = \alpha .$$

由第 7 章的理论知，当 H_0 为真时，显然有
$$U = \frac{(\bar{X} - \bar{Y}) - \delta}{\sqrt{\sigma_1^2 / n_1 + \sigma_2^2 / n_2}} \sim N(0,1) .$$

于是，由 $N(0,1)$ 的分位数，可得当 H_0 为真时，有
$$P\left\{ \frac{(\bar{X} - \bar{Y}) - \delta}{\sqrt{\sigma_1^2 / n_1 + \sigma_2^2 / n_2}} \geq u_\alpha \right\} = \alpha .$$

再讨论 $H_0: \mu_1 - \mu_2 \leqslant \delta$；$H_1: \mu_1 - \mu_2 > \delta$.

当 H_0 为真时，有

$$\frac{(\bar{X} - \bar{Y}) - \delta}{\sqrt{\sigma_1^2 / n_1 + \sigma_2^2 / n_2}} \leqslant \frac{(\bar{X} - \bar{Y}) - (\mu_1 - \mu_2)}{\sqrt{\sigma_1^2 / n_1 + \sigma_2^2 / n_2}},$$

由此可得

$$\left\{ \frac{(\bar{X} - \bar{Y}) - \delta}{\sqrt{\sigma_1^2 / n_1 + \sigma_2^2 / n_2}} \geqslant u_\alpha \right\} \subseteq \left\{ \frac{(\bar{X} - \bar{Y}) - (\mu_1 - \mu_2)}{\sqrt{\sigma_1^2 / n_1 + \sigma_2^2 / n_2}} \geqslant u_\alpha \right\}.$$

于是，由 $N(0,1)$ 的分位数，可得当 H_0 为真时，有

$$P\left\{ \frac{(\bar{X} - \bar{Y}) - \delta}{\sqrt{\sigma_1^2 / n_1 + \sigma_2^2 / n_2}} \geqslant u_\alpha \right\} \leqslant P\left\{ \frac{(\bar{X} - \bar{Y}) - (\mu_1 - \mu_2)}{\sqrt{\sigma_1^2 / n_1 + \sigma_2^2 / n_2}} \geqslant u_\alpha \right\} = \alpha.$$

综上所述，先后讨论的两个假设检验问题有相同的拒绝域

$$S_0 = \left\{ (x_1, x_2, \cdots, x_n) \left| \frac{(\bar{x} - \bar{y}) - \delta}{\sqrt{\sigma_1^2 / n_1 + \sigma_2^2 / n_2}} \geqslant u_\alpha \right. \right\}.$$

于是，得到假设检验问题（2）的检验法则：

若 $\dfrac{(\bar{x} - \bar{y}) - \delta}{\sqrt{\sigma_1^2 / n_1 + \sigma_2^2 / n_2}} \geqslant u_\alpha$，则拒绝 H_0；若 $\dfrac{(\bar{x} - \bar{y}) - \delta}{\sqrt{\sigma_1^2 / n_1 + \sigma_2^2 / n_2}} < u_\alpha$，则接受 H_0.

σ_1^2, σ_2^2 已知时的假设检验问题（1）与（3），使用统计量仍是

$$\frac{(\bar{X} - \bar{Y}) - (\mu_1 - \mu_2)}{\sqrt{\sigma_1^2 / n_1 + \sigma_2^2 / n_2}} = U \sim N(0,1).$$

因此，σ_1^2, σ_2^2 为已知时均值差 $\mu_1 - \mu_2$ 的检验法都是 U 检验法.

8.3.2　方差未知但相等时 $\mu_1 - \mu_2$ 的假设检验

当 σ_1^2, σ_2^2 未知，但 $\sigma_1^2 = \sigma_2^2$ 时，均值差 $\mu_1 - \mu_2$ 的常见的假设检验问题，与 σ_1^2, σ_2^2 已知时的情形一样，仍然是三个问题，此时，根据第 7 章的理论，有

$$T = \frac{(\bar{X} - \bar{Y}) - (\mu_1 - \mu_2)}{S_\omega \sqrt{1/n_1 + 1/n_2}} \sim t(n_1 + n_2 - 2),$$

其中

$$S_\omega = \sqrt{\frac{(n_1 - 1)S_1^2 + (n_2 - 1)S_2^2}{n_1 + n_2 - 2}}.$$

只要用 T 作为检验统计量，其他作法与 σ_1^2, σ_2^2 为已知时完全类似，在此不再重复. 各种情况下得到的检验法则如表 8-4 所示.

在 σ_1^2, σ_2^2 未知但 $\sigma_1^2 = \sigma_2^2$ 的情形下，关于均值差 $\mu_1 - \mu_2$ 的各种检验问题，都是用 T 检验法.

例 8.7 在例 8.5 中，对甲、乙两种橡胶轮胎的耐磨性能进行的试验中，用试验数据配对分析法，在显著性水平 $\alpha = 0.05$ 的条件下，可得出甲、乙两种轮胎的耐磨性能有显著差异. 下面用试验数据不配对的分析方法再来讨论这个问题.

解 甲、乙两种轮胎的磨损量分别记为 $X \sim N(\mu_1, \sigma_1^2)$，$Y \sim N(\mu_2, \sigma_2^2)$. 用试验数据不配对的方法进行分析，即是两个正态总体均值差的假设检验问题.

注 对这类没有给出方差（方差未知）的两个正态总体均值差的检验问题，首先必须检验它们的方差是否相等（方差齐性），即 $\sigma_1^2 = \sigma_2^2$. 这一问题可用后续的内容进行检验.

于是，我们的问题就转化为，σ_1^2, σ_2^2 为未知但 $\sigma_1^2 = \sigma_2^2$，在显著性水平 $\alpha = 0.05$ 的条件下，检验假设

$$H_0 : \mu_1 - \mu_2 = 0 ；\quad H_1 : \mu_1 - \mu_2 \neq 0 .$$

根据例 8.5 的数据，易算得

$$\overline{x} = 6145, \quad S_1^2 = 1867314, \quad y = 5852, \quad S_2^2 = 1204429,$$

$$\frac{\left| (\overline{x} - \overline{y}) - \delta \right|}{s_\omega \sqrt{1/n_1 + 1/n_2}} = \frac{\left| \overline{x} - \overline{y} \right|}{\sqrt{s_1^2/n + s_2^2/n}} = \frac{320}{619.65} \approx 0.516$$

查 t 分布双侧分位数表（附表 2），得

$$t_{\alpha/2}(n_1 + n_2 - 2) = t_{0.025}(14) = 2.1448 .$$

由于 $0.516 < 2.1448$，所以我们应该接受 H_0，即认为甲、乙两种轮胎的耐磨性能的差异不显著.

这表明，这个问题在同一个显著性水平 $\alpha = 0.05$ 的条件下，用试验数据配对分析与不配对分析两种方法，所得的结论不一致. 究竟哪个结论是正确的呢？对这个问题，试验数据配对分析法所得结论是正确的. 这是因为处于同一架飞机上的甲、乙两轮胎，可认为耐磨试验条件是完全相同的，所以只要甲、乙两种轮胎的耐磨性能有显著差异，这种差异就会通过从同一架飞机得到的甲、乙两轮胎的磨损数据之差 $x_i - y_i(i = 1, 2, \cdots, 8)$ 反映出来. 可见，数据配对分析突出了甲、乙两种轮胎的耐磨性能的差异，排除了其他各种因素对数据分析的干扰. 一般地，为考察甲、乙两种产品的质量指标的差异，而又不易保证所有试验条件一致，把试验条件相同的甲、乙两种产品的试验数据进行配对分析，以比较两总体的均值是否有显著差异是合适的. 如果不是这样，而是随意把试验数据进行配对分析，则配对方式不同，得出的结论也可能不同.

例 8.8 在平炉上进行一项试验，以确定改变操作方法的建议是否会增加钢的得率（实际所得量/理论所得量）. 试验是在同一台平炉上做的，每炼一炉钢，除操作方法外，其他条件都尽可能做到相同. 先用标准方法炼一炉，然后用建议的方法炼一炉，以后交替进行各炼了 10 炉，其得率如下.

标准法：78.1, 72.4, 76.2, 74.3, 77.4, 78.4, 76.0, 75.5, 76.7, 77.3.

新方法：79.1, 81.0, 77.3, 79.1, 80.0, 79.1, 79.1, 77.3, 80.2, 82.1.

设这两个样本相互独立，并且都来自正态总体．问：建议的新操作方法能否提高得率？（取 $\alpha=0.005$）．

解 对这个问题，我们先检验两个正态总体的方差齐性：

$$\sigma_1^2 = \sigma_2^2.$$

下面要检验的假设：σ_1^2, σ_2^2 未知，但 $\sigma_1^2 = \sigma_2^2$，在显著性水平为 0.005 条件下，检验

$$H_0 : \mu_1 - \mu_2 = 0 \, ; \quad H_1 : \mu_1 - \mu_2 < 0 \, .$$

先求出各方法的样本均值及（修正）样本方差：

$$n_1 = 10 \, , \quad \bar{x} = 76.23 \, , \quad s_1^2 = 3.325 \, ,$$

$$n_2 = 10 \, , \quad \bar{y} = 79.43 \, , \quad s_2^2 = 2.225 \, .$$

因为 $n_1 = n_2 = n$，于是，有

$$\frac{\bar{x} - \bar{y}}{\sqrt{s_1^2 / n + s_2^2 / n}} = \frac{76.23 - 79.43}{\sqrt{0.3325 + 0.2225}} \approx -4.295 \, .$$

查 t 分布双侧分位数表（附表 2），得

$$-t_\alpha(n_1 + n_2 - 2) = -t_\alpha(18) = -2.8784 \, .$$

由于 $-4.295 < -2.8784$，所以应该拒绝 H_0，即认为建议的新操作方法能够提高得率．

一般地，两个总体均值差异的显著性检验，其实际意义是一种选优的统计方法．

8.3.3 μ_1, μ_2 为未知时方差的假设检验

当 μ_1, μ_2 为未知时，在显著性水平 α 的条件下，关于两个正态总体 X, Y 的方差 σ_1^2, σ_2^2 常见的假设检验问题有三种．

（1）双侧检验，即

$$H_0 : \sigma_1^2 = \sigma_2^2 \, ; \quad H_1 : \sigma_1^2 \neq \sigma_2^2 \, .$$

（2）右侧检验，即

$$H_0 : \sigma_1^2 = \sigma_2^2 \, ; \quad H_1 : \sigma_1^2 > \sigma_2^2 \, .$$

$$H_0 : \sigma_1^2 \leqslant \sigma_2^2 \, ; \quad H_1 : \sigma_1^2 > \sigma_2^2 \, .$$

（3）左侧检验，即

$$H_0 : \sigma_1^2 = \sigma_2^2 \, ; \quad H_1 : \sigma_1^2 < \sigma_2^2 \, .$$

$$H_0 : \sigma_1^2 \geqslant \sigma_2^2 \, ; \quad H_1 : \sigma_1^2 < \sigma_2^2 \, .$$

相关检验法则读者可自己推导，结果如表 8-5 所示．

8.3.4 μ_1, μ_2 为已知时方差的假设检验

此时，所采用的检验统计量为

$$F = \frac{1}{n_1 \sigma_1^2} \sum_{i=1}^{n_1} (X_i - \mu_1)^2 \bigg/ \frac{1}{n_2 \sigma_2^2} \sum_{i=1}^{n} (Y_i - \mu_2)^2 \sim F(n_1, n_2).$$

检验的其余步骤、方法与 μ_1, μ_2 为未知的情形完全类似. 在此不再重复. 在应用上, μ_1, μ_2 为已知的情形比较少见. 我们把 μ_1, μ_2 为已知和未知的这些假设检验问题的检验法则总结在表 8-5 中.

表 8-5

情形	H_0	H_1	μ_1, μ_2 为已知	μ_1, μ_2 为未知
			在显著性水平 α 的条件下拒绝 H_0, 若	
1	$\sigma_1^2 = \sigma_2^2$	$\sigma_1^2 \neq \sigma_2^2$	$W_1 \geqslant F_{\alpha/2}(n_1, n_2)$ 或 $W_1 \leqslant F_{1-\alpha/2}(n_1, n_2)$	$W_2 \geqslant F_{\alpha/2}(n_1-1, n_2-1)$ 或 $W_2 \leqslant F_{1-\alpha/2}(n_1-1, n_2-1)$
2	$\sigma_1^2 = \sigma_2^2$	$\sigma_1^2 > \sigma_2^2$	$W_1 \geqslant F_{\alpha}(n_1, n_2)$	$W_2 \geqslant F_{\alpha}(n_1-1, n_2-1)$
3	$\sigma_1^2 \leqslant \sigma_2^2$	$\sigma_1^2 > \sigma_2^2$		
4	$\sigma_1^2 = \sigma_2^2$	$\sigma_1^2 < \sigma_2^2$	$W_1 \leqslant F_{1-\alpha}(n_1, n_2)$	$W_2 \leqslant F_{1-\alpha}(n_1-1, n_2-1)$
5	$\sigma_1^2 \geqslant \sigma_2^2$	$\sigma_1^2 < \sigma_2^2$		

其中, $W_1 \overset{\Delta}{=} \dfrac{1}{n_1} \sum_{i=1}^{n_1} (x_i - \mu_1)^2 \bigg/ \dfrac{1}{n_2} \sum_{i=1}^{n} (y_i - \mu_2)^2$, $W_2 \overset{\Delta}{=} s_1^2 / s_2^2$.

对于两个正态总体的方差的假设检验, 不论 μ_1, μ_2 是已知还是未知, 检验统计量都是 F 变量. 因此, 这种检验法称为 **F 检验法**.

例 8.9 冶炼某种金属有甲、乙两种方法, 为了检验用这两种方法生产的产品中所含杂质的波动性是否有明显差异, 现从这两种方法生产的产品中各抽取一个样本, 得到的数据 (含杂质的百分数) 如下.

甲: 26.9, 22.8, 25.7, 23.0, 22.3, 24.2, 26.1, 26.4, 27.2, 30.2, 24.5, 29.5, 25.1.

乙: 22.6, 22.5, 20.6, 23.5, 24.3, 21.9, 20.6, 23.2, 23.4.

由经验知道, 产品的杂质含量服从正态分布, 取 $\alpha = 0.05$.

解 设甲、乙两种冶炼方法所生产的产品的杂质含量分别为 X, Y, 假定 $X \sim N(\mu_1, \sigma_1^2)$, $Y \sim N(\mu_2, \sigma_2^2)$, 则检验杂质含量的波动性的大小, 也就是比较总体方差的大小, 故问题化为: μ_1, μ_2 为未知, 在显著性水平 $\alpha = 0.05$ 的条件下, 检验假设

$$H_0: \sigma_1^2 = \sigma_2^2; \quad H_1: \sigma_1^2 \neq \sigma_2^2.$$

先求出两种方法的样本均值及修正样本方差:

$$n_1 = 13, \quad \bar{x} = 25.68, \quad s_1^2 = 5.862.$$

$$n_2 = 9, \quad \bar{y} = 22.51, \quad s_2^2 = 1.641.$$

于是, 得

$$\frac{s_1^2}{s_2^2} = \frac{5.862}{1.641} \approx 3.572 > 1.$$

查 F 分布上侧分位数表（附表 4），得

$$F_{\alpha/2}(n_1-1,\ n_2-1) = F_{0.025}(12,8) = \frac{1}{F_{0.975}(8,12)} \approx \frac{1}{0.238} \approx 4.20.$$

因为 $s_1^2/s_2^2 \approx 3.572 < 4.20 = F_{\alpha/2}(n_1-1,\ n_2-1)$，根据表 8-5，应接受 H_0，即认为用甲、乙两种冶炼方法所生产的产品的杂质含量的波动性无明显差异.

但是，若我们考虑进行单侧检验（仍取 $\alpha = 0.05$），即

$$H_0: \sigma_1^2 = \sigma_2^2;\quad H_1: \sigma_1^2 > \sigma_2^2.$$

我们感兴趣的仅是 s_1^2/s_2^2 是否偏大. 此时，由 F 分布上侧分位数表（附表 4），查得

$$F_{\alpha}(n_1-1,\ n_2-1) = F_{0.05}(12,8) = 2.85.$$

所以

$$s_1^2/s_2^2 = 3.572 > 2.85 = F_{\alpha}(n_1-1,\ n_2-1),$$

根据表 8-5 的情形 2 可知，应该拒绝 H_0，接受 H_1，即认为利用甲种方法生产的产品的杂质含量的波动性比较大.

至此，正态总体参数的假设检验已经讨论完毕. 为了便于记忆，我们概括一下检验问题与所用的检验方法的关系.

（1）总体均值的检验 $\begin{cases} U\text{检验法（方差为已知），} \\ T\text{检验法（方差为未知）；} \end{cases}$

（2）总体方差的检验 $\begin{cases} \chi^2\text{检验法（对单个总体），} \\ F\text{检验法（对两个总体）.} \end{cases}$

8.4 检验的 p 值

▍ 内容概要 ▍

1. 检验的 p 值

在一个假设检验问题中，利用观测值能够做出拒绝原假设的最小显著性水平称为观测值关于原假设的 p 值，简称为检验的 p 值.

2. p 值检验的结论

（1）如果 $\alpha \geqslant p$，则在显著性水平 α 的条件下拒绝 H_0；

（2）如果 $\alpha < p$，则在显著性水平 α 的条件下接受 H_0.

p 值是假设检验的另一种方法，该方法目前在实际中应用较多，许多统计软件中对

于检验问题都会给出 p 值. 下面我们通过一个例子来引入 p 值.

例 8.10   某环保部门规定,废水处理后水中有毒物质的平均浓度不得超过 9ml/L,现从某废水处理厂随机抽取 100L 处理后的水,测得 $\bar{x}=9.5$ml/L. 假定废水处理后有毒物质含量服从正态分布 $N(\mu, 2.5)$,试判断该厂处理后的水是否合格?

解   这是一个单侧假设检验问题,提出假设
$$H_0: \mu \leqslant 9; \quad H_1: \mu > 9.$$
由于总体的标准差已知,所以采用 u 检验,由数据,得
$$u = \frac{\bar{x} - \mu_0}{\sigma / \sqrt{n}} = \frac{9.5 - 9}{2.5 / \sqrt{100}} = 2.$$
对于一些显著性水平,表 8-6 列出了相应的拒绝域和检验结论.

表 8-6

显著性水平	拒绝域	$u = 2$ 对应的检验结论
$\alpha = 0.05$	$u \geqslant 1.645$	拒绝 H_0
$\alpha = 0.025$	$u \geqslant 1.96$	拒绝 H_0
$\alpha = 0.01$	$u \geqslant 2.33$	不拒绝 H_0
$\alpha = 0.005$	$u \geqslant 2.58$	不拒绝 H_0

我们看到,不同的 α 对应不同的结论.

现在换一个角度来分析,当 $\mu = 9$ 时,u 的分布是 $N(0,1)$,此时可以算得 $P\{u \geqslant 2\} = 0.0228$. 若以 0.0228 为基准来看上述检验问题,可得

● 当 $\alpha < 0.0228$ 时,$u_\alpha > 2$,于是 2 不在 $\{u \geqslant u_\alpha\}$ 中,此时不能拒绝 H_0.

● 当 $\alpha \geqslant 0.0228$ 时,$u_\alpha \leqslant 2$,于是 2 就落在 $\{u \geqslant u_\alpha\}$ 中,此时应拒绝 H_0.

由此可以看出,0.228 是能用观测值 2 做出"拒绝 H_0"的最小显著性水平,这便是 p 值.

定义 8.1   在一个假设检验问题中,利用观测值能够做出拒绝原假设的最小显著性水平称为观测值关于原假设的 p 值,简称为**检验的 p 值**.

p 值的引进比较客观,研究人员容易将其与自己心目中的显著性水平进行比较,进而做出检验的结论. 下面我们再看一道例题,以体会 p 值方法的便利.

例 8.11   设 $x_1, x_2, \cdots, x_n$ 是来自 $b(1,\theta)$ 的容量为 n 的一个样本,要检验如下假设:
$$H_0: \theta \leqslant \theta_0; \quad H_1: \theta > \theta_0.$$
解   若取检验的显著性水平为 α,则我们可以给出检验的拒绝域形式为
$W = \left\{ \sum x_i \geqslant c \right\}$,这里我们很难对一般的 n 和 α 确定出 c 的表达式,只能说 c 是满足

$P_{\theta_0}\left\{\sum x_i \geq c\right\} \leq \alpha$ 的最小正整数. 事实上，我们并不需要确定出 c，在得到观测值 $\sum x_i = t_0$ 后，我们只需要计算如下的概率即可：

$$p = P_{\theta_0}\left\{\sum x_i \geq t_0\right\},$$

这就是检验的 p 值. 例如，当 $n = 40$，$\theta_0 = 0.1$，$t_0 = 8$ 时，

$$p = 1 - 0.9^{40} - C_{40}^1 \times 0.1 \times 0.9^{39} - \cdots - C_{40}^7 \times 0.1^7 \times 0.9^{33} \approx 0.0419.$$

于是，若取 $\alpha = 0.05$，由于 $p < \alpha$，所以我们做出拒绝原假设的决定.

关于 p 值检验一般有如下检验法则：

（1）如果 $\alpha \geq p$，则在显著性水平 α 的条件下拒绝 H_0；

（2）如果 $\alpha < p$，则在显著性水平 α 的条件下接受 H_0.

通过观测值关于原假设的 p 值小于等于 α 的方法来拒绝原假设与用观测值落入显著性水平为 α 的拒绝域的方法是等效的. 但 p 值的方法比用观测值的拒绝域的方法有更大的灵活性，它能告诉人们更多的信息. 例如，对于某部门主管，在统计人员做出的市场前景分析的统计报表中，他看到了某个原假设在 0.05 的显著性水平下被拒绝. 于是，他想进一步知道，如果将显著性水平降低一些，是否还能拒绝原假设，最低能降低到多少. 拒绝域的方法就不能提供这些信息，而 p 值的方法能显示这些信息. 事实上，观测值的 p 值是显著性水平能够降低到的最低值.

国外的概率统计教材中在讲授假设检验理论时以 p 值方法为主，而以拒绝域方法为辅，因为在各领域的实践中，人们不仅想知道原假设是否被拒绝，还想知道观测值关于原假设的 p 值.

8.5 分布拟合检验

内容概要

1. 拟合检验

假设检验问题：

$$H_0 : F(x) = F_0(x) ; \quad H_1 : F(x) \neq F_0(x) .$$

对 H_0 做显著性检验，通常称之为分布函数的拟合检验.

2. 皮尔逊 χ^2 检验

不论 $F_0(x)$ 是什么分布，当 H_0 正确时，则由

$$Y \overset{\Delta}{=} \sum_{i=1}^{m} \frac{(v_i - np_i)^2}{np_i} = \sum_{i=1}^{n} \frac{v_i^2}{np_i} - n$$

建立的统计量 Y 以自由度 $m-1$ 的 χ^2 分布为极限分布，其中 $F_0(x)$ 不带有未知参数.

8.5.1 拟合检验

现在，我们来讨论非参数的假设检验，这有两方面的问题：一是总体 X 的分布函数 $F(x)$ 的拟合检验，二是随机变量之间的独立性与相关性的检验. 本节仅介绍分布函数的拟合检验.

考虑如下假设检验问题

$$H_0 : F(x) = F_0(x) ; \quad H_1 : F(x) \neq F_0(x) .$$

对 H_0 做显著性检验，通常称之为分布函数的拟合检验. 在此，$F_0(x)$ 为需要检验的某个已知的分布函数，$F_0(x;\theta)$ 中也可以含有未知参数 θ . 假定 Y 服从泊松分布 $P(x,\lambda)$ ，那么 $F_0(x)$ 就是泊松分布函数，λ 为参数. 关于总体的分布函数，怎样才能得到较为准确的假设，即 $F_0(x)$ 的函数表达式怎样才是较为准确的，这可以从由样本 $X_1, X_2, \cdots, X_n$ 构造的经验分布函数 $F_n(x)$ 中得到启发，也可以从常用的概率分布的物理模型中得到启发.

对 H_0 做显著性检验，按不同的具体问题，可建立不同的检验统计量. 在这里，我们将介绍皮尔逊定理，它是利用样本建立的一种统计量，这个统计量的渐近分布为 χ^2 分布，该统计量的极限分布是确定的并可计算的，因而用这种统计量做显著性检验的检验统计量时，需要样本的容量 n 比较大，即适用于所谓的大样问题. 一般情况下，我们可以认为当 $n > 30$ 时即为样本容量较大.

例 8.12 某工厂生产一种 220V 25W 的白炽灯泡，其光通量（单位：lm）用 X 表示，X 为一随机变量，假设 X 服从正态分布 $N(\mu,\sigma^2)$ ，试问这个假设是否正确？

现在从总体 X 中抽取一个容量为 $n=120$ 的样本（对于有限总体，即个体是有限的情形，一定要用有放回的抽取方式，随机地独立地抽取样本），然后进行观察得到光通量 X 的 120 个观察值，亦即随机地抽取 120 个灯泡测得其光通量的数据如下：

216,	203,	197,	208,	206,	209,	206,	208,	202,	203,
206,	213,	218,	207,	208,	202,	194,	203,	213,	211,
193,	213,	208,	208,	204,	206,	204,	206,	208,	209,
213,	203,	206,	207,	196,	201,	208,	207,	213,	208,
210,	208,	211,	211,	214,	220,	211,	203,	216,	224,
211,	209,	218,	214,	219,	211,	208,	221,	211,	218,
218,	190,	219,	211,	208,	199,	214,	207,	207,	214,
206,	217,	214,	201,	212,	213,	211,	212,	216,	206,
210,	216,	204,	221,	208,	209,	214,	214,	199,	204,
211,	201,	216,	211,	209,	208,	209,	202,	211,	207,
202,	205,	206,	216,	206,	213,	206,	207,	200,	198,
200,	202,	203,	208,	216,	206,	222,	213,	209,	219,

考察如下假设检验问题：

$$H_0 : F(x) = F_0(x) ; \quad H_1 : F(x) \neq F_0(x) .$$

其中 $F_0(x)$ 为正态分布 $N(\mu,\sigma^2)$ 的分布函数.

分析 先作直方图：

把样本$(X_1, X_2, \cdots, X_n)$的观察值$(x_1, x_2, \cdots, x_n)$分成m个小组, 分组的办法: 将包含$x_1, x_2, \cdots, x_n$在内的某个适当的区间(y_0, y_m)分为互不相交的m个子区间, $\delta_i = (y_{i-1}, y_i)$, $i = 1, 2, \cdots, m$, 使得

$$y_0 < y_1 < \cdots < y_{m-1} < y_m,$$

以v_i记作样本的观察值落入第i个小区间内的频数$(i = 1, 2, \cdots, m)$. 显然, $\sum\limits_{i=1}^{m} v_i = n$, 称$v_i / n$为样本观察值落入第$i$个小区间内的频率, 以样本观察值为横坐标, 以相应的频数为纵坐标, 作出直方图, 如图 8-2 所示.

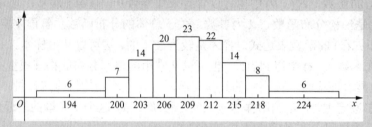

图 8-2

对于上述这 120 个数据, 可取 189.5 为下界, 228.5 为上界, 将(189.5, 228.5)按等间距离为 3 划分为 13 个小区间. 不难发现前三个小区间及后三个小区间的v_i值(即频数值)都太小, 故应适当合并小区间, 使得每个小区间的v_i值都不小于 5. 经适当合并小区间后, 最终分为 9 个小区间(表 8-7), 第一个小区间为[189.5, 198.5], 第 9 个小区间为[219.5, 228.5]. 第 2～第 8 这 7 个小区间的间距为 3. 这里假定测量精确度为个位的 1, 小区间端点都带 0.5 是为了计算频数方便.

表 8-7

编号	小区间	频数 v_i	累积频数	累积频率/%
1	(189.5, 198.5]	6	6	5
2	(198.5, 201.5]	7	13	10.83
3	(201.5, 204.5]	14	27	22.5
4	(204.5, 207.5]	20	47	39.17
5	(207.5, 210.5]	23	70	58.33
6	(210.5, 213.5]	22	92	76.66
7	(213.5, 216.5]	14	106	88.33
8	(216.5, 219.5]	8	114	95
9	(219.5, 228.5]	6	120	100

从表 8-7 看到, v_i为样本$(X_1, X_2, \cdots, X_n)$中落入第i个小区间的频数(即个数), 称v_i为观察频数. 如果H_0成立, 由给定的分布函数$F_0(x)$, 计算得到

$$p_i = F_0(y_i) - F_0(y_{i-1}),$$

其中 $0 < p_i < 1$，$\sum_{i=1}^{m} p_i = 1 (i = 1, 2, \cdots, m)$，称 np_i 为样本 $(X_1, X_2, \cdots, X_n)$ 落入第 i 个小区间的理论频数．由此可见，v_i 依赖于样本 $(X_1, X_2, \cdots, X_n)$ 的观察值．考察统计量

$$Y \overset{\Delta}{=} \sum_{i=1}^{m} \frac{(v_i - np_i)^2}{np_i} = \sum_{i=1}^{n} \frac{v_i^2}{np_i} - n, \tag{8.1}$$

其中 Y 依赖于 v_i 及 p_i，因而它与 $F_0(x)$ 建立了一定的关系，它可作为判断 H_0 的检验统计量．

8.5.2 皮尔逊 χ^2 检验

我们来分析式（8.1）所建立的统计量 Y 的实际意义．当 H_0 成立时，由大数定律知道，$v_i / n \to p_i$（依概率），即当 n 足够大时，$v_i \approx np_i$，则 Y 取值应该较小，因而由式（8.1）所建立的统计量 Y 可以用来判断 $F(x)$ 与 $F_0(x)$ 之间的差异性是否显著．正因为这样，这个统计量 Y（它不带有未知参数）可作为判断的检验统计量．试问，统计量 Y 服从什么分布？由于统计量 Y 依赖于 m 及 n，如果固定 m，当 $n \to \infty$ 时 Y 的极限分布是什么？皮尔逊于 1900 年提出并证明了皮尔逊定理，该定理所建立的统计量的极限分布为 χ^2 分布，不论总体 X 的分布函数 $F(x)$ 是什么类型，定理的结论都适用于做检验判断，这种检验法称为皮尔逊 χ^2 检验．

定理 8.1 （**皮尔逊定理**）不论 $F_0(x)$ 是什么分布，当 H_0 正确时，则由式（8.1）建立的统计量 Y 以自由度 $m-1$ 的 χ^2 分布为极限分布，其中 $F_0(x)$ 不带有未知参数．

证明略．

给定了显著性水平 α，对于式（8.1）建立的检验统计量 Y，如何选择临界值确定 H_0 的拒绝域呢？由于 Y 的精确分布不知道，我们是用它的极限分布 $\chi^2(m-1)$ 近似地选择临界值．同时还应注意到，式（8.1）的 χ^2 检验同双侧检验选择临界值及拒绝域的方法有所不同．粗略地看到，若通过式（8.1）计算的统计量 Y 的观察值很大，H_0 很可能被否定．因此，应该选择临界值 $\chi_\alpha^2(m-1)$，使得

$$P\{Y > \chi_\alpha^2(m-1)\} = \alpha,$$

即使用单侧检验，其拒绝域为区间 $(\chi_\alpha^2(m-1), +\infty)$．也就是说，由式（8.1）计算得到的统计量 Y 的观察值，若大于临界值 $\chi_\alpha^2(m-1)$，则在显著性水平下否定 H_0．这样的优点是保证在不增加第一类错误的前提下有效地降低犯第二类错误的概率．

如果 H_0 中的 $F_0(x; \theta_1, \cdots, \theta_k)$ 含有 k 个未知参数，则首先用这 k 个未知参数的极大似然法估计量 $\hat{\theta}_1, \cdots, \hat{\theta}_k$ 来代替 $\theta_1, \theta_2, \cdots, \theta_k$，使 $F_0(x; \theta_1, \theta_2, \cdots, \theta_k)$ 不含未知参数，然后应用式（8.1）建立的统计量 $Y(\hat{\theta}_1, \hat{\theta}_2, \cdots, \hat{\theta}_k)$，进行显著性检验．但注意此时的分布为其极限分布 $\chi^2(m-k-1)$，其中 $m > 1 + k$．证明较繁这里省略．

针对例 8.13 应用皮尔逊 χ^2 检验．此时

$$H_0 : F(x) = F_0(x) , \quad H_1 : F(x) \neq F(x_0) .$$

其中 $F_0(x) = \int_{-\infty}^{x} \dfrac{1}{\sqrt{2\pi}\sigma} e^{-\frac{(u-\mu_0)^2}{2\sigma^2}} \, \mathrm{d}u$ ，μ 及 σ^2 都是未知参数．

利用表 8-7 中的数据，由式（8.1）计算统计量 Y 的观察值，判断 H_0 是否成立．关键在于计算 np_i ，其中

$$p_i = F_0(y_i) - F_0(y_{i-1}) \quad (i = 1, 2, \cdots, m) .$$

我们知道，对于正态分布，μ 及 σ^2 的极大似然法估计量为

$$\hat{\mu} = \overline{X} , \quad \hat{\sigma}^2 = S^{*2} = \frac{1}{n} \sum_{i=1}^{n} (X_i - \overline{X})^2 .$$

现在用例 8.13 中的数据 x_i ，求出 $\overline{X}$ ，S^{*2} 的观察值 $\overline{x}$ ，s^{*2} 分别作为 μ ，σ^2 的估计值．
计算得

$$\hat{\mu} = \overline{x} \approx 209 , \quad \hat{\sigma}^2 = s^{*2} \approx 42.77 , \quad \hat{\sigma} \approx 6.5 .$$

因此 $F_0(x)$ 为正态分布 $N(209, 6.5^2)$ 的分布函数，所以

$$p_1 = F_0(198.5) - F_0(-\infty) = p\{-\infty < X \leqslant 198.5\}$$

$$\approx p\left\{-\infty < \frac{X - 209}{6.5} \leqslant -1.62\right\} = \Phi(-1.62) - \Phi(-\infty)$$

$$= 1 - \Phi(1.62) \approx 1 - 0.94738 = 0.05262;$$

$$p_2 = F_0(210.5) - F_0(198.5) = P(198.5 < X \leqslant 201.5)$$

$$= P\left\{-1.62 < \frac{X - 209}{6.5} \leqslant -1.15\right\} = \Phi(-1.15) - \Phi(-1.62)$$

$$= \Phi(1.62) - \Phi(1.15) \approx 0.94738 - 0.87493 = 0.07245,$$

其中 $\Phi(x)$ 为标准正态分布 $N(0,1)$ 的分布函数，类似于 p_1 及 p_2 的算法，可逐一计算 $p_3, p_4, \cdots, p_9$ ，各值如表 8-8 所示．

表 8-8

编号	$[y_{i-1}, y_i)$	v_i	v_i^2	np_i	v_i^2 / np_i
1	$(-\infty, 198.5)$	6	36	6.3	5.714
2	$(198.5, 201.5]$	7	49	8.7	5.568
3	$(201.5, 204.5]$	14	196	14.5	13.517
4	$(204.5, 207.5]$	20	400	19.7	20.305
5	$(207.5, 210.5]$	23	529	21.8	24.266
6	$(210.5, 213.5]$	22	484	19.7	24.568
7	$(213.5, 216.5]$	14	196	14.5	13.448
8	$(216.5, 219.5]$	8	64	8.8	7.273
9	$(219.5, +\infty]$	6	36	6.1	5.701

因而统计量 Y 的观察值为

$$Y = \sum_{i=1}^{9} \left(\frac{v_i^2}{np_i} \right) - 120 = 0.36 \ .$$

给定显著性水平 $\alpha = 0.05$ ，由于自由度等于 $9-1-2=6$ ，查得临界值为 $\chi_6^2(0.05) = 12.59$ ，由于 $0.36 < 12.59$ ，所以不否定 H_0 ，即在实际工作中可认为光通量 X 服从正态分布 $N(209, 6.5^2)$.

1）分布函数中不含未知参数

如果 $F_0(x)$ 为不含有未知参数的已知分布，皮尔逊 χ^2 检验法的具体步骤如下：

（1）将总体 X 的值域划分成 k 个不相交的区间 $A_i (i=1,2,\cdots,k)$ ，使得每个区间包含的理论频数满足 $np_i \geqslant 5$ ，否则将区间适当调整；

（2）在 H_0 成立时，计算各理论频率即概率 p_i 的值：

$$p_i = P(A_i) = F_0(y_i) - F_0(y_{i-1}) \quad (i=1,2,\cdots,k) \ .$$

这里 y_{i-1} 与 y_i 为区间 A_i 的端点，即 $A_i = (y_{i-1}, y_i]$ ；

（3）数出 A_i 中含有样本值的个数，即 A_i 的频数 f_i ，并计算统计量

$$\chi^2 = \sum_{i=1}^{k} \frac{(f_i - np_i)^2}{np_i}$$

的值 χ^2 ；

（4）由 χ^2 分布，对于给定的显著性水平 α ，找出临界值 $\chi_\alpha^2(k-1)$ ；

（5）做出判断：若 $\chi^2 > \chi_\alpha^2(k-1)$ ，则拒绝 H_0 ，否则可接受 H_0 .

如果总体 X 是离散型的，则假设 H_0 相当于假设总体 X 的概率分布律，即

$$H_0: \quad P\{X = x_i\} = p_{i0} \quad (i=1,2,\cdots) \ .$$

如果总体 X 是连续型的，则假设 H_0 相当于假设总体的概率密度函数，即

$$H_0: \quad f(x) = f_0(x) \ .$$

例 8.13 至 2021 年年底，某市开办有奖储蓄以来，13 期兑奖号码中诸数码的频数汇总如表 8-9 所示.

表 8-9

数码 i	0	1	2	3	4	5	6	7	8	9	总数
频数 f_i	21	28	37	36	31	45	30	37	33	52	350

试检验器械或操作方法是否存在问题.（取 $\alpha = 0.05$ ）

解 设抽取的数码为 X ，它可能的取值为 $i = 0,1,\cdots,9$ ，如果检验器械或操作方法没有问题，则 $i = 0,1,\cdots,9$ 是等可能的，即检验假设

$$H_0: \quad p_i = \frac{1}{10} \quad (i=0,1,\cdots,9) \ ,$$

这里 $p_i = P\{X = i\}$.

依题意知 $k=10$，令 $A_i=\{i\}$，$i=0,1,2,\cdots,9$，$n=350$，则理论频数 $np_i=35$，所以

$$\chi^2 = \sum_{i=0}^{9} \frac{(f_i - np_i)^2}{np_i} = \frac{688}{35} \approx 19.657 .$$

给定显著性水平 $\alpha=0.05$，查 χ^2 分布上侧分位数表（附表 3），得临界值 $\chi_\alpha^2(k-1)=\chi_{0.05}^2(9)=16.9$．

由于 $19.675>16.9$，故拒绝 H_0，即认为器械或操作方法存在问题．

2）分布函数中含有未知参数

如果 $F_0(x)$ 为含有未知参数的已知分布，未知参数为 $\theta_1,\theta_2,\cdots,\theta_r$，这时首先用这 r 个未知参数的极大似然估计量 $\hat{\theta}_1,\hat{\theta}_2,\cdots,\hat{\theta}_r$ 来代替 $F_0(x)$ 中的参数 $\theta_1,\theta_2,\cdots,\theta_r$，得到分布函数 $\hat{F}_0(x)$，然后建立统计量

$$\chi^2 = \sum_{i=1}^{k} \frac{(f_i - n\hat{p}_i)^2}{n\hat{p}_i} ,$$

这里 $\hat{p}_i$ 是由 $\hat{F}_0(x)$ 计算出来的理论频率，再用以上检验步骤进行检验，但此时检验统计量 χ^2 近似服从 $\chi^2(k-r-1)$ 分布（这里 $k>r+1$）．

例 8.14　某箱子中装有 10 种球，现从中有放回地随机抽取 200 个球，其中第 i 种球共取得 v_i 个 $(i=1,2,\cdots,10)$，数据记录在表 8-10 中．

表 8-10

编号	v_i	v_i^2	np_i	v_i^2/np_i
1	35	1225	20	61.25
2	16	256	20	12.8
3	15	225	20	11.25
4	17	289	20	14.45
5	17	289	20	14.45
6	19	361	20	18.05
7	11	121	20	6.05
8	16	256	20	12.8
9	30	900	20	45
10	24	576	20	28.8
$\sum_{i=1}^{10}$	200	—	200	224.9

令 H_0：箱子中各种球的个数相同；H_1：至少有两种球的个数不同. 试检验这个假设是否正确.

解　此时 $m=10$，$y_0=-\infty$，$y_i=i(i=1,2,\cdots,10)$，$y_{11}=\infty$．若 H_0 正确，则采用有放回抽取方式抽得每种球的概率都相同，皆为 1/10，所以用有放回抽取方式抽取一球为第 i 种球的概率 $p_i=1/10(i=1,2,\cdots,10)$．又 $n=200$，则 $np_i=20(i=1,2,\cdots,10)$，并记录在表 8-10 中．

给定显著性水平 $\alpha=0.05$，由自由度为 $10-1=9$ 的 χ^2 分布上侧分位数表（附表 3）查得临界值 $\chi^2(9)=16.92$．由于 Y 的观察值为 $224.9-200=24.9>16.92$，所以否定 H_0．事实上，从表 8-10 中 v_i 的观察数据可以看到，第 1 及第 9 这两种球的个数明显较多．

例 8.15　芦瑟福与盖革做了一个著名的实验，他们观察了长为 7.5s 的时间间隔里到达某个计数器的由某块放射物质放出的 α 质点数，共观察了 2608 次．表 8-11 中的第 1 列给出的是质点数 i，第 2 列表示有 i 个质点到达计数器的时间间隔数 v_i（每个时间间隔都是 7.5s）．试问：这种分布规律是否服从泊松分布？

表 8-11　α 粒子散射实验数据表

i	v_i	v_i^2	np_i	$v_i^2/(np_i)$
0	57	3249	54.309	59.82
1	203	41209	210.523	195.75
2	383	146689	407.361	360.10
3	525	275625	525.496	524.50
4	532	283024	508.418	556.68
5	408	166464	393.515	423.02
6	273	74529	253.817	293.63
7	139	19321	140.325	137.69
8	45	2025	67.882	29.83
9	27	729	29.189	24.98
$\geqslant 10$	16	256	17.075	14.99
Σ_i	2608	—	2608.000	2620.99

分析本例考察如下检验问题：
$$H_0:F(x)=F_0(x)\;;\quad H_1:F(x)\neq F_0(x)．$$
其中 $F_0(x)$ 是泊松分布
$$P\{X=k\}=\frac{\lambda^k}{k!}\mathrm{e}^{-\lambda}\quad(k=0,1,2,\cdots)$$
的分布函数，$\lambda>0$ 为其参数．

解　设原假设 H_0 是正确的．现利用 χ^2 检验法对 H_0 做出判断，主要是看理论频数 np_i 与观察频数 v_i 之间的差异性是大还是小．参数 λ 的极大似然法估计值为

$$\hat{\lambda} = \frac{1}{n} \sum_i i v_i = \frac{10086}{2608} \approx 3.87.$$

表 8-11 中第 3 列的数值 np_i，利用泊松分布表计算 p_i 值而得到，其中

$$p_i = \frac{(3.87)^i}{i!} e^{-3.87} \quad (i = 0, 1, 2, \cdots),$$

如 $p_0 = 0.020824$，$np_0 = 54.309$.

用 χ^2 检验法，自由度为 $11-1-1=9$.在给定显著性水平 $\alpha = 0.05$ 的条件下，$\chi_9^2(\alpha) = 16.919$，所以 H_0 的拒绝域为 $(\chi_9^2(\alpha), +\infty) = (16.919, +\infty)$.

于是

$$Y = \sum_{i=1}^{n} (v_i^2 / np_i) - n = 2620.99 - 2608 \approx 13 < 16.919.$$

故不拒绝 H_0，即可以认为这种分布规律服从泊松分布.

　　虽然皮尔逊 χ^2 检验是检验总体分布的一般方法，但对于正态总体的检验，我们一般不用它，而是用偏度、峰度检验法，在此不做介绍，感兴趣的读者可参见相关书籍自行学习.

 典型问题答疑解惑

　　问题 1　假设检验的基本思想是什么？有什么缺陷？

　　问题 2　在假设检验中，犯两类错误的概率 α, β 之间的关系如何？ $\alpha + \beta = 1$ 成立吗？

　　问题 3　假设检验中的原假设应遵循哪些原则？

　　问题 4　进行假设检验时需要注意什么？

　　问题 5　在单边假设检验中，交换原假设 H_0 与备择假设 H_1，结果会发生变化吗？

　　问题 6　参数假设检验与区间估计有什么联系与区别？

　　问题 7　假设检验中做出拒绝原假设或接受原假设的判断都有可能犯错误吗？

　　问题 8　假设检验中 p 值法与临界值法有什么异同？

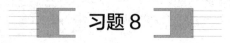 习题 8

解答题

1. 从某玩具厂随机选取的 20 只泰迪熊玩具的装配时间（单位：min）如下：

　　　　9.8, 10.4, 10.6, 9.6, 9.7, 9.9, 10.9, 11.1, 9.6, 10.2,

　　　　10.3, 9.6, 9.9, 11.2, 10.6, 9.8, 10.5, 10.1, 10.5, 9.7.

设装配时间总体服从正态分布 $N(\mu, \sigma^2)$，μ, σ^2 均未知．问：是否可以认为装配时

间的均值 μ 显著大于 10？（取 $\alpha = 0.05$）

2．已知某种产品的质量（单位：g）$X \sim N(12,1)$，更新设备后，从新设备生产的产品中，随机抽取 100 件，测得样本均值 $\bar{x} = 12.5\text{(g)}$，若方差没有变化，问：设备更新后，生产的产品的平均质量是否有显著变化？（取 $\alpha = 0.1$）

3．某厂商声称其生产的某种型号的装潢材料的抗断强度（单位：MPa）服从正态分布，平均抗断强度为 3.25，方差 $\sigma^2 = 1.21$．现从中随机抽取 9 件进行检验，测得平均抗断强度为 3.05，问：能否接受厂商的说法？（取 $\alpha = 0.05$）

4．一支香烟中尼古丁的含量 X 服从正态分布 $N(\mu,1)$，质量标准规定 μ 不能超过 1.5 mg．现从某厂生产的香烟中随机抽取 20 支测得其中平均每支烟的尼古丁含量为 $\bar{x} = 1.97\text{mg}$，试问：该厂生产的香烟尼古丁的含量是否符合质量标准的规定？

5．设总体 X 的概率密度函数为

$$f(x;\theta) = \begin{cases} \dfrac{1}{\theta}\mathrm{e}^{-x/\theta}, & 0 < x < \infty, 0 < \theta < \infty, \\ 0, & \text{其他,} \end{cases}$$

$(X_1, X_2, \cdots, X_n)$ 为其样本，分别试求下列检验假设下，犯第二类错误的概率，给定显著性水平 $\alpha = 0.05$．

（1）$H_0 : \theta = 2$；$H_1 : \theta = 4$；

（2）$H_0 : \theta = 2$；$H_1 : \theta = 1$．

6．设总体 X 服从参数为 λ 的泊松分布：

$$P(k;\lambda) = \frac{\lambda^k}{k!}\mathrm{e}^{-\lambda} \quad (k = 0,1,2,\cdots),$$

其中 $\lambda > 0$，$(X_1, X_2, \cdots, X_{10})$ 是容量为 10 的样本，试求

$$H_0 : \lambda = 0.1；\quad H_1 : \lambda = 1$$

在显著性水平 $\alpha = 0.05$ 的条件下犯第二类错误的概率．

7．在某地抽查了 100 个家庭，其中有 15 家使用 H 牌洗衣粉，问：H 牌洗衣粉在该地的占有率是否不低于 1/6？（取 $\alpha = 0.05$）

8．今有两台机床加工同一零件，分别取 6 个及 9 个零件测其口径，数据记为 $(x_1, x_2, \cdots, x_6)$ 及 $(y_1, y_2, \cdots, y_9)$，计算，得

$$\sum_{i=1}^{6} x_i = 204.6，\quad \sum_{i=1}^{6} x_i^2 = 6978.93，$$

$$\sum_{j=1}^{9} y_j = 370.8，\quad \sum_{j=1}^{9} x_i^2 = 15280.173．$$

假定零件口径 X 服从正态分布，给定显著性水平 $\alpha = 0.05$，问：是否可认为这两台机床加工零件口径的方差无显著性的差异？

9．某厂生产的铜丝，要求其折断力的方差不超过 16，今从某日生产的铜丝中随机抽取一个容量为 9 的样本，测得折断力（单位：N）数据为

$$289, 286, 285, 286, 284, 285, 286, 298, 292.$$

设总体服从正态分布，问：该日生产的铜丝的折断力的方差是否合乎标准？（取

$\alpha = 0.05$ ）

10．根据设计要求，某零件的内径标准差不得超过 0.30（单位：cm），现从该产品中随机抽验了 25 件，测得样本标准差为 0.36，问：该批产品是否合格？

11．某厂三车间生产铜丝的折断力服从正态分布，生产一直比较稳定，现从产品中随机抽出 9 根检验折断力（单位：kg），测得数据为

289, 268, 285, 284, 286, 285, 286, 298, 292.

问：是否可相信该车间的铜丝折断力的方差为 20？（取 $\alpha = 0.05$ ）

12．某电工器材厂生产一种熔丝，熔丝的熔化时间服从正态分布，按规定，熔化时间的方差不得超过 400，现从一批产品中随机抽取 25 个样品，测得熔化时间的方差为 410，问：在显著性水平 $\alpha = 0.05$ 的条件下，能认为这批产品的方差显著偏大吗？

13．用老工艺生产的机械零件方差较大，随机抽查了 25 个，计算得 $s_1^2 = 6.37$，现改用新工艺生产，随机抽查 25 个零件，计算得 $s_2^2 = 3.19$．设这两种生产过程皆服从正态分布，问：新工艺的精确度是否比老工艺显著地好？（取 $\alpha = 0.05$ ）

14．一名教师教 A 和 B 两个班级的同一门课程，从 A 班随机抽取 16 名学生，从 B 班随机抽取 26 名学生．在同一次测验中，A 班成绩的样本标准差 $s_1 = 9$，B 班成绩的样本标准差 $s_2 = 12$，假设 A、B 两班测验成绩分别服从正态分布 $N(\mu_1, \sigma_1^2)$，$N(\mu_2, \sigma_2^2)$．在显著性水平 $\alpha = 0.01$ 的条件下，能否认为 B 班成绩的标准差比 A 班大？

15．某烟草公司宣称其生产的每包香烟中尼古丁的平均含量为 1.83mg，取 8 包香烟构成简单随机样本，测得其尼古丁含量（单位：mg）分别为

2.0, 1.7, 2.1, 1.9, 2.2, 2.1, 2.0, 1.6,

问：你同意该烟草公司的说法吗？（设尼古丁含量服从正态分布）

16．某厂家称其用于电动玩具的电池可持续使用 30h，为此每月测试 16 块电池，假如算出的 t 值在区间 $(-t_{0.025}, t_{0.025})$ 内，就说明合格．对于某一样本，测得其样本均值 $\bar{x} = 27.5\,\mathrm{h}$，标准差 $s = 5\,\mathrm{h}$，那么可得出什么结论？（电池寿命为正态分布）

*第 9 章　方差分析与回归分析

方差分析和回归分析是研究和分析两个或两个以上变量之间相互关系的统计方法. 相关分析是从数量上研究变量之间线性关系的密切程度, 而回归分析是利用样本数据确定变量之间的数学关系式, 通过各种统计检验对这些关系式的可信程度进行统计分析, 从影响某一特定变量的诸多变量中找出那些影响显著或影响不显著的变量, 利用所求得的数学关系式, 根据一个或几个变量的取值来预测或控制另一个特定变量的取值, 并给出这种预测或控制的精确程度. 方差分析和回归分析是构造各种计量经济管理模型, 进行结构分析、预测和控制的重要工具.

本章将主要针对两个变量的情形进行方差分析和回归分析的讨论.

9.1　单因素试验的方差分析

◾ 内容概要 ◾

1. 方差分析的基本概念

试验指标、因子、水平、单因素试验、多因素试验、组内偏差平方和、组间偏差平方和.

2. 方差分析的应用条件

(1) 各水平下的总体都服从正态分布;

(2) 各水平下的总体方差可以不知道, 但必须彼此相等, 即方差齐性;

(3) 每个试验数据的取得是相互独立的.

3. 方差分析的数学模型

$X_{ij} = \mu_j + \varepsilon_{ij}$, $\varepsilon_{ij} \sim N(0, \sigma^2)$ $(i = 1, 2, \cdots, n_j, \ j = 1, 2, \cdots, s)$, 且各 ε_{ij} 相互独立.

称以上模型为**单因素方差分析的数学模型**. 这里 $\mu_1, \mu_2, \cdots, \mu_s$ 及 σ^2 为未知参数.

4. 总平方和的分解式

$$S_T = \sum_{j=1}^{s} \sum_{i=1}^{n_j} \left[\left(X_{ij} - \overline{X} \cdot_j \right) + \left(\overline{X} \cdot_j - \overline{X} \right) \right]^2 = S_E + S_A,$$

其中, $S_E = \sum_{j=1}^{s} \sum_{i=1}^{n_j} \left(X_{ij} - \overline{X} \cdot_j \right)^2$, $S_A = \sum_{j=1}^{s} n_j \left(\overline{X} \cdot_j - \overline{X} \right)^2$.

5.方差分析的检验理论

（1）$S_E / \sigma^2 \sim \chi^2(n-s)$，从而 $E(S_E) = \sum_{j=1}^{s} (n_j - 1)\sigma^2 = (n-s)\sigma^2$；

（2）当 H_0 为真时，$E\left(\dfrac{S_A}{s-1}\right) = \sigma^2$，即 $S_A /(s-1)$ 是 σ^2 的无偏估计；

（3）S_E 和 S_A 相互独立；

（4）利用统计量 $F = \dfrac{S_A /(s-1)}{S_E /(n-s)}$ 来检验假设 H_0，当 H_0 成立时，有 $F \sim F(s-1, n-s)$.

前面几章我们讨论的都是一个总体或两个总体的统计分析问题，在实际工作中我们还会经常遇到多个总体均值比较的问题，处理这类问题通常采用方差分析法．本节先给出几个基本概念．

（1）**试验指标**是指在试验中，要考查的指标．

（2）**因素**（因子）是指影响试验指标的条件，常用大写字母 A, B, C 表示，如引例中的施氮肥量．

（3）**因素的类型**是指可控因素和不可控因素，我们这里的因素都是可控因素．

（4）**水平**是指因素所处的状态，因素 A 的水平常记为 $A_1, A_2, \cdots$. 例如，引例中不同的施氮肥量 15kg, 25kg, 35kg, 45kg 称为不同的水平．

（5）**单因素试验**是指在一项试验中只有一个因素在改变．

（6）**多因素试验**是指在一项试验中有多于一个的因素在改变．

（7）**方差分析**就是根据试验的结果进行分析，鉴别各个有关因素对试验结果影响的一种有效的方法．

> **引例** 进行一项农作物栽培试验，考虑不同的施氮肥量（15kg, 25kg, 35kg, 45kg）对农作物产量（单位：kg）的影响．如果在相同条件下重复 3 次，进行小区试验，得产量见表 9-1，问：施氮肥量这一因素对农作物产量是否有显著影响？

表 9-1

重复次数	产量/kg			
	A_1	A_2	A_3	A_4
1	375	395	385	405
2	390	382.5	415	415
3	405	407.5	400	395
平均	390	395	400	405

由数据可以看出，四种不同水平下的平均产量有差异，大体上施肥越多，产量越高．但是，由于随机误差的存在，即使在同一施肥水平下，不同小区的产量数据波动也较大，这样自然会对上述看法产生怀疑，平均产量间的差异是不是由随机误差造成

的呢？

用显著性检验的方法. 记在 A_i 水平下的理论产量为 μ_i ($i=1,2,3,4$).

提出假设：在各施肥水平下的平均产量间没有显著性差异，即假设

$$H_0 : \mu_1 = \mu_2 = \mu_3 = \mu_4 .$$

如果我们能够导出一个可以用来检验这一假设的统计量 F，那么这一问题就解决了.

假设检验的一般步骤：对给定的显著性水平 α，可以找到一个临界值 F_α，使得 $P\{F > F_\alpha\} = \alpha$，从而得拒绝域 $W = \{F > F_\alpha\}$. 如果根据样本观察值计算出 F 的值大于 F_α，就拒绝 H_0，即认为平均产量间有差异，否则就没有理由拒绝 H_0.

下面从建立数学模型开始，给出单因素试验的方差分析的完整的数学描述.

9.1.1 数学建模

设因素 A 有 s 个水平 A_1, A_2, $\cdots$, A_s，水平 A_j 下的总体 X_j，在 A_j 下做 n_j ($\geqslant 2$) 次独立试验得到一组容量为 n_j 的样本 $X_{1j}, X_{2j}, \cdots, X_{nj}$，$j = 1, 2, \cdots, s$. 列表 9-2 如下.

表 9-2

水平	A_1	A_2	$\cdots$	A_s
样本	X_{11}	X_{12}	$\cdots$	X_{1s}
	X_{21}	X_{22}	$\cdots$	X_{2s}
	$\vdots$	$\vdots$		$\vdots$
	$X_{n_1 1}$	$X_{n_1 2}$	$\cdots$	$X_{n_1 s}$

与参数假设检验一样，方差分析的应用是有一定条件的，即

（1）各水平下的总体都服从正态分布；

（2）各水平下的总体方差可以不知道，但必须彼此相等，即方差齐性；

（3）每个试验数据的取得是相互独立的.

依照以上三个条件可知，$X_{ij} \sim N(\mu_j, \sigma^2)$，即有

$$X_{ij} - \mu_j \sim N(0, \sigma^2),$$

故 $X_{ij} - \mu_j$ 可以看成随机误差，记 $\varepsilon_{ij} = X_{ij} - \mu_j$，则有

$$X_{ij} = \mu_j + \varepsilon_{ij}, \quad \varepsilon_{ij} \sim N(0, \sigma^2) \quad (i = 1, 2, \cdots, n_j, \ j = 1, 2, \cdots, s) \qquad （9.1）$$

且各 ε_{ij} 相互独立. 称模型（9.1）为**单因素方差分析**（one-way analysis variance）**的数学模型**. 这里 $\mu_1, \mu_2, \cdots, \mu_s$ 及 σ^2 均为未知参数.

方差分析的任务是对模型（9.1）进行检验和估计，检验 s 个总体的均值是否相等，即检验假设

$$H_0 : \mu_1 = \mu_2 = \cdots = \mu_s ; \quad H_1 : \mu_1, \mu_2, \cdots, \mu_s \ \text{不全相等}, \qquad （9.2）$$

并估计参数 $\mu_1, \mu_2, \cdots, \mu_s$ 与 σ^2.

通常，为了便于分析各水平所起的作用，把参数 μ_j 写成

$$\mu_j = \mu + \alpha_j \quad (j = 1, 2, \cdots, s) .$$

其中 $\mu = \dfrac{1}{n}\sum\limits_{j=1}^{s}n_j\mu_j$ 为 $\mu_1, \mu_2, \cdots, \mu_s$ 的加权平均，称为**总平均**；$n = \sum\limits_{j=1}^{s}n_j$；$\alpha_j = \mu_j - \mu$ 为第 j 个水平 A_j 总体的均值与总平均之差，称为第 j 个水平 A_j 的**效应**，显然有

$$\sum_{j=1}^{s}n_j\alpha_j = \sum_{j=1}^{s}n_j(\mu_j - \mu) = \sum_{j=1}^{s}n_j\mu_j - \mu\sum_{j=1}^{s}n_j = 0 .$$

利用这些记号，模型（9.1）可改写成

$$X_{ij} = \mu + \alpha_j + \varepsilon_{ij}, \quad \sum_{j=1}^{s}n_j\alpha_j = 0, \quad \varepsilon_{ij} \sim N(0, \sigma^2) \quad (i=1,2,\cdots,n_j, \; j=1,2,\cdots,s),$$

且各 ε_{ij} 相互独立.

检验假设（9.2）等价于检验假设

$$H_0 : \alpha_1 = \alpha_2 = \cdots = \alpha_s = 0 ; \quad H_1 : \alpha_1, \alpha_2, \cdots, \alpha_s \text{ 不全为 } 0.$$

为了导出检验假设 H_0 的统计量，我们首先分析引起 X_{ij} 波动的原因. 当 H_0 为真时，X_{ij} 的波动完全是由随机因素引起的；当 H_0 不真时，X_{ij} 的波动不仅由随机因素引起，而且由 μ_j 的不同而引起. 因此，我们想用一个量来描述 X_{ij} 之间的总的波动，并能将上述两个原因引起的波动分解出来，这就是方差分析中所用的偏差平方和的分解方法.

9.1.2 平方和的分解

作一个统计量

$$S_{\mathrm{T}} = \sum_{j=1}^{s}\sum_{i=1}^{n_j}\left(X_{ij} - \overline{X}\right)^2 ,$$

其中，$\overline{X} = \dfrac{1}{n}\sum\limits_{j=1}^{s}\sum\limits_{i=1}^{n_j}X_{ij} = \dfrac{1}{n}\sum\limits_{j=1}^{s}n_j\overline{X}\cdot_j$ 为样本总平均，$n = \sum\limits_{j=1}^{s}n_j$ 为样本总个数，$\overline{X}\cdot_j = \dfrac{1}{n_j}$
$\sum\limits_{i=1}^{n_j}X_{ij}$ 为水平 A_j 下的样本均值. 这个统计量 S_{T} 是 X_{ij} 与样本总平均 $\overline{X}$ 的偏差平方和，反映了 X_{ij} 之间的总的波动，称为**总偏差平方和**.

将 S_{T} 分解，得

$$\begin{aligned}
S_{\mathrm{T}} &= \sum_{j=1}^{s}\sum_{i=1}^{n_j}\left[\left(X_{ij} - \overline{X}\cdot_j\right) + \left(\overline{X}\cdot_j - \overline{X}\right)\right]^2 \\
&= \sum_{j=1}^{s}\sum_{i=1}^{n_j}\left(X_{ij} - \overline{X}\cdot_j\right)^2 + 2\sum_{j=1}^{s}\sum_{i=1}^{n_j}\left(X_{ij} - \overline{X}\cdot_j\right)\left(\overline{X}\cdot_j - \overline{X}\right) + \sum_{j=1}^{s}n_j\left(\overline{X}\cdot_j - \overline{X}\right)^2 \\
&= \sum_{j=1}^{s}\sum_{i=1}^{n_j}\left(X_{ij} - \overline{X}\cdot_j\right)^2 + \sum_{j=1}^{s}n_j\left(\overline{X}\cdot_j - \overline{X}\right)^2 = S_{\mathrm{E}} + S_{\mathrm{A}},
\end{aligned}$$

其中

$$S_{\mathrm{E}} = \sum_{j=1}^{s}\sum_{i=1}^{n_j}\left(X_{ij} - \overline{X}\cdot_j\right)^2 , \quad S_{\mathrm{A}} = \sum_{j=1}^{s}n_j\left(\overline{X}\cdot_j - \overline{X}\right)^2 ,$$

$$2\sum_{j=1}^{s}\sum_{i=1}^{n_j}\left(X_{ij}-\overline{X}\cdot_j\right)\left(\overline{X}\cdot_j-\overline{X}\right)$$

$$=2\sum_{j=1}^{s}\left(\overline{X}\cdot_j-\overline{X}\right)\left[\sum_{i=1}^{n_j}\left(X_{ij}-\overline{X}\cdot_j\right)\right]=2\sum_{j=1}^{s}\left(\overline{X}\cdot_j-\overline{X}\right)\left(\sum_{i=1}^{n_j}\left(X_{ij}-n_j\overline{X}\cdot_j\right)\right)=0.$$

S_{E} 是各个水平 A_j 下，样本 $X_{1j},X_{2j},\cdots,X_{n_j,j}$ 与样本均值 $\overline{X}\cdot_j$ 的偏差平方和的总和，它反映了抽样的随机性引起的波动，称为**组内偏差平方和**或**误差平方和**.

S_{A} 是各个水平 A_j 下，样本均值 $\overline{X}\cdot_j$ 与样本总平均的偏差的平方构成的平方和，它在一定程度上反映了各总体均值 μ_j 之间的差异引起的波动，称为**组间偏差平方和**或**因素 A 的效应平方和**.

为了进一步弄清 S_{E} 和 S_{A} 的含义，我们来计算它们的期望. 对 S_{E}，有

$$E(S_{\mathrm{E}})=\sum_{j=1}^{s}E\left[\sum_{i=1}^{n_j}\left(X_{ij}-\overline{X}\cdot_j\right)^2\right],$$

注意到 $S_j^2=\dfrac{1}{n_j-1}\sum_{i=1}^{n_j}\left(X_{ij}-\overline{X}\cdot_j\right)^2$ 是从第 j 个正态总体 $N(\mu_j,\sigma^2)$ 取出的容量为 n_j 的样本 $X_{1j},X_{2j},\cdots,X_{n_j,j}$ 的样本方差，于是有

$$\frac{(n_j-1)S_j^2}{\sigma^2}\sim\chi^2(n_j-1).$$

故

$$E\left[\sum_{i=1}^{n_j}\left(X_{ij}-\overline{X}\cdot_j\right)\right]=E[(n_j-1)S_j^2]=(n_j-1)\sigma^2,$$

因此，

$$E(S_{\mathrm{E}})=\sum_{j=1}^{s}(n_j-1)\sigma^2=(n-s)\sigma^2.$$

进一步地，由 χ^2 分布的可加性，可知 $S_{\mathrm{E}}/\sigma^2\sim\chi^2(n-s)$.

而对 S_{A}，有

$$E(S_{\mathrm{A}})=E\left[\sum_{j=1}^{s}n_j\left(\overline{X}\cdot_j-\overline{X}\right)^2\right]=E\left(\sum_{j=1}^{s}n_j\overline{X}\cdot_j^2-n\overline{X}^2\right)=\sum_{j=1}^{s}n_jE\left(\overline{X}\cdot_j^2\right)-nE\left(\overline{X}^2\right).$$

因为

$$\overline{X}\cdot_j^2\sim N\left(\mu_j,\frac{\sigma^2}{n_j}\right),\quad \overline{X}\sim N\left(\mu,\frac{\sigma^2}{n}\right),\quad \text{其中}\ \mu=\frac{1}{n}\sum_{j=1}^{s}n_j\mu_j,\quad n=\sum_{j=1}^{s}n_j,$$

所以

$$E(S_{\mathrm{A}})=\sum_{j=1}^{s}n_j\left(\frac{\sigma^2}{n_j}+\mu_j^2\right)-n\left(\frac{\sigma^2}{n}+\mu^2\right)=(s-1)\sigma^2+\sum_{j=1}^{s}n_j\mu_j^2-n\mu^2$$

$$=(s-1)\sigma^2+\sum_{j=1}^{s}n_j(\mu_j-\mu)^2.$$

由以上可以看出，S_E 反映了随机误差的影响，它的均值等于 $(n-s)\sigma^2$. 当假设（9.2）中的 H_0 成立时，S_A 也反映了随机误差的影响，它的均值等于 $(s-1)\sigma^2$.

9.1.3 假设检验的拒绝域

现在来检验假设（9.2）. 对于 S_A，当 H_0 为真时，$E\left(\dfrac{S_A}{s-1}\right)=\sigma^2$，即 $S_A/(s-1)$ 是 σ^2 的无偏估计；而当 H_1 为真时，

$$E\left(\frac{S_A}{s-1}\right)=\sigma^2+\frac{1}{s-1}\sum_{j=1}^{s}n_j(\mu_j-\mu)^2>\sigma^2.$$

对于 S_E，不管 H_0 是否为真，都有 $E\left(\dfrac{S_E}{n-s}\right)=\sigma^2$，即 $S_E/(n-s)$ 是 σ^2 的无偏估计. 因此，对模型（9.1），可以利用统计量 $F=\dfrac{S_A/(s-1)}{S_E/(n-s)}$ 来检验假设 H_0. 当 H_0 成立时，有 $F\sim F(s-1,n-s)$，并且当 H_0 不真时，F 的取值有偏大的趋势，因此检验问题的拒绝域具有形式 $\{F>k\}$. 给定显著性水平 α，可通过 F 分布分位点的定义，得 $k=F_\alpha(s-1,n-s)$，从而得到 H_0 的拒绝域为

$$W=\{F>F_\alpha(s-1,n-s)\}.$$

上述分析的结果可排成表 9-3 的形式，称为**单因素试验方差分析表**.

表 9-3

方差来源	平方和	自由度	均方	F 比
因素 A	S_A	$s-1$	$\overline{S}_A=\dfrac{S_A}{s-1}$	$F=\dfrac{\overline{S}_A}{\overline{S}_E}$
误差	S_E	$n-s$	$\overline{S}_E=\dfrac{S_E}{n-s}$	
总和	$S_T=S_E+S_A$	$n-1$		

表 9-3 中，$\overline{S}_A=\dfrac{S_A}{s-1}$ 和 $\overline{S}_E=\dfrac{S_E}{n-s}$ 分别称为 S_A 和 S_E 的**均方**. 为计算方便，令

$$P=\frac{1}{n}\left(\sum_{j=1}^{s}\sum_{i=1}^{n_j}X_{ij}\right)^2,\quad Q=\sum_{j=1}^{s}\frac{1}{n_j}\left(\sum_{i=1}^{n_j}X_{ij}\right)^2,\quad R=\sum_{j=1}^{s}\sum_{i=1}^{n_j}X_{ij}^{\,2},$$

不难验证，

$$S_E=R-Q,\quad S_A=Q-P,\quad S_T=R-P.$$

在实际计算中，为了简便，对 X_{ij} 做如下变换：

$$Y_{ij}=b(X_{ij}-a),$$

其中 a,b 是适当的常数，使 Y_{ij} 变得简单些. 易得

$$\overline{X}\cdot_j=a+\frac{1}{b}\overline{Y}\cdot_j,\quad \overline{X}=a+\frac{1}{b}\overline{Y}.$$

于是

$$S_{\mathrm{E}} = \sum_{j=1}^{s}\sum_{i=1}^{n_j}\left(X_{ij} - \overline{X}\cdot_j\right)^2 = \frac{1}{b^2}\sum_{j=1}^{s}\sum_{i=1}^{n_j}\left(Y_{ij} - \overline{Y}\cdot_j\right)^2 = \frac{1}{b^2}S'_E,$$

$$S_{\mathrm{A}} = \sum_{j=1}^{s}n_j\left(\overline{X}\cdot_j - \overline{X}\right)^2 = \frac{1}{b^2}\sum_{j=1}^{s}n_j\left(\overline{Y}\cdot_j - \overline{Y}\right)^2 = \frac{1}{b^2}S'_A,$$

从而

$$F = \frac{S_{\mathrm{A}}/(s-1)}{S_{\mathrm{E}}/(n-s)} = \frac{S'_A/(s-1)}{S'_E/(n-s)} = F'.$$

这表明用变换后的数据代替原数据计算的 F 值相同, 所以可以用变换后的数据 Y_{ij} 进行方差分析. 但需注意, 在做参数估计时, 还应将对应的量化为原来的量.

例 9.1 对 6 种不同的农药在相同条件下分别进行杀虫试验, 试验结果如表 9-4 所示, 问: 杀虫率是否因不同的农药而有显著的差异? ($\alpha = 0.01$)

表 9-4

试验号	杀虫率/%					
	A_1	A_2	A_3	A_4	A_5	A_6
1	87	90	56	55	92	75
2	85	88	62	48	99	72
3	80	87			95	81
4		94			91	

解 由表 9-4, 得

$$s=6, \quad n_1=3, \quad n_2=4, \quad n_3=n_4=2, \quad n_5=4, \quad n_6=3, \quad n=\sum_{j=1}^{6}n_j=18.$$

查 F 分布上侧分位数表 (附表 4), 得

$$F_\alpha(s-1,n-s) = F_{0.01}(5,12) = 5.06.$$

为了简化计算, 对表 9-4 中的结果都减去 80, 得到表 9-5.

表 9-5

A_1	A_2	A_3	A_4	A_5	A_6
7	10	-24	-25	12	-5
5	8	-18	-32	19	-8
0	7			15	1
	14			11	

根据表 9-5, 算得 P, Q, R 的值:

$$p = \frac{1}{n}\left(\sum_{j=1}^{s}\sum_{i=1}^{n_j}x_{ij}\right)^2 = 0.5, \quad q = \sum_{j=1}^{s}\frac{1}{n_j}\left(\sum_{i=1}^{n_j}x_{ij}\right)^2 = 3795, \quad r = \sum_{j=1}^{s}\sum_{i=1}^{n_j}x_{ij}^2 = 3973.$$

于是

$$\overline{s}_E = r - q = 178 , \quad s_A = q - p = 3794.5 .$$

从而

$$\overline{s}_E = \frac{s_E}{n - s} = \frac{178}{12} \approx 14.83 , \quad \overline{s}_A = \frac{s_A}{s - 1} = \frac{3794.5}{5} = 758.9 ,$$

$$F = \frac{\overline{s}_A}{\overline{s}_E} \approx 51.17 .$$

因为 $F > F_{0.01}(5,12)$ ，所以拒绝 H_0 ，即不同的农药对杀虫率的影响是显著的. 具体的方差分析表如表 9-6 所示.

表 9-6

方差来源	平方和	自由度	均方	F 比
农药	3794.5	5	758.9	
误差	178	12	14.83	51.17**
总和	3972.5	17	—	

注：一般在 F 栏内，对 $\alpha = 0.05$ 显著的，用 "*" 标出，表示检验结果是显著的；对 $\alpha = 0.01$ 显著的，用 "**" 标出，表示检验结果是高度显著的；不做记号，表示不显著.

9.1.4 未知参数的估计

前面已经讲过，不管 H_0 是否成立，均有 $E\left(\dfrac{S_E}{n - s}\right) = \sigma^2$ ，所以 $\hat{\sigma}^2 = \dfrac{S_E}{n - s}$ 是 σ^2 的无偏估计量.

又 $E(\overline{X}) = \mu$ ， $E(\overline{X}_{\cdot j}) = \mu_j (j = 1, 2, \cdots, s)$ ，因此 $\hat{\mu} = \overline{X}$ ， $\hat{\mu}_j = \overline{X}_{\cdot j}$ 分别为 μ 和 $\mu_j (j = 1, 2, \cdots, s)$ 的无偏估计量，从而 $\hat{\alpha}_j = \overline{X}_{\cdot j} - \overline{X}$ 为 $\alpha_j = \mu_j - \mu (j = 1, 2, \cdots, s)$ 的无偏估计量. 此时有

$$\sum_{j=1}^{s} n_j \hat{\alpha}_j = \sum_{j=1}^{s} n_j \overline{X}_{\cdot j} - n \overline{X} = 0 .$$

当拒绝 H_0 时，常常还要做出两总体 $N(\mu_j, \sigma^2)$ 与 $N(\mu_k, \sigma^2)(j \neq k)$ 的均值差 $\mu_j - \mu_k$ 的区间估计.

由于 $\overline{X}_{\cdot j} - \overline{X}_{\cdot k} \sim N\left(\mu_j - \mu_k, \left(\dfrac{1}{n_j} + \dfrac{1}{n_k}\right)\sigma^2\right)$ ，且 $\overline{X}_{\cdot j}$ 和 S_j^2 相互独立，且 $\overline{X}_{\cdot k}$ 和 S_k^2 相互独立，故 $\overline{X}_{\cdot j} - \overline{X}_{\cdot k}$ 和 S_E 相互独立，于是

$$\frac{(\overline{X}_{\cdot j} - \overline{X}_{\cdot k}) - (\mu_j - \mu_k)}{\sqrt{\left(\dfrac{1}{n_j} + \dfrac{1}{n_k}\right)\overline{s}_E}} \sim t(n - s) ,$$

由此可得均值差 $\mu_j - \mu_k$ 的置信度为 $1-\alpha$ 的置信区间为

$$\left[\overline{X}_{\cdot j} - \overline{X}_{\cdot k} - t_{\alpha/2}(n-s)\sqrt{\left(\frac{1}{n_j}+\frac{1}{n_k}\right)\overline{S}_E}, \overline{X}_{\cdot j} - \overline{X}_{\cdot k} + t_{\alpha/2}(n-s)\sqrt{\left(\frac{1}{n_j}+\frac{1}{n_k}\right)\overline{S}_E}\right].$$

例 9.2 若例 9.1 中第 i 种农药 A_i 的总体 $X_i \sim N(\mu_i, \sigma^2)(i=1,2,\cdots,6)$，试求未知参数 $\sigma^2, \mu_1, \mu_2, \cdots, \mu_6$ 的点估计，以及均值差 $\mu_2 - \mu_5$ 的置信度为 0.95 的置信区间.

解 通过数据计算，得

$$\hat{\sigma}^2 = \frac{s_E}{n-s} = \frac{178}{12} \approx 14.83 ,$$

$$\hat{\mu}_1 = \hat{x}_{\cdot 1} = \frac{1}{n_1}\sum_{i=1}^{n_1} x_{i1} = 84 , \quad \hat{\mu}_2 = \hat{x}_{\cdot 2} = \frac{1}{n_2}\sum_{i=1}^{n_2} x_{i2} = 89.75 ,$$

$$\hat{\mu}_3 = \hat{x}_{\cdot 3} = \frac{1}{n_3}\sum_{i=1}^{n_3} x_{i3} = 59 , \quad \hat{\mu}_4 = \hat{x}_{\cdot 4} = \frac{1}{n_4}\sum_{i=1}^{n_4} x_{i4} = 51.5 ,$$

$$\hat{\mu}_5 = \hat{x}_{\cdot 5} = \frac{1}{n_5}\sum_{i=1}^{n_5} x_{i5} = 94.25 , \quad \hat{\mu}_6 = \hat{x}_{\cdot 6} = \frac{1}{n_6}\sum_{i=1}^{n_6} x_{i6} = 76 .$$

$$\hat{x}_{\cdot 2} - \hat{x}_{\cdot 5} = 89.75 - 94.25 = -4.5 .$$

而当 $1-\alpha = 0.95$ 时，

$$t_{\alpha/2}(n-s) = t_{0.025}(12) = 2.1788 ,$$

$$t_{\alpha/2}(n-s)\sqrt{\left(\frac{1}{n_2}+\frac{1}{n_5}\right)\overline{s}_E} = 2.1788 \times \sqrt{\frac{1}{2}\times 14.83} \approx 5.93 .$$

故 $\mu_2 - \mu_5$ 的置信度为 0.95 的置信区间为(-4.5-5.93, -4.5+5.93)，即(-10.43, 1.43).

9.2 相 关 分 析

┅┇ 内容概要 ┇┅

1. **相关系数的定义**

设变量 X 和 Y 的 n 对样本观察值为 $(x_1, y_1), (x_2, y_2), \cdots, (x_n, y_n)$，它们的样本均值分别为 $\overline{x}$ 和 $\overline{y}$，即 $\overline{x} = \frac{1}{n}\sum_{i=1}^{n} x_i$，$\overline{y} = \frac{1}{n}\sum_{i=1}^{n} y_i$，则简单相关系数定义为

$$r = \frac{\sum_{i=1}^{n}(x_i-\overline{x})(y_i-\overline{y})}{\sqrt{\sum_{i=1}^{n}(x_i-\overline{x})^2}\sqrt{\sum_{i=1}^{n}(y_i-\overline{y})^2}} .$$

2. 相关系数的计算

$$r = \frac{n\sum\limits_{i=1}^{n} x_i y_i - \sum\limits_{i=1}^{n} x_i \sum\limits_{i=1}^{n} y_i}{\sqrt{n\sum\limits_{i=1}^{n} x_i^2 - \left(\sum\limits_{i=1}^{n} x_i\right)^2}\sqrt{n\sum\limits_{i=1}^{n} y_i^2 - \left(\sum\limits_{i=1}^{n} y_i\right)^2}}.$$

9.2.1 相关关系的概念

在现实生活中，各种各样的客观事物或现象普遍存在着或多或少的联系，它们相互影响、相互依存和相互制约．社会经济管理中的问题也是这样．某种现象的出现、某个问题的发生都影响着周围其他现象或者问题，反之也受其他因素的影响．例如，教育事业的发展与科学技术的发展；产品的单位成本与劳动生产率；人们的收入水平与消费水平；商品的销售量与该商品的价格之间等都存在着一定的依存关系，相互影响，相互制约．

通过进一步的考察，这种依存关系从数量关系的角度来看，一般可归结为两种不同类型：一类是函数关系，另一类是相关关系．

函数关系是指不同的变量（或因素）之间存在着某种严格的、确定性的关系．一个变量（或因素）变化时，另一个变量（或因素）也产生相应的确定性的变化．这种关系可以用数学上的表达式来描述，它是一个普通的函数．例如，某商品的销售收益 R 与该商品的销售量 Q 及价格 p 之间的关系可表示为

$$R = pQ,$$

而商品的总利润 L 与该商品的总成本 C、总收益 R 之间的关系可表示为

$$L = R - C.$$

当该商品的价格 p 一定时，其收益 R 随着销售量 Q 的变化而变化．总利润 L 随着总收益 R 的提高而增加，随着总成本 C 的增加而减少．这种变化的关系是确定的，一一对应的．

在社会经济管理中，并不是所有的现象或者关系都可用确定的函数关系表达式来描述，还有很多现象或者关系是无法用确定的函数关系表达式来描述的．从客观实际来看，一些不同的变量（或因素）之间的确存在着某种联系，这种联系表现在：当一个变量（或因素）发生数量上的变化时，另一个与之相联系的变量（或因素）也会相应地发生数量上的变化．然而，这种变化不是严格的、确定性的，而是随机的，不确定的．在数量上表现为不确定、不规则的一种相互依存关系．例如，广告的投入和经济效益之间的关系、企业的固定资产投资额与产值之间关系、居民收入水平与消费水平之间的关系等都属于这种关系．统计上称这种关系为相关关系．

相关关系是各变量（或因素）之间客观上存在的相互依存关系．它是总体上的、大致的，属于变量之间的一种不完全确定的关系．相关关系难以像函数关系那样，用数学

公式去准确表达．其特点表现为某个变量（或因素）与另一个或者多个变量（或因素）之间存在某种联系，受到相互的影响，但又不是唯一的解释和反映，在数量上表现为一种不确定的相互依存关系．

我们从不同的角度可以看到相关关系的不同特征．从相关关系的形式来看，相关关系可呈线性关系，即近似地表现为直线形式的关系，如图 9-1 所示；也可呈非线性关系，即变量（或因素）的变动在数值上不成固定比例，如图 9-2 所示．

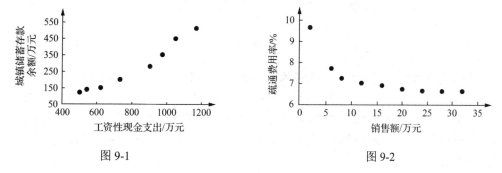

图 9-1　　　　　　　　　　　　　　图 9-2

从相关关系的程度来看，相关关系有完全相关关系，即一个变量（或因素）的变化由其他变量（或因素）的数量变化唯一确定，在这种情况下，相关关系实际上是函数关系，也可以说，函数关系是相关关系的一个特例，如图 9-3 所示．也有完全不相关和不完全相关关系．完全不相关关系指变量（或因素）间彼此数量上的变化各自独立，互不影响，如图 9-4 所示．不完全相关关系是指变量（或因素）间的关系介于完全不相关和完全相关之间，如图 9-5 所示．在实际工作中，大多数相关关系属于不完全相关关系．

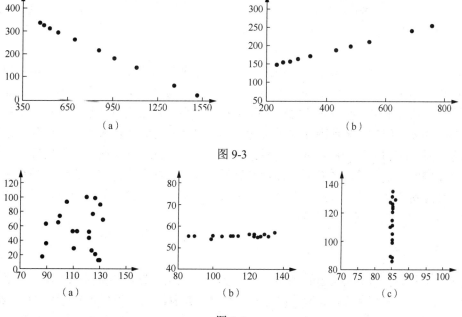

（a）　　　　　　　　　　　　　　（b）

图 9-3

（a）　　　　　　　　　（b）　　　　　　　　　（c）

图 9-4

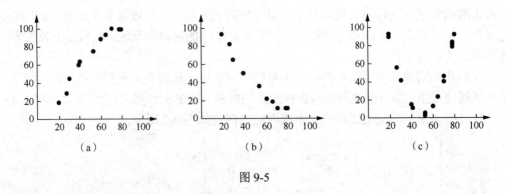

图 9-5

从相关关系的方向来看,相关关系有正相关和负相关之分. 正相关指两个相关变量(或因素)变化的方向是一致的,都呈增长或下降的趋势. 当一个变量增加或减少时,另一个变量也增加或减少,如图 9-6 所示. 负相关指两个相关变量(或因素)变化的方向是相反的,当一个呈现增长(或下降)趋势时,另一个则呈现下降(或增长)的趋势,如图 9-7 所示.

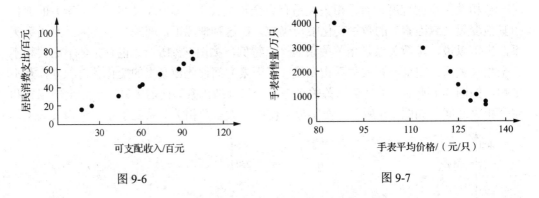

图 9-6   图 9-7

相关关系还可以依相关变量(或因素)的多少来考虑,分为单相关、复相关和偏相关. 单相关指两个现象之间的相关关系,即一个变量与另一个变量之间的相关关系. 例如,居民的消费水平与收入水平之间呈现单相关关系. 复相关指一个变量与多个变量之间的相关关系. 例如,某种商品的需求量与其价格水平、职工收入水平等现象之间呈现复相关关系. 偏相关指当所研究的问题涉及多个变量(或因素)时,为了研究任何两个变量(或因素)之间的相关关系,而使与这两个变量(或因素)有联系的其他变量(或因素)都保持不变,即在控制了其他一个或多个变量(或因素)的影响下,只考虑两个变量(或因素)之间的相关关系.

9.2.2 相关系数

相关分析的主要内容是揭示变量(或因素)之间是否存在相关关系. 确定其关系的表现形式、密切程度和方向. 为了研究不同变量(或因素)之间的相关关系,20 世纪初,英国统计学家皮尔逊提出了所谓的皮尔逊相关系数(correlated coefficient),又称简单相关系数或相关系数,用以描述两变量间的线性相关关系.

定义 9.1 设变量 X 和 Y 的 n 对样本观察值为 $(x_1, y_1), (x_2, y_2), \cdots, (x_n, y_n)$，它们的样本均值分别为 $\overline{x}$ 和 $\overline{y}$，即 $\overline{x} = \dfrac{1}{n} \sum_{i=1}^{n} x_i$，$\overline{y} = \dfrac{1}{n} \sum_{i=1}^{n} y_i$，则简单相关系数定义为

$$r = \frac{\sum_{i=1}^{n} (x_i - \overline{x})(y_i - \overline{y})}{\sqrt{\sum_{i=1}^{n} (x_i - \overline{x})^2} \sqrt{\sum_{i=1}^{n} (y_i - \overline{y})^2}}. \tag{9.3}$$

简单相关系数的取值范围为 $-1 \leqslant r \leqslant 1$，因为对于任意的 t，有

$$\sum_{i=1}^{n} [(x_i - \overline{x})t - (y_i - \overline{y})]^2 \geqslant 0.$$

而

$$\sum_{i=1}^{n} [(x_i - \overline{x}) - (y_i - \overline{y})]^2 = \left[\sum_{i=1}^{n} (x_i - \overline{x})^2 \right] t^2 - 2 \left[\sum_{i=1}^{n} (x_i - \overline{x})(y_i - \overline{y}) \right] t + \sum_{i=1}^{n} (y_i - \overline{y})^2,$$

所以，有

$$\left[\sum_{i=1}^{n} (x_i - \overline{x})(y_i - \overline{y}) \right]^2 - \left[\sum_{i=1}^{n} (x_i - \overline{x})^2 \sum_{i=1}^{n} (y_i - \overline{y})^2 \right] \leqslant 0.$$

利用相关系数可在线性单相关条件下，衡量两个变量之间相关关系的相关方向和密切程度. 当简单相关系数 $r > 0$ 时，表示两个变量之间为正相关；当简单相关系数 $r < 0$ 时，表示两个变量之间为负相关. $r = 1$ 为完全正相关，$r = -1$ 为完全负相关，$r = 0$ 为不相关. 简单相关系数的绝对值 $|r|$ 越大，越接近于 1，表示两个变量之间的相关程度越密切；反之，简单相关系数的绝对值 $|r|$ 越小，越接近于 0，表示两个变量之间相关性越弱. 一般地，$0 < |r| \leqslant 0.3$ 为微弱相关，$0.3 < |r| \leqslant 0.5$ 为低度相关，$0.5 < |r| \leqslant 0.8$ 为显著相关，$0.8 < |r| \leqslant 1$ 为高度相关.

在实际计算中，为避免重复计算，简单相关系数可用化简后的公式计算，即

$$r = \frac{n \sum_{i=1}^{n} x_i y_i - \sum_{i=1}^{n} x_i \sum_{l=1}^{n} y_i}{\sqrt{n \sum_{i=1}^{n} x_i^2 - \left(\sum_{i=1}^{n} x_i \right)^2} \sqrt{n \sum_{i=1}^{n} y_i^2 - \left(\sum_{i=1}^{n} y_i \right)^2}}. \tag{9.4}$$

例 9.3 表 9-7 所示是某地区人均国内生产总值和按当年价格计算的居民消费水平的数据资料，计算两者的简单相关系数.

表 9-7

单位：元

样本序号	人均国内生产总值 x_i	居民消费水平 y_i	样本序号	人均国内生产总值 x_i	居民消费水平 y_i
1	11431	4883	3	9011	3985
2	9898	4684	4	8319	3535

续表

样本序号	人均国内生产总值 x_i	居民消费水平 y_i	样本序号	人均国内生产总值 x_i	居民消费水平 y_i
5	7813	3183	11	3341	1527
6	7188	2857	12	2565	1261
7	6514	2691	13	1827	998
8	6300	2706	14	1584	879
9	5899	2559	15	1556	820
10	4162	1954	16	1383	736

解 由表 9-7 中的数据进行相关计算后，得到表 9-8.

表 9-8

样本序号	x_i	y_i	x_i^2	y_i^2	$x_i y_i$
1	11431	4883	130667761	23843689	55817573
2	9898	4684	97970404	21939856	46362232
3	9011	3985	81198121	15880225	35908835
4	8319	3535	69205761	12496225	29407665
5	7813	3183	61042969	10131489	24868779
6	7188	2857	51667344	8162449	20536116
7	6514	2691	42432196	7241481	17529174
8	6300	2706	39690000	7322436	17047800
9	5899	2559	34798201	6548481	15095541
10	4162	1954	17322244	3818116	8132548
11	3341	1527	11162281	2331729	5101707
12	2565	1261	6579225	1590121	3224465
13	1827	998	3337929	996004	1823346
14	1584	879	2509056	772641	1392336
15	1556	820	2421136	672400	1275920
16	1383	736	1912689	541696	1017888
合计	88791	39258	653917317	124289038	284551925

所以，由式（9.4），得

$$r = \frac{n\sum_{i=1}^{n} x_i y_i - \sum_{i=1}^{n} x_i \sum_{i=1}^{n} y_i}{\sqrt{n\sum_{i=1}^{n} x_i^2 - \left(\sum_{i=1}^{n} x_i\right)^2}\sqrt{n\sum_{i=1}^{n} y_i^2 - \left(\sum_{i=1}^{n} y_i\right)^2}}$$

$$= \frac{16 \times 284551925 - 88791 \times 39258}{\sqrt{16 \times 653917317 - 88791^2}\sqrt{16 \times 124289038 - 39258^2}}$$

$$= \frac{1067073722}{\sqrt{257885391} \times \sqrt{447434044}} \approx 0.9934.$$

可见，人均国内生产总值与居民消费水平的简单相关系数为 0.9934，故它们是高度相关的.

上面定义的简单相关系数 r 可以作为总体相关系数 ρ 的一个估计值. 但是，当 $|r|>0$ 时，也不一定能说明总体相关系数 $\rho \neq 0$，因为这里面有抽样误差存在. 即使从相关系数 $\rho = 0$ 的总体中抽取的样本的简单相关系数 r 也不一定为零. 因此，我们需要对总体相关系数 ρ 是否为零进行判断，即需要对统计假设 $H_0 : \rho = 0$；$H_1 : \rho \neq 0$ 进行检验.

研究表明，简单相关系数 r 的抽样分布与总体相关系数和样本容量的大小有关. 当样本观测值来自正态总体时，随着样本容量 n 的增大，简单相关系数 r 的抽样分布趋于正态分布，尤其是当总体相关系数 ρ 很小或接近零时，趋于正态分布的趋势会非常明显. 于是，英国统计学家费希尔提出了，当总体分布服从或近似服从正态分布时，可利用 t 统计量来检验上面的假设. 具体的**检验步骤**如下.

（1）提出统计假设

$$H_0 : \rho = 0 ;\quad H_1 : \rho \neq 0 .$$

（2）计算统计量 $t = r\sqrt{\dfrac{n-2}{1-r^2}}$.

（3）对于给定的显著性水平 α，查临界值 $t_\alpha(n-2)$.

（4）做统计决策. 当 $|t| < t_\alpha(n-2)$ 时，就认为原假设 H_0 成立，即认为 $\rho = 0$；否则，就拒绝原假设 H_0，即认为 $\rho \neq 0$.

例 9.4　利用例 9.3 的数据检验假设 $H_0 : \rho = 0$；$H_1 : \rho \neq 0$（取 $\alpha = 0.05$）.

解　提出统计假设

$$H_0 : \rho = 0 ;\quad H_1 : \rho \neq 0 .$$

计算统计量

$$t = r\sqrt{\frac{n-2}{1-r^2}} = 0.993386152 \times \sqrt{\frac{16-2}{1-0.993386152^2}} \approx 32.37124 .$$

查 t 分布双侧分位数表（附表 2），得

$$t_{0.05}(16-2) = 2.1448 .$$

显然，$|t| = |r|\sqrt{\dfrac{n-2}{1-r^2}} \approx 32.37124 > 2.1448$，所以拒绝假设 H_0，即人均国内生产总值与居民消费水平具有相关关系.

9.3 一元线性回归分析

内容概要

1. 一元线性回归模型的一般形式

$$Y = \beta_0 + \beta_1 X + \varepsilon .$$

其中，Y 为因变量，也称为被解释变量；X 为自变量，也称为解释变量；β_0, β_1 为模型参数；ε 为随机误差.

2. 回归分析的假定

（1）对于每个 i，$E(\varepsilon_i) = 0$.

（2）$D(\varepsilon_i) = \sigma^2 (i = 1, 2, \cdots, n)$.

（3）$\mathrm{Cov}(\varepsilon_i, \varepsilon_j) = 0 (i, j = 1, 2, \cdots, n ; \ i \neq j)$.

（4）$\mathrm{Cov}(X_i, \varepsilon_i) = 0$.

（5）$\varepsilon_i \sim N(0, \sigma^2)$.

3. 重要结论

（1）$E(Y_i) = \beta_0 + \beta_1 X_i$.

（2）$D(Y_i) = \sigma^2 \ (i = 1, 2, \cdots, n)$.

（3）$\mathrm{Cov}(Y_i, Y_j) = 0 \ (i, j = 12, \cdots, n ; \ i \neq j)$.

（4）Y_i 服从正态分布，且 $Y_i \sim N(\beta_0 + \beta_1 X_i, \sigma^2)$.

4. 回归直线方程

直线方程 $\hat{y} = \hat{\beta}_0 + \hat{\beta}_1 x$ 为样本的回归直线方程，或称线性回归方程. 其中，$\hat{\beta}_0$ 和 $\hat{\beta}_1$ 的计算：

$$\hat{\beta}_1 = \frac{n \sum\limits_{i=1}^{n} x_i y_i - \sum\limits_{i=1}^{n} x_i \sum\limits_{i=1}^{n} y_i}{n \sum\limits_{i=1}^{n} x_i^2 - \left(\sum\limits_{i=1}^{n} x_i \right)^2} , \quad \hat{\beta}_0 = \frac{1}{n} \sum\limits_{i=1}^{n} y_i - \hat{\beta}_1 \left(\frac{1}{n} \sum\limits_{i=1}^{n} x_i \right) .$$

回归分析又称相关分析，是用来研究分析变量之间相关关系的一种数理统计方法. 在两个变量的情况下，若已知某一变量与另一变量之间存在某种相关关系，在此情形下，一个变量（记为 y）的值在某种程度上是随另一个变量（记为 x）的变化而变化的，通常称前者 y 为因变量，称后者 x 为自变量. 例如，在农业生产中，往往要考虑农作物的单位面积产量 y 与单位面积施肥量 x 之间的相关关系. 这种变量之间的关系一般不能从理论的研究和推导中得到一个准确的表达式，因此，相关关系也称为不确定性关系. 变量之间的相关关系尽管是不确定的, 但在大量的试验和观测中, 则表现出某种规律性, 回归分析就是研究变量间相关关系的统计方法, 通过回归分析得出的表达变量之间关系的方程称为**回归方程**.

9.3.1 一元线性回归模型

例 9.5 为研究某一化学反应过程中, 温度 x (单位: ℃) 对产品得率 y (单位: %) 的影响, 测得一组数据如表 9-9 所示.

表 9-9

温度 x	100	110	120	130	140	150	160	170	180	190
得率 y	45	51	54	61	66	70	74	78	85	89

试判断 x 和 y 之间是否具有相关关系.

解 依照表 9-9 中的数据作图 (图 9-8), 由图可看出, 产品得率 y 随温度 x 的升高而增大, 两者大体呈直线关系, 即有相关关系.

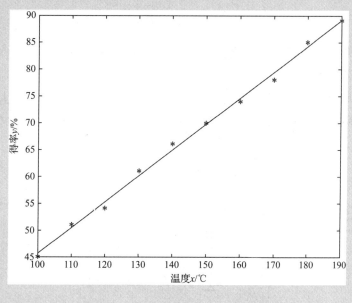

图 9-8

显然我们可以确定出产品得率 y 与温度 x 之间的关系式, 由上面给出的数据, 我们得到

$$\hat{y} = -2.739 + 0.483x.$$

这里 $\hat{y}$ 是温度取值 x 时, 产品得率的真实值, 它区别于带有随机误差的实际值 y.

通常 y 看作可观测的随机变量, 它受随机误差的影响, x 为一般变量. 如果它们之

间存在如下关系

$$y = \beta_0 + \beta_1 x + \varepsilon , \quad \varepsilon \sim N(0, \sigma^2) , \tag{9.5}$$

其中参数 β_0，β_1，σ^2 不依赖于 x，称模型（9.5）为**一元线性回归模型**. 由模型（9.5）可知 $y \sim N(\beta_0 + \beta_0 x, \sigma^2)$，它依赖于 x 的值.

如果由样本得到模型（9.5）中的 β_0，β_1 的估计值 $\hat{\beta}_0$，$\hat{\beta}_1$，则称关系式 $y = \hat{\beta}_0 + \hat{\beta}_1 x$ 为**线性回归方程**（linear regression equation），它的图形称为**回归直线**，通常称 β_0，β_1 为**回归系数**（regression coefficient）.

取 x 的 n 个不同的值 $x_1, x_2, \cdots, x_n$ 做独立试验，得样本 $(x_1, y_1), (x_2, y_2), \cdots, (x_n, y_n)$. 由式（9.5），有

$$y_i = \hat{\beta}_0 + \hat{\beta}_1 x_i + \varepsilon_i, \varepsilon_i \sim N(0, \sigma^2) \quad (i = 1, 2, \cdots, n) , \tag{9.5'}$$

且各 ε_i 相互独立. 也称模型（9.5'）为**一元线性回归模型**.

9.3.2 模型中参数的估计

模型（9.5）中，β_0，β_1，σ^2 为未知参数，如果有 n 个观察值 $(x_1, y_1), (x_2, y_2), \cdots, (x_n, y_n)$，我们这里采用最小二乘估计法来估计回归系数 β_0 与 β_1，进而得到方差 σ^2 的估计. 令

$$Q = \sum_{i=1}^{n} (y_i - \beta_0 - \beta_1 x_i)^2 ,$$

Q 是 n 次观察中误差项 ε_i^2 之和，称 Q 为**误差平方和**，它反映了 y 与 $\beta_0 + \beta_1 x$ 之间在 n 次观察中总的误差程度.

最小二乘原理就是要寻找使得 Q 达到最小值的 $\hat{\beta}_0$ 和 $\hat{\beta}_1$ 作为 β_0 和 β_1 的点估计，这时称 $\hat{\beta}_0$ 和 $\hat{\beta}_1$ 为参数 β_0 和 β_1 的**最小二乘估计**（least squares estimate）. 由于 Q 是关于 β_0 和 β_1 的二次函数，所以 $\hat{\beta}_0$ 和 $\hat{\beta}_1$ 就是如下表达式的解：

$$\min Q = \min \sum_{i=1}^{n} (y_i - \beta_0 - \beta_1 x_i)^2 . \tag{9.6}$$

利用微积分的方法，求 Q 关于 β_0 和 β_1 的偏导数，并令其为 0，得

$$\begin{cases} \dfrac{\partial Q}{\partial \beta_0} = -2 \sum_{i=1}^{n} (y_i - \beta_0 - \beta_1 x_i) = 0, \\[2mm] \dfrac{\partial Q}{\partial \beta_1} = -2 \sum_{i=1}^{n} (y_i - \beta_0 - \beta_1 x_i) x_i = 0. \end{cases} \tag{9.7}$$

记

$$\bar{x} = \frac{1}{n} \sum_{i=1}^{n} x_i , \quad \bar{y} = \frac{1}{n} \sum_{i=1}^{n} y_i ,$$

$$L_{xx} = \sum_{i=1}^{n} (x_i - \bar{x})^2 , \quad L_{xy} = \sum_{i=1}^{n} (x_i - \bar{x})(y_i - \bar{y}) .$$

显然，有

$$L_{xx} = \sum_{i=1}^{n} x_i^2 - n\overline{x}^2 , \quad L_{xy} = \sum_{i=1}^{n} x_i y_i - n\overline{xy} .$$

由式（9.7）得方程组

$$\begin{cases} n\beta_0 + n\overline{x}\beta_1 = n\overline{y}, \\ n\overline{x}\beta_0 + \beta_1 \sum_{i=1}^{n} x_i^2 = \sum_{i=1}^{n} x_i y_i. \end{cases}$$

称它为**正规方程组**，解这个方程组，得 β_0 和 β_1 的**最小二乘估计**为

$$\hat{\beta}_0 = \overline{y} - \hat{\beta}_1 \overline{x} ,$$

$$\hat{\beta}_1 = \frac{\displaystyle\sum_{i=1}^{n} x_i y_i - n\overline{x}\,\overline{y}}{\displaystyle\sum_{i=1}^{n} x_i^2 - n\overline{x}^2} = \frac{L_{xy}}{L_{xx}} .$$

注　由于模型中的误差分布是正态分布，可以证明，参数的最小二乘估计与极大似然估计是完全相同的．由于 $\hat{\beta}_1$ 是 $y_1, y_2, \cdots, y_n$ 的线性组合，所以 $\hat{\beta}_1$ 服从正态分布，并且

$$\hat{\beta}_1 \sim N\left(\beta_1, \frac{\sigma^2}{L_{xx}}\right),$$

同样可以证明，$\hat{\beta}_0$ 也服从正态分布，并且

$$\hat{\beta}_0 \sim N\left(\beta_0, \sigma^2\left(\frac{1}{n} + \frac{\overline{x}^2}{L_{xx}}\right)\right).$$

例9.6　求例 9.5 中 y 关于 x 的线性回归方程.

解　由表 9-9 中的数据，计算得

$$n = 10 , \quad \overline{x} = \frac{1}{n}\sum_{i=1}^{n} x_i = 145 , \quad \overline{y} = \frac{1}{n}\sum_{i=1}^{n} y_i = 67.3 ,$$

因此，有

$$L_{xx} = \sum_{i=1}^{n} x_i^2 - n\overline{x}^2 = 218500 - 10 \times 145^2 = 8250 ,$$

$$L_{xy} = \sum_{i=1}^{n} x_i y_i - n\overline{x}\,\overline{y}^2 = 101570 - 10 \times 145 \times 67.3 = 3985 .$$

故

$$\hat{\beta}_1 = \frac{L_{xy}}{L_{xx}} = \frac{3985}{8250} \approx 0.48303 ,$$

$$\hat{\beta}_0 = \overline{y} - \hat{\beta}_1 \overline{x} = 67.3 - 0.48303 \times 145 = -2.73935.$$

于是得回归方程

$$\hat{y} = -2.73935 + 0.48303x .$$

记 $\hat{y}_i = \hat{\beta}_0 + \hat{\beta}_1 x_i (i = 1, 2, \cdots, n)$ ， $y_i - \hat{y}_i$ 称为 x_i 处的 **残差** （residual），平方和

$$Q_e = \sum_{i=1}^{n} (y_i - \hat{y}_i)^2 = \sum_{i=1}^{n} (y_i - \beta_0 - \beta_1 x_i)^2$$

称为 **残差平方和**. 可以证明，$\dfrac{Q_e}{\sigma^2} \sim \chi^2(n-2)$. 于是由 $E\left(\dfrac{Q_e}{\sigma^2}\right) = n - 2$ ，知 $\hat{\sigma}^2 = \dfrac{Q_e}{n-2}$ 是 σ^2 的无偏估计.

为计算方便，将 Q_e 做如下分解，记

$$L_{yy} = \sum_{i=1}^{n} (y_i - \overline{y}) = \sum_{i=1}^{n} y_i^2 - n\overline{y}^2 ,$$

则

$$Q_e = \sum_{i=1}^{n} (y_i - \hat{y}_i)^2 = \sum_{i=1}^{n} [y_i - \overline{y} - \hat{\beta}_1(x_i - \overline{x})]^2 = L_{yy} - 2\hat{\beta}_1 L_{xy} + \hat{\beta}_1 L_{xx} = L_{yy} - \hat{\beta}_1 L_{xy} ,$$

从而得到 $\hat{\sigma}^2$ 的计算公式

$$\hat{\sigma}^2 = \frac{1}{n-2}(L_{yy} - \hat{\beta}_1 L_{xy}) .$$

例 9.7 求例 9.6 中 σ^2 的无偏估计.

解 由相关数据，得

$$L_{yy} = \sum_{i=1}^{n} y_i^2 - n\overline{y}^2 = 47225 - 10 \times 67.3^2 = 1932.1 ,$$

又 $L_{xy} = 3985$ ， $\hat{\beta}_1 = 0.48303$ ，于是得

$$\hat{\sigma}^2 = \frac{1}{n-2}(L_{yy} - \hat{\beta}_1 L_{xy}) = \frac{1}{8} \times (1932.1 - 0.48303 \times 3985) \approx 0.903 .$$

9.3.3 回归方程的显著性检验

应用以上方法求 y 对 x 的回归方程时，首先考虑 y 与 x 之间是否存在线性相关关系. 除使用有关的专业知识来判断外，还要根据实际观测数据运用假设检验的方法来检验.

由模型（9.5）知，若 $\beta_1 = 0$ ，则 y 不依赖于 x ，从而可以认为它们不存在线性相关关系；若 $\beta_1 \neq 0$ ，则说明 y 与 x 之间有线性相关关系. 因此，问题归结为检验假设

$$H_0: \beta_1 = 0 ；\quad H_1: \beta_1 \neq 0 .$$

关于回归方程的显著性检验，在实际应用中，可以采用 r 检验法、t 检验法和 F 检验法. 我们这里只介绍 r 检验法和 F 检验法.

1. r 检验法

r 检验法的全称是 **相关系数检验法**. 考虑偏差平方和 $L_{yy} = \sum_{i=1}^{n} (y_i - \overline{y})^2$ ，它反映了

$y_1, y_2, \cdots, y_n$ 波动的大小．这个波动的原因有两个：一个是当 y 与 x 之间有线性相关关系时，由于 x 的波动引起 y 的波动；另一个是由其他因素引起的，包括 x 对 y 的非线性影响、试验误差、随机干扰及一切未加控制的因素的影响．为此，我们将 L_{yy} 进行分解：

$$L_{yy} = \sum_{i=1}^{n} (y_i - \hat{y}_i + \hat{y}_i - \overline{y})^2 = \sum_{i=1}^{n} (y_i - \hat{y}_i)^2 + \sum_{i=1}^{n} (\hat{y}_i - \overline{y})^2 ,$$

其中交叉项为零．记 $U = \sum_{i=1}^{n} (\hat{y}_i - \overline{y})^2$ ，则

$$L_{yy} = Q_e + U ,$$

这里 Q_e 为**残差平方和**或称为**剩余平方和**，U 称为**回归平方**．由于 $E\left(\dfrac{Q_e}{n-2}\right) = \sigma^2$ ，所以 Q_e 反映了除 x 对 y 的线性影响之外的一切随机因素对 y 的影响；U 反映了由于 x 的变化所带来的 y 的变化．令

$$r^2 = \frac{U}{L_{yy}} ,$$

它代表了回归平方和在总的偏差平方和中所占的比例，这个比例越大，r 的平方越大，x 与 y 之间的线性相关关系也越强；反之，这个比例越小，r 的平方越小，x 与 y 的之间的线性相关关系也越弱．因此称 r 为**相关系数**．由于

$$Q_e = \sum_{i=1}^{n} (y_i - \hat{y}_i)^2 = L_{yy} - \hat{\beta}_1 L_{xy} ,$$

$$U = L_{yy} - Q_e = \hat{\beta}_1 L_{xy} = \frac{L_{xy}^2}{L_{xx}} ,$$

因此，有

$$r^2 = \frac{U}{L_{yy}} = \frac{L_{xy}^2}{L_{xx} L_{yy}} ,$$

即

$$r = \frac{L_{xy}}{\sqrt{L_{xx} L_{yy}}} .$$

比较相关系数 r 与回归系数 $\hat{\beta}_1$ 的表达式知，r 与 $\hat{\beta}_1$ 的正负号一致．又由 $r^2 = \dfrac{U}{L_{yy}} = \dfrac{L_{yy} - Q_e}{L_{yy}}$ ，得

$$Q_e = L_{yy}(1 - r^2) .$$

这表明 $|r| \leqslant 1$ ，且当 L_{yy} 固定时，$|r|$ 越接近于 1，残差平方和 Q_e 越小．特别地，当 $|r| = 1$ 时，$Q_e = 0$，$U = L_{yy}$，即 y 的变化完全由 y 与 x 之间的线性关系所引起．

引入统计量

$$r = \frac{L_{xy}}{\sqrt{L_{xx}L_{yy}}} = \frac{\sum_{i=1}^{n}(x_i - \overline{x})(y_i - \overline{y})}{\sqrt{\sum_{i=1}^{n}(x_i - \overline{x})^2 \sum_{i=1}^{n}(y_i - \overline{y})^2}} ,$$

可用来表示 y 与 x 之间线性相关的密切程度. 给定一个显著性水平 α（一般为 0.05, 0.01 等）及自由度 $n{-}2$，可通过相关系数表查得临界值 r_α. 若 $|r| > r_\alpha$，则拒绝 $H_0(\beta_1 = 0)$，即认为 y 与 x 之间存在线性相关关系，回归方程 $\hat{y} = \hat{\beta}_0 + \hat{\beta}_1 x$ 是显著的；反之，则认为回归方程不显著.

相关系数 r 检验法的一般步骤如下：

（1）提出假设 $H_0 : \beta_1 = 0$；$H_1 : \beta_1 \neq 0$.

（2）根据检验统计量 $r = \dfrac{L_{xy}}{\sqrt{L_{xx}L_{yy}}}$ 计算 r 的值.

（3）给定显著性水平 α 及自由度 $n{-}2$，查相关系数检验表，确定临界值 r_α.

（4）做出判断：若 $|r| > r_\alpha$，则拒绝 H_0，即认为回归方程显著；反之，则接受 H_0，即认为回归方程不显著.

例 9.8 在例 9.6 中，用 r 检验法检验 $H_0 : \beta_1 = 0 \, (\alpha = 0.01)$.

解 提出假设

$$H_0 : \beta_1 = 0 ; \quad H_1 : \beta_1 \neq 0 .$$

计算统计量

$$r = \frac{L_{xy}}{\sqrt{L_{xx}L_{yy}}} = \frac{3985}{\sqrt{8250 \times 1932.1}} \approx 0.998 .$$

给定显著性水平 $\alpha = 0.01$，查得临界值 $r_{0.01} = 0.765$. 因为 $r > r_{0.01}$，所以拒绝 H_0，即认为 y 与 x 之间的回归方程显著.

2. F 检验法

由于回归平方和 U 主要反映了 x 对 y 的影响，U 的值越大，y 与 x 之间的线性相关关系就越密切，因此，用 U 和 Q_e 做比较就可以判断假设 H_0 是否成立.

由 $\hat{\beta}_1 \sim N\left(\beta_1, \dfrac{\sigma^2}{L_{xx}}\right)$ 知，当 H_0 成立时，$\dfrac{\hat{\beta}_1}{\sigma / \sqrt{L_{xx}}} \sim N(0,1)$，因此

$$\frac{U}{\sigma^2} = \frac{\hat{\beta}_1^2 L_{xx}}{\sigma^2} \sim \chi^2(1) .$$

而 $\dfrac{Q_e}{\sigma^2} \sim \chi^2(n-2)$，并且可以证明，$\hat{\beta}_1$ 和 Q_e 独立，从而 U 和 Q_e 独立. 引入统计量

$$F = \frac{U}{Q_e / (n-2)} \sim F(1, n-2),$$

于是，给定显著性水平 α，若 $F > F_\alpha(1, n-2)$，则拒绝 H_0，即认为 y 与 x 之间存在线性相关关系，这时回归方程显著；否则就认为回归方程不显著.

用 F 检验法进行检验，与方差分析中所讲的一样，可以排成方差分析表，如表 9-10 所示.

表 9-10

方差来源	平方和	自由度	均方	F 比
回归	U	1	U	$\dfrac{U}{Q_e / (n-2)}$
残差	Q_e	$n-2$	$Q_e/(n-2)$	
总和	L_{yy}	$n-1$		

对 L_{yy}, U, Q_e 的具体计算常用下面的公式：

$$L_{yy} = \sum_{i=1}^{n} (y_i - \overline{y})^2 = \sum_{i=1}^{n} y_i^2 - n\overline{y}^2,$$

$$U = \hat{\beta}_1 L_{xx} = \hat{\beta}_1 L_{xy}, \quad Q_e = L_{yy} - \hat{\beta}_1 L_{xy}.$$

例 9.9　在例 9.6 中，用 F 检验法检验 $H_0 : \beta_1 = 0$（$\alpha = 0.01$）.

解　提出假设

$$H_0 : \beta_1 = 0 ; \quad H_1 : \beta_1 \neq 0.$$

由相关数据计算，得

$$U = \hat{\beta}_1 L_{xy} = \frac{L_{xy}^2}{L_{xx}} = \frac{3985^2}{8250} \approx 1924.876,$$

$$Q_e = L_{yy} - U = 1932.1 - 1924.876 \approx 7.224.$$

列方差分析表，如表 9-11 所示.

表 9-11

方差来源	平方和	自由度	均方	F 比
回归	1924.876	1	1924.876	
残差	7.224	8	0.903	2131.6[**]
总和	1932.1	9		

查 F 分布上侧分位数表（附表 4），得 $F_{0.01}(1,8) = 11.26$，由于 2131.6>11.26，所以拒绝 H_0，即回归方程高度显著.

9.3.4　预测与控制

回归方程的两个重要的应用是预测与控制. 所谓**预测**, 是指对于给定的 x 的值预测 y 的值. 所谓**控制**, 是指通过 x 的值, 把 y 的值控制在指定的范围之内.

1. 预测

设回归方程 $\hat{y} = \hat{\beta}_0 + \hat{\beta}_1 x$ 是根据观察值 $(x_1, y_1), (x_2, y_2), \cdots, (x_n, y_n)$ 求得的. 令 x_0 表示 x 的某个固定值, 且 $y = \beta_0 + \beta_1 x_0 + \varepsilon_0$, $\varepsilon_0 \sim N(0, \sigma^2)$. 假设 $y_0, y_1, \cdots, y_n$ 相互独立, 或者说 (x_0, y_0) 是将要做的一次独立试验的结果. 根据回归方程的意义, 很自然地, 我们用 $\hat{y} = \hat{\beta}_0 + \hat{\beta}_1 x_0$ 作为 y_0 的预测值, 因为

$$E(\hat{y}_0) = E(\hat{\beta}_0 + \hat{\beta}_1 x_0) = \beta_0 + \beta_1 x_0 = E(y_0),$$

故预测值 $\hat{y}_0$ 是 $E(y_0)$ 的无偏估计. 下面讨论 y_0 的预测区间问题, 也就是 y_0 的区间估计问题.

可以证明

$$\hat{y}_0 = \hat{\beta}_0 + \hat{\beta}_1 x_0 \sim N\left(\beta_0 + \beta_1 x_0, \left[\frac{1}{n} + \frac{(x_0 - \bar{x})^2}{L_{xx}}\right]\sigma^2\right),$$

且 y_0 与 $\hat{y}_0$ 相互独立, 于是

$$y_0 - \hat{y}_0 \sim N\left(0, \left[1 + \frac{1}{n} + \frac{(x_0 - \bar{x})}{L_{xx}}\right]\sigma^2\right).$$

另一方面, $\dfrac{Q_e}{\sigma^2} \sim \chi^2(n-2)$, 且 Q_e 和 $\hat{y}_0$ 相互独立, 从而 Q_e 和 $y_0 - \hat{y}_0$ 相互独立, 因此, 有

$$t = \frac{y_0 - \hat{y}_0}{\sigma\sqrt{1 + \dfrac{1}{n} + \dfrac{(x_0 - \bar{x})^2}{L_{xx}}}} \Bigg/ \sqrt{\frac{Q_e}{\sigma^2(n-2)}} = \frac{y_0 - \hat{y}_0}{\sqrt{\dfrac{Q_e}{n-2}}\sqrt{1 + \dfrac{1}{n} + \dfrac{(x_0 - \bar{x})^2}{L_{xx}}}} \sim t(n-2).$$

给定置信度 $1 - \alpha$, 容易求得 y_0 的置信度为 $1 - \alpha$ 的预测区间为

$$\left(\hat{y}_0 - t_{\alpha/2}(n-2)S\sqrt{1 + \frac{1}{n} + \frac{(x_0 - \bar{x})^2}{L_{xx}}},\ \hat{y}_0 + t_{\alpha/2}(n-2)S\sqrt{1 + \frac{1}{n} + \frac{(x_0 - \bar{x})^2}{L_{xx}}}\right),$$

这里 $S = \sqrt{\dfrac{Q}{n-2}}$ 称为**剩余标准差**.

由上可知, S 越小, 预测区间越窄, 即预测越精确; x_0 越靠近 $\bar{x}$, 预测也越精确. 若记

$$\delta(x_0) = t_{\alpha/2}(n-2)S\sqrt{1 + \frac{1}{n} + \frac{(x_0 - \bar{x})^2}{L_{xx}}},$$

则上述预测区间可写成

$$(\hat{y}_0 - \delta(x_0),\ \hat{y}_0 + \delta(x_0)).$$

对于给定的样本观察值作曲线

$$y_1(x) = \hat{y} - \delta(x) ,$$
$$y_2(x) = \hat{y} + \delta(x) ,$$

则夹在这两条曲线之间的部分就是 $y = \beta_0 + \beta_1 x + \varepsilon$ 的置信度为 $1 - \alpha$ 的预测带域，这一带域在 $x = \bar{x}$ 处最窄，如图 9-9 所示.

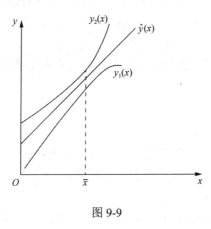

图 9-9

例 9.10   求例 9.5 中，温度 $x_0 = 125$ 时，得率 y_0 的预测值和置信度为 0.95 的预测区间.

解   由例 9.6 知线性回归方程为
$$\hat{y} = -2.73935 + 0.48303x ,$$

则预测值
$$\hat{y}_0 = -2.73935 + 0.48303x_0 \approx 57.64 .$$

给定置信度 $1 - \alpha = 0.95$ ，查表，得
$$t_{\alpha/2}(n-2) = t_{0.025}(8) = 2.3060 .$$

于是，有

$$S = \sqrt{\frac{Q_e}{n-2}} = \sqrt{\frac{7.224}{8}} \approx 0.9503 ,$$

$$\delta(x_0) = t_{\alpha/2}(n-2)S\sqrt{1 + \frac{1}{n} + \frac{(x_0 - \bar{x})^2}{L_{xx}}}$$

$$= 2.3060 \times 0.9503 \times \sqrt{1 + \frac{1}{10} + \frac{(125-145)^2}{8250}}$$

$$\approx 2.348,$$

因此 y_0 的置信度为 0.95 的预测区间为

$$(\hat{y}_0 - \delta(x_0), \hat{y}_0 + \delta(x_0)) , \quad 即 (55.292, 59.988) .$$

当 x_0 的取值在 $\bar{x}$ 附近而 n 较大时，有

$$1+\frac{1}{n}+\frac{(x_0-\overline{x})^2}{L_{xx}}\approx1,\quad t_{\alpha/2}(n-2)\approx u_{\alpha/2},$$

则预测区间近似为

$$(\hat{y}_0-u_{\alpha/2}S,\ \hat{y}_0+u_{\alpha/2}S).$$

当 α 分别取 0.05 和 0.01 时，则 y_0 的置信度为 0.95 与 0.99 的预测区间分别为

$$(\hat{y}_0-1.96S,\ \hat{y}_0+1.96S),$$
$$(\hat{y}_0-2.58S,\ \hat{y}_0+2.58S).$$

利用以上两式进行预测很方便，只需计算出 $\hat{y}_0$ 及剩余标准差 S 即可.

2. 控制

控制是预测的反问题，即若要观察值 y 以 $1-\alpha$ 的概率落在指定的区间 (y_1',y_2') 中，那么 x 应控制在什么范围之内呢？即要求出区间 (x_1',x_2')，使当 $x_1'<x<x_2'$ 时，对应的观察值 y 以 $1-\alpha$ 的概率落在 (y_1',y_2') 中.

对给出的 $y_1'<y_2'$ 和置信度 $1-\alpha$，x 的取值在 $\overline{x}$ 附近而 n 较大时，由

$$\begin{cases}y_1'=\hat{\beta}_0+\hat{\beta}_1x_1'-u_{\alpha/2}S,\\ y_2'=\hat{\beta}_0+\hat{\beta}_1x_2'+u_{\alpha/2}S,\end{cases}$$

可得

$$\begin{cases}x_1'=\left(y_1'-\hat{\beta}_0+u_{\alpha/2}S\right)/\hat{\beta}_1,\\ x_2'=\left(y_2'-\hat{\beta}_0-u_{\alpha/2}S\right)/\hat{\beta}_1.\end{cases}$$

显然当 $y_2'-y_1'>2u_{\alpha/2}S$ 时，$\hat{\beta}_1>0$ 的控制范围是 (x_1',x_2')，$\hat{\beta}_1<0$ 的控制范围是 (x_2',x_1').

9.3.5 可化为一元线性回归的情形

在实际经济管理活动中，所涉及的经济管理变量的关系是复杂的，变量之间的关系不一定都是线性关系，在很多情形下是非线性的. 用恰当类型的曲线来描述经济管理变量之间的关系更符合实际情况. 例如，个人收入与某种商品购买量之间关系表现为幂函数曲线形式，即所谓的恩格尔曲线形式；失业率和货币工资变动率之间关系表现为双曲线形式，在宏观经济学中，这一关系用菲利普斯曲线来描述；税收与税率之间的关系表现为抛物线形式，即所谓的拉弗曲线形式等.

选择反映变量之间关系的曲线类型，即模型的数学形式有几点要求：第一，根据经济管理的理论做定性分析，选择的数学模型形式与经济管理学的基本理论相一致；第二，所选择的模型对样本观测值有较高的拟合程度，只有这样，选择的数学模型才能较好地反映实际运行的情况；第三，所选择的模型的数学形式要尽可能简单，操作起来较为方便.

在经济管理实践中，有些非线性关系往往可通过某些简单的变量代换，使之化为数

学上的线性关系，从而可采用线性模型的方法来处理．下面我们着重介绍几种经常用的可化为线性问题的非线性回归问题的处理方法．

例如：

（1）双曲线：$\dfrac{1}{y} = a + \dfrac{b}{x}$；

（2）幂函数曲线：$y = ax^b$，其中 $x>0$，$a>0$；

（3）指数曲线：$y = ae^{bx}$，其中参数 $a>0$；

（4）倒指数曲线：$y = ae^{b/x}$，其中 $a>0$；

（5）对数曲线：$y = a+b\ln x$，$x>0$；

（6）S 型曲线：$y = \dfrac{1}{a + be^{-x}}$．

这些曲线都可通过变换化为线性形式．例如，对于双曲线式的回归模型

$$\frac{1}{y} = a + \frac{b}{x} + \varepsilon, \quad \varepsilon \sim N(0, \sigma^2),$$

令 $y' = \dfrac{1}{y}$，$x' = \dfrac{1}{x}$，则上式就变换为一元线性回归模型：

$$y' = \beta_0 + \beta_1 x' + \varepsilon, \quad \varepsilon \sim N(0, \sigma^2).$$

例 9.11 电容器充电达到某电压值时为时间的计算原点，此后电容器串联一电阻开始放电，测定各时刻的电压 U，测得结果如表 9-12 所示．

表 9-12

时间 t/s	0	1	2	3	4	5	6	7	8	9	10
电压 U/V	100	75	55	40	30	20	15	10	10	5	5

若 U 与 t 的关系为 $U = U_0 e^{-Ct}$，其中 U_0, C 未知，求 U 对 t 的回归方程．

解 对 $U = U_0 e^{-Ct}$ 的两边取对数，得

$$\ln U = \ln U_0 - Ct,$$

令 $y = \ln U$，$\beta_0 = \ln U_0$，$\beta_1 = -C$，则有 $y = \beta_0 + \beta_1 t$．相应地，做数据变换，得表 9-13.

表 9-13

t	0	1	2	3	4	5	6	7	8	9	10
y	4.6	4.3	4.0	3.7	3.4	3	2.7	2.3	2.3	1.6	1.6

经计算，得

$$n = 11, \quad \bar{t} = 5, \quad \bar{y} = 3.045, \quad L_{tt} = 110, \quad L_{yy} = 10.867,$$

$$L_{ty} = 133.1 - 11 \times 5 \times 3.045 \approx -34.38.$$

从而得

$$\tilde{\beta}_1 = -0.313, \quad \hat{\beta}_0 = \bar{y} - \hat{\beta}_1 \bar{t} = 3.045 + 0.313 \times 5 = 4.61.$$

所以

$$\hat{C} = 0.313, \quad \hat{U}_0 = e^{\beta_0} \approx 100.48.$$

故所求回归方程为

$$\hat{U} = 100.48 e^{-0.313t}.$$

典型问题答疑解惑

问题 1 如何区分讨论的问题是方差分析还是回归分析？

问题 2 方差分析与数理统计的其他内容有何联系？

问题 3 进行方差分析时应注意些什么问题？

问题 4 进行回归分析时应注意哪些问题？

问题 5 如何理解回归方程 $\hat{y} = \hat{\beta}_0 + \hat{\beta}_1 x$ 中的 $\hat{\beta}_0, \hat{\beta}_1$？

习题 9

解答题

1. 某企业的基本资料如表 9-14 所示.

表 9-14　　　　　　　　　　　　　　　　　　　单位：万元

月份	1	2	3	4	7	8	9	10	11	12
销售额	25	28	30	30	5	10	12	15	15	20
销售利润	2.5	2.8	3.0	3.0	0.8	1.0	0.2	2.0	2.2	2.5

对于给定的显著性水平 $\alpha = 0.05$，检验销售额与销售利润是否存在显著的线性相关关系.

2. 某医师测得 10 名 3 岁儿童的身高和体重的资料如表 9-15 所示.

表 9-15

编号	1	2	3	4	5	6	7	8	9	10
身高/cm	88.0	87.6	88.5	89.0	87.7	89.5	88.8	90.4	90.6	91.2
体重/kg	11.0	11.8	12.0	12.3	13.1	13.7	14.4	14.9	15.2	16.0

试用一元线性回归方法确定以体重为自变量、身高为因变量的回归直线方程.

3. 根据某地区历年人均月收入（单位：元）与商品销售额（单位：万元）的资料计算出有关数据如下（x 代表人均收入，y 代表销售额）：$n = 9$，$\sum x_i = 546$，$\sum y_i = 260$，

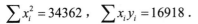

$\sum x_i^2 = 34362$ ，$\sum x_i y_i = 16918$ ．

（1）试建立以商品销售额为因变量的直线回归方程，并解释回归系数的含义；

（2）若 2021 年人均月收入为 400 元，试推算该年的商品销售额．

4．已知一元线性回归分析有关计算的结果如下：回归平方和 $U = 680$，剩余平方和 $Q = 1205$，剩余平方和的自由度为 20．问：

（1）在进行回归分析时所采用的观察值有多少组？

（2）根据上述数据进行方差分析，计算 F 值．

（3）当显著性水平为 $\alpha = 0.05$ 时，说明回归直线方程是否有效．

5．为分析某种产品的销售额 x 对销售成本 y 的影响，现根据某商场 2021 年 12 个月的有关统计资料计算出以下数据（单位：万元）：

$$\bar{x} = 647.88 ，\quad \bar{y} = 549.8 ，$$

$$\sum (x_i - \bar{x})^2 = 425053.73 ，\quad \sum (y_i - \bar{y})^2 = 262855.25 ，$$

$$\sum (x_i - \bar{x})(y_i - \bar{y}) = 334229.09 ．$$

（1）建立回归直线方程，并对回归系数的经济意义做出解释；

（2）对回归直线方程进行显著性检验；（取 $\alpha = 0.05$ ）

（3）假定 2022 年 1 月的销售额为 800 万元，利用拟合的回归直线方程预测相应的销售成本，并给出置信水平为 95% 的预测区间．

参 考 文 献

哈金才，梁贤，2020. 数理统计思想方法实践应用[M]. 西安：西安工业大学出版社.

哈金才，秦传东，范亚静，2018. 概率论与数理统计[M]. 长春：吉林大学出版社.

何书元，2021. 概率论与数理统计[M]. 北京：高等教育出版社.

梁贤，哈金才，2016. 工程数学中典型问题及应用[M]. 长春：吉林大学出版社.

茆诗松，程依明，濮晓龙，2011. 概率论与数理统计[M]. 2 版. 北京：高等教育出版社.

盛骤，谢式千，潘承毅，2020. 概率论与数理统计[M]. 5 版. 北京：高等教育出版社.

唐生强，1999. 概率论与数理统计复习指导[M]. 北京：科学出版社.

王松桂，张忠占，程维虎，等，2006. 概率论与数理统计[M]. 2 版. 北京：科学出版社.

魏振军，2000. 概率论与数理统计三十三讲[M]. 北京：中国统计出版社.

魏宗舒，等，2020. 概率论与数理统计教程[M]. 3 版. 北京：高等教育出版社.

肖筱南，2007. 概率统计专题分析与解题指导[M]. 北京：北京大学出版社.

谢衷洁，2011. 应用概率统计研究实例选讲[M]. 北京：北京大学出版社.

周华任，刘守生，2016. 概率论与数理统计应用案例评析[M]. 南京：东南大学出版社.

附录 数字资源二维码链接

 习题参考答案

 概率论、数理统计发展简史

 重要的数理统计学家简介

 附表